Industriegewerkschaft Metall (Hrsg.)
Technologieentwicklung und Techniksteuerung

Die andere Zukunft: Solidarität und Freiheit

Editorial

Seit Mitte der siebziger Jahre ist immer deutlicher geworden: Die Fortschreibung traditioneller Entwicklungstrends ergibt insgesamt keine annehmbare Zukunft mehr. Die Frage, was gesellschaftlicher Fortschritt ist, erlaubt heute nur differenziertere Antworten als in früheren Jahrzehnten.

Die Gewerkschaften sind der festen Überzeugung, daß angesichts der heute zu lösenden schwerwiegenden Probleme die wirtschafts- und technikzentrierten Strategien der Konservativen nicht ausreichen. Wir müssen vielmehr eine neue, solidarische Zukunftsperspektive entwickeln, in der die Freiheit des einzelnen die gesellschaftliche Solidarität nicht ausschließt, sondern sie im Gegenteil zur Voraussetzung hat.

Mit ihrem Zukunftsprojekt stellt sich die IG Metall deshalb die Aufgabe, die Konflikte, die Ursachen sozialer Ungerechtigkeit in unserer Gesellschaft deutlich zu machen und ihr Bild einer anderen, in allen Lebensbereichen demokratisch und sozial gestalteten Zukunft zu entwerfen. Im Meinungsaustausch mit Gewerkschaftsmitgliedern und -funktionären, in der Diskussion mit Politikern, Wissenschaftlern und gesellschaftlichen Organisationen will sie Ideen sammeln, Vorstellungen entwickeln und Instrumente finden zur Durchsetzung ihrer Zielvorstellungen. Diesem Zweck dient der Internationale Zukunftskongreß im Oktober 1988 ebenso wie die sechs vorbereitenden Diskussionsforen.

Die neuen Technologien sind zum Götzen der Industriegesellschaft geworden: Angeblich sind sie der Motor für Wachstum und Wohlstand, aber ökonomische und technische Sachzwänge geben die Richtung der gesellschaftlichen Entwicklung vor. Dabei werden Risiken und Chancen dieser Prozesse nicht gegeneinander abgewogen. Wir sind Zeugen einer weitgehenden Entdemokratisierung von Technikentscheidungen.

Wie wollen wir morgen arbeiten und leben? Läßt sich die Spaltung in Rationalisierungsgewinner und -verlierer verhindern? Gibt es alternative technologische Entwicklungspfade, eine soziale industriepolitische Option? Dies waren die Kernfragen, die während der technologiepolitischen Fachtagung am 6. und 7. Mai 1988 zur Diskussion standen.

Der vorliegende Band dokumentiert Inhalt und Ergebnisse der Beratungen. Abgedruckt sind die Referate in der Reihenfolge, in der sie vorgetragen wurden. Die Fülle der Diskussionsbeiträge haben wir unter verschiedenen Schwerpunkten zusammengefaßt, was eine Auswahl und entsprechende Kürzungen notwendig machte. Wir bitten alle Teilnehmer und Redner dafür um Verständnis. Ich danke allen, die durch kritische Anmerkungen, Anregungen und neue Ideen zum Erfolg unserer Konferenz beigetragen haben.

Franz Steinkühler, Vorsitzender der Industriegewerkschaft Metall

Industriegewerkschaft Metall (Hrsg.)

Technologieentwicklung und Techniksteuerung

Für die soziale Gestaltung
von Arbeit und Technik

Materialband Nr. 4 der Diskussionsforen
»Die andere Zukunft: Solidarität und Freiheit«

Bund-Verlag

CIP-Titelaufnahme der Deutschen Bibliothek

Diskussionsforum Die andere Zukunft – Solidarität und Freiheit <1988, 01 – 1988, 06>: Materialband ... der Diskussionsforen »Die andere Zukunft – Solidarität und Freiheit« / Industriegewerkschaft Metall (Hrsg.). [Red.: Katharina Hahn]. – Köln: Bund-Verlag
NE: Hahn, Katharina [Red.]; Industriegewerkschaft Metall für die Bundesrepublik Deutschland

Nr. 4. Technologieentwicklung und Techniksteuerung. – 1988

Technologieentwicklung und Techniksteuerung: für d. soziale Gestaltung von Arbeit u. Technik / Industriegewerkschaft Metall (Hrsg.). [Red.: Katharina Hahn]. – Köln: Bund-Verlag, 1988
   (Materialband ... der Diskussionsforen »Die andere Zukunft – Solidarität und Freiheit«; Nr. 4)
   ISBN 3-7663-3149-3
NE: Hahn, Katharina [Red.]

© 1988 by Bund-Verlag GmbH
Redaktion: Katharina Hahn, Stephan Krems
Herstellung: Anke Roll
Umschlag: Kalle Giese, Overath
Satz: Satzbetrieb Schäper GmbH, Bonn
Druck: Wagner, Nördlingen
Printed in Germany 1988
ISBN 3-7663-3149-3

Alle Rechte vorbehalten, insbesondere die des öffentlichen Vortrags,
der Rundfunksendung und der Fernsehausstrahlung,
der fotomechanischen Wiedergabe, auch einzelner Teile.

Inhalt

Siegfried Bleicher
Einführung 7

I. Technik und Demokratie

Referate

Dr. Willy Bierter
Plädoyer für eine demokratische Technikkultur 13

Prof. Dr. Rainer Hoffmann
Technik und Macht –
Technologiepolitik und soziale Interessen 57

Dr. Dieter Spöri
Technik im Widerspruch ökonomischer Sachzwänge
und gesellschaftlicher Nützlichkeit –
Ansätze für eine wertorientierte Technologiepolitik 69

Franz Steinkühler
Technokratischer Staat oder partizipative Demokratie:
Der gewerkschaftliche Anspruch an eine demokratische
Technologiepolitik 78

Aussprache

1. Die Notwendigkeit von Zukunftsperspektiven 91
2. Demokratische Technikentscheidungen in Betrieb
   und Gesellschaft 104

II. Technik und Arbeit

Referate

Prof. Dr. Günter Seliger
Bleibt der Mensch?
Die Zukunft der Arbeit aus der Sicht des Ingenieurs 131

Dr. Volker Volkholz
Spaltung oder Solidarität?
Die Industrielandschaft im Jahr 2000 147

Siegfried Bleicher
Für eine Technologiepolitik der sozialen Zukunft –
Arbeit und Technik als Ziel politischer Gestaltung 176

Aussprache 189

Siegfried Bleicher
Schlußbemerkungen 211

Teilnehmerliste 216

Einführung

Siegfried Bleicher*

Das Diskussionsforum »Technikentwicklung und Techniksteuerung« ist das dritte von insgesamt sechs Foren zur Vorbereitung unseres Kongresses unter dem Motto »Die andere Zukunft – Solidarität und Freiheit«. Auf diesem Kongreß werden wir im Oktober die Ergebnisse der sechs Diskussionsforen zusammentragen, um aus den Debatten politische Gestaltungsansätze zu entwickeln, die in die praktische Politik der IG Metall einfließen sollen. Dabei legen wir gerade Wert darauf, von kritischen Experten auch unbequeme Meinungen über die Zukunft unserer Gesellschaft zu hören und über die Rolle, die die Gewerkschaften darin einnehmen sollen und können.

Ich bin allerdings auch überzeugt, daß eine Diskussion über die Zukunft im luftleeren Raum hängt, wenn sie nicht vom Bezugspunkt der Vergangenheit ausgeht. Der Zeitpunkt unserer Tagung legt es nahe, an den 8. Mai zu denken, den Tag der Befreiung des deutschen Volkes vom Faschismus. Dieser Tag ist ein zentraler Ausgangspunkt für die neuere Geschichte des deutschen Volkes.

Ich erinnere mich in diesem Zusammenhang an ein Foto aus dem Jahr 1947. Es zeigt zwei Arbeiter im Drillichzeug, wie sie zwei gutgekleideten Herren offensichtlich widerwillig einen Schlüssel überreichen.

Es sind der Betriebsratsvorsitzende und sein Stellvertreter aus dem Henschel-Werk in Kassel, die den alten Besitzern auf Geheiß der Besatzungsmacht die Schlüssel für das Werk zurückgeben.

Bis dahin hatten die Arbeiter des Henschel-Werkes das Werk allein, ohne die Leitung der alten Fabrikherren wieder aufgebaut. Wie überall in Deutschland räumten Arbeiter und Angestellte die Maschinen aus den Trümmern frei, trieben Rohstoffe auf, organisierten die Produktion,

---
* Geschäftsführendes Vorstandsmitglied der IG Metall

verwalteten die Betriebe selber, weil ihre Familien ganz einfach etwas zu essen brauchten, weil es am Nötigsten fehlte. Viele der Fabrikbesitzer hatten sich im Faschismus schuldig gemacht und tauchten erst zögerlich wieder auf, nahmen aber dann wieder begierig an sich, was sie für ihr Eigentum hielten.

Wenn ich die historischen Konsequenzen dieser Schlüsselübergabe bedenke, kann ich mich nicht erwehren zu sagen: Dies war ein Fehler. Die Menschen waren trotz Hunger, Not und tiefer Verzweiflung über das Schicksal ihrer Familien beseelt von dem Willen, ein neues Deutschland aufzubauen, ein Land, in dem nie wieder so viel wirtschaftliche Macht in so wenigen Händen konzentriert sein würde, daß sie zum Mißbrauch gegen die Interessen des Volkes einladen könnte.

Selbst die CDU hat 1947 im Ahlener Programm dem Kapitalismus eine Absage erteilt. Doch wir kennen den weiteren Verlauf der Geschichte:

- Gleichberechtigte Mitbestimmung in wirtschaftlichen Angelegenheiten konnte nur in der Montanindustrie nach langen Streiks durchgesetzt werden.
- Das Betriebsverfassungsgesetz 1952 markierte schließlich endgültig den Weg der Bundesrepublik zur Wiederherstellung der Macht der Fabrikbesitzer.
- Viele jener Hochöfen und Werftanlagen, die in den ersten Nachkriegsjahren von den Arbeitern gegen die alliierten Demontagekommandos verteidigt worden sind, existieren nicht mehr oder werden – wie das Stahlwerk Rheinhausen – bald nicht mehr existieren, weil in diesem Land die ökonomischen Entscheidungen nicht an den Interessen der Mehrheit der Menschen orientiert sind, sondern eindeutig an den Profiten der Aktionäre.

Nie in der Geschichte Deutschlands hat es eine so große Konzentration von wirtschaftlicher Macht in so wenigen Händen gegeben wie in der Gegenwart. Es hat auch noch nie in der Geschichte unseres Landes eine so hoch entwickelte Produktivkraft in so wenigen Händen gegeben.

Diese Technologie wird in ihrer Entwicklungsrichtung, in den Anwendungsbereichen und in der Verbreitungsgeschwindigkeit nicht von der unsichtbaren Hand des Marktes, sondern von einer kleinen gesellschaftlichen Minderheit gesteuert.

Die Bundesrepublik ist ein Hochtechnologieland und eine führende Exportnation. Trotzdem haben wir über 2,3 Millionen registrierte Arbeitslose; seit 1975 herrscht in der Bundesrepublik Deutschland Massenarbeitslosigkeit. Wurde erneut eine historische Chance verpaßt, als wir es nicht durchsetzen konnten, den technischen mit dem gesellschaftlichen Fortschritt zu verbinden? Hätten wir die Probleme, die wir heute mit der Entwicklung und Anwendung von neuen Technologien haben, vielleicht nicht, wenn die Geschichte unseres Landes nach dem 8. Mai 1945 anders verlaufen wäre und die Produktionsmittel sozialisiert worden wären?

Ganz so einfach liegt die Sache wohl nicht. Der 26. April 1986 läßt uns sehr daran zweifeln, daß man nur die Besitzverhältnisse verändern müsse, um einen moralischen Gebrauch der Technik sicherzustellen: Tschernobyl!

Dieser Name ist heute zu einem Begriff für die Sackgasse der Sachzwangideologie geworden, in die auch Sozialisten geraten können. Bei uns wird diese Ideologie heute vorwiegend von den Unternehmern und ihren konservativen politischen Freunden vertreten. Deren Konzept heißt internationaler Wettbewerb. Die Vertreter dieser Politik sind aber darüber zu »gesellschaftlichen Dadaisten« geworden; denn sie beginnen jede ideologische Begründung des Sachzwangs mit dem Kausalpronomen »Da«:

– Da die Japaner längere Arbeitszeiten haben, müssen wir unsere Arbeitszeit an die Maschinennutzungszeiten anpassen.

– Da die Lohnkosten in der Bundesrepublik zu hoch sind, müssen wir stärker automatisieren.

– Da die Produkte im Ausland billiger hergestellt werden können, müssen wir uns überlegen, unsere Produktionsstätten zu verlagern.

Was können wir nun tun, um diese Sachzwangideologie zu durchbrechen? Inwieweit sind wir ihr selbst aufgesessen? Die letzte Frage kann auch an der Tradition unserer Diskussion um den technischen Wandel überprüft werden, denn wir führen die Diskussion über Technikentwicklung und -gestaltung seit fünfundzwanzig Jahren. Die erste Automationstagung der IG Metall fand bereits 1963 statt, und Hans Matthöfer hat diese Tagung mit vorbereitet. Von unserem Diskussionsforum »Technikentwicklung und Techniksteuerung« erwarten wir uns neue Anstöße, vielleicht auch einige Antworten auf die drängenden Fragen einer sozialen Gestaltung von Arbeit und Technik.

I.
Technik und Demokratie

Plädoyer für eine demokratische Technikkultur

Dr. Willy Bierter*

Wissenschaft und Technologie – zentrale Produktiv- und Innovationskraft dieses Jahrhunderts

Gegenüber Wissenschaft und Technologie haben die klassischen Produktionsverfahren Arbeit und Kapital an Bedeutung verloren. Verantwortlich für deren Siegeszug war die empirisch-analytische Methode der Wissensproduktion und der Technologieentwicklung. Sie allein versprach das Streben nach Wahrheit und Nützlichkeit zu erfüllen – genaugenommen wurden jetzt Wahrheit und Nützlichkeit identisch. Zwei Ziele standen im Vordergrund: erstens Beherrschung der Natur mit Hilfe der Wissenschaft und zweitens Fortschritte des Wissens. Die Bedeutung der Methode der Produktion wissenschaftlicher Innovationen für die Entwicklung der modernen Industriegesellschaft formulierte Alfred North Whitehead folgendermaßen: »Die größte Erfindung des 19. Jahrhunderts war die Erfindung der Methode des Erfindens.«[1]

Mit der weiteren Entfaltung von Wissenschaft und Technologie zur dominierenden Produktivkraft lassen sich seit der Jahrhundertwende drei entscheidende Veränderungen beobachten:

»1. Die unmittelbare Einbeziehung der Wissenschaft in den großindustriellen Produktionsprozeß und militärischen Bereich,

2. die Verwissenschaftlichung und Technisierung der Arbeitsabläufe und Produktionsprozesse und

3. die Herausbildung eines eigenen Wirtschaftssektors ›Wissenschaft, Technologieentwicklung und Technologietransfer‹ als Ergebnis der strategischen Planung und Organisation der Wissens-

---
* Syntropie-Stiftung für Zukunftsgestaltung, Liestal/Schweiz

und Technologieproduktion im Hinblick auf ihre unmittelbare politische und ökonomische Verwertung.«[2]

Die wechselseitige Durchdringung von Wissenschaft, Technik und Industrialisierung begann in der systematischen Anwendung technischer Produkte zur massiven Steigerung und zur Ersetzung menschlichen Arbeitsvermögens. Henry Fords Automobilfabrik mit der halbautomatischen Fließfertigung und der damit einhergehenden Aufspaltung des polytechnischen Handwerkers in einen Ingenieur und den un- bzw. angelernten Arbeiter sowie Frederik W. Taylors Methode der »wissenschaftlichen Betriebsführung« zur fortschreitenden Feingliederung und Zerstückelung menschlicher Arbeitsvollzüge zu Beginn dieses Jahrhunderts seien hier nur stichwortartig erwähnt.[3]

Seither hat der institutionelle Druck, die Arbeitsproduktivität durch Einführung neuer Techniken zu steigern, kein Jota nachgelassen. Man kann in diesem Jahrhundert von einer relativen Stabilität des Produktivitätswachstums reden[4], das im übrigen meist höher lag als das Wachstum der Produktion bzw. des Bruttosozialprodukts, so daß die Menge der benötigten Arbeit sich praktisch kontinuierlich verringerte und entweder durch kürzere Arbeitszeiten und/oder durch Arbeitslosigkeit kompensiert werden mußte.

Der vorläufig letzte Entwicklungsschritt besteht darin, die Wissensproduktion und Technologieentwicklung systematisch einer strategischen Planung und Organisation zu unterwerfen. Dabei haben große institutionelle Einrichtungen wie Wissenschaftsfabriken, Denkfabriken und wissenschaftliche Waffenschmieden einen ganz wesentlichen Anteil an der Herausbildung der wissenschaftlich-technisch-industriellen und militärischen Superstrukturen und der Durchdringung komplexester Bereiche der Natur und sozialer Prozesse.

Auf die Gefahr der alles überwuchernden, sich immer mehr verselbständigenden und den Menschen unterwerfenden technisch-industriellen Superstruktur hat in den fünfziger Jahren bereits Arnold Gehlen hingewiesen. Er skizzierte in seinem Werk »Die Seele im technischen Zeitalter« eine wissenschaftliche Entwicklung, die für uns heutige Zeitgenossen bereits mehr als real geworden ist: »Der mit Sicherheit zu erwartende Erfolg ist der, daß jetzt reiche Erfahrungsgebiete, wie die Technik, die Physiologie, die Biologie, die Psychologie in eine unerwartete Vergesellschaftung treten, (...) man kann Fragestellungen und Theorien von einem Gebiet auf das andere übertragen (...). Für eine eigene, selbständige Wissenschaft höherer Ordnung, die Kybernetik, ist es wohl noch zu früh, aber sie bedeutet einen Wissenschaftsplan der Zusammenschau und gegenseitigen Befruchtung mehrerer Wissenschaften: zu den eben genannten würde übrigens noch die Soziologie hinzutreten, weil die Rückmeldung das Problem der Kommunikation aufwirft, nämlich der Nachrichtenübermittlung überhaupt bei Geräten (wie elektronische Rechenmaschinen) und Lebewesen.«[5]

Er sprach vom Verhängnis der »allmächtigen Methode« der empirisch-analytischen Wissenschaft, das sich durch ihre Verabsolutierung und Totalität abzeichnet, weil angesichts der riesigen Erfolge von Wissenschaft und Technik die Methode immer weniger Mittel zur Erfüllung bewußt gewollter und angestrebter Zwecke ist, sondern um ihrer selbst willen betrieben wird:

»Das Eindringen des experimentellen Geistes in die Künste und Wissenschaften jeder Art führt notwendig auf der Seite der Gegenstände zu deren Denaturierung, zu ganz unbefangenen Dekompositionen und Neuverteilungen der Inhalte, die allein von der Methode bestimmt werden, zu der man sich entschließt. Ebenso unvermeidlich und notwendig wird der Gegenstandsbereich durch dieses Verfahren durchrationalisiert, er wird unsinnlicher, abstrakter, unanschaulicher und schließlich in einer von außen her schwer beschreibbaren Weise autonom: durchaus präzise Resultate können in Worten nicht mehr wiedergegeben werden oder sie sind nur während des methodischen Vollzugs evident. Das alles ist aber keineswegs Spielerei.«[6]

Beck formuliert die Dominanz wissenschaftlich-technischer Superstrukturen emphatischer: »Technik und Naturwissenschaft sind zu einem wirtschaftlichen Unternehmen von großindustriellem Zuschnitt *ohne* Wahrheit und Aufklärung geworden. Vergleichbar der mittelalterlichen Weltmacht Kirche ohne Gott. Ebenso wie die inquisitorische Kirche den Gottesbeweis, ist die regierende Wissenschaft den Wahrheitsbeweis schuldig geblieben. Mehr noch: sie hat in der ganzen Breite ihres Siegeszuges – unfreiwillig – den Gegenbeweis erbracht.«[7]

Aber einen Lichtblick gibt es: Es scheint, als ob zumindest der Wahr-Falsch-Positivismus eindeutiger Tatsachenwissenschaft – Schreckgespenst und Glaubensbekenntnis dieses Jahrhunderts – allmählich an sein Ende kommt.

Beschleunigte Technisierung und Ökonomisierung

Die beschleunigte wissenschaftliche Wissensproduktion und Technologieentwicklung hat Gesellschaft und Natur immer stärker kolonisiert, sie einer beschleunigten Technisierung und Ökonomisierung unterworfen.

Gleichzeitig hat sie das Ende der Gegenüberstellung von Natur und Gesellschaft herbeigeführt: »Natur kann nicht mehr *ohne* Gesellschaft, Gesellschaft kann nicht mehr *ohne* Natur begriffen werden. (...) Am Ende des 20. Jahrhunderts ist ›Natur‹ *weder* vorgegeben *noch* zugewiesen, sondern geschichtliches Produkt geworden, in den natürlichen Bedingungen ihrer Reproduktion zerstörte oder gefährdete *Innen*ausstattung der zivilisatorischen Welt. Das aber heißt: Naturzerstörungen, integriert in die universelle Zirkulation der Industrieproduktion, hören auf, ›bloße‹ Naturzerstörungen zu sein und werden integraler Bestandteil der gesellschaftlichen, ökonomischen und politischen Dynamik. Der Nebeneffekt der Vergesellschaftung der Natur ist die Vergesellschaftung der Naturzerstörungen und -gefährdungen, ihre Verwandlung in ökonomische, soziale und politische Widersprüche und Konflikte (...).«[8]

Die zentrale Konsequenz davon ist, daß Umweltprobleme zu Problemen des Menschen, seiner Geschichte, seiner Lebensbedingungen, seines Welt- und Wirklichkeitsbezuges, seiner ökonomischen, kulturellen und politischen Verfassung geworden sind.

Die beschleunigte Technisierung und Ökonomisierung war zugleich Ursache und Folge der Dominanz sogenannter integrierter Produktionswerkzeuge und Produktionsweisen in diesem Jahrhundert.[9] Diese sind charakterisiert durch eine hohe produktive Potenz (zum Beispiel Output pro Zeiteinheit) und durch hohe gegenseitige Abhängigkeiten. Das Grundprinzip der integrierten Produktionswerkzeuge bildet die zusammenfassende Integration einer großen Zahl von Arbeitskräften, komplizierten Maschinen und Ausrüstungen sowie Energiequellen hoher Dichte in ein einziges technisches System. Die Ausmaße dieser Kombination können je nach Art der Aktivitäten und auch im Zeitablauf variieren, etwa mit der Tendenz, lebendige Arbeit in wachsendem Maße durch immer leistungsfähigere und immer stärker automatisierte Maschinen zu ersetzen. Aber das Grundprinzip bleibt das gleiche, der Zusammenhang des ganzen technischen Systems, die Aufrechterhaltung der Beziehungen, die es definieren, haben Vorrang vor dem besonderen Gang der Maschinen, vor der persönlichen Initiative oder Improvisation der arbeitenden Menschen.

Die Dominanz der integrierten Produktionswerkzeuge und der darauf basierenden Produktionsweise – das Zeitalter der Massenproduktion – haben dazu geführt, daß

- die lebendige Arbeit immer zerstückelter, spezialisierter und modulartiger wurde;
- die geforderten und geförderten Fähigkeiten und Fertigkeiten immer einseitiger wurden;
- immer mehr Planungs-, Entscheidungs- und Verantwortungselemente aus der Kompetenz des einzelnen herausgebrochen wurden;
- der gesamte Produktions- und Betriebsprozeß immer unübersichtlicher und undurchsichtiger wurde;
- die technisch-organisatorische Integration und damit die gegenseitigen Abhängigkeiten nicht nur auf nationaler, sondern auch auf transnationaler Ebene enorm anwuchsen, wodurch der ganzen Gesellschaft und letztlich der ganzen Welt der *Zwang zur Kohärenz* auferlegt wird: Verstetigung der Produktion, des Flusses von Bestandteilen, Halbfertigfabrikaten, Materialien und Energie, gleiche technische Normen, einheitliche und strikte Zeitplanung und Zeitökonomie. Dadurch hängt aber auch die Zu- oder Abnahme der Beschäftigung direkt oder indirekt von einer beträchtlichen Zahl anderer nationaler oder internationaler Prozesse ab.

Die integrierte Produktionsweise mit ihren Werkzeugen hoher produktiver Potenz erfordert den Einsatz und die Beschäftigung relativ großer, konzentrierter Kapitalmengen. Dadurch wird die Möglichkeit der technologischen Entwicklung von Produktionswerkzeugen, die nur kleine Kapitalmengen benötigen, disqualifiziert und verhindert, gleichzeitig aber steigen die Kapitalkosten enorm an. Die Folgen sind, daß

a) es praktisch unmöglich wird, die erzielten Produktivitätsgewinne in frei verfügbare Zeit der Leute umzuwandeln, man kann sie nur in gesteigerte Produktion verwandeln, was des öfteren einen noch größeren Kapitaleinsatz pro Arbeitsplatz bedeutet;

b) es zusätzlich größerer und komplizierterer Infrastruktureinrichtungen bedarf, deren Investitionskosten exorbitante Höhen erreichen können.

Die Dominanz der integrierten Produktionswerkzeuge und Produktionsweisen hat ein fatales Ungleichgewicht in der Grundstruktur unserer sozialen Produktionsausrüstung geschaffen. Fatal deswegen, weil diese Produktionswerkzeuge nicht nur technische Mittel zur Bearbeitung und Produktion sind, sondern auch Instrumente, die die täglichen Beziehungen zwischen den Menschen beeinflussen und formen. Sie hat vor allem zu einer wachsenden Eliminierung der Autonomie geführt, woraus nicht nur persönliche Ohnmacht resultiert, die täglich erlebbar ist, sondern paradoxerweise auch die kollektive Ohnmacht in einem durch seine Hyperkompliziertheit äußerst fragil gewordenen System.

Die ins Extrem getriebene technisch-organisatorische Integration und die hohe produktive Potenz der integrierten Produktionswerkzeuge wird bezahlt mit einer gigantischen Komplizierung des gesamten wirtschaftlichen und gesellschaftlichen Gefüges, durch wachsende Risiken unkontrollierbarer Erschütterungen, durch Angst und Gewalt. So sehr die integrierten Produktionswerkzeuge für die Herstellung gewisser Gebrauchswerte sozial vorteilhaft sein mögen, so können sie sich als Bedrohung gegen die Menschen kehren – Beispiele dafür gibt es inzwischen genügend, von Seveso, Bophal, Harrisburg, Tschernobyl bis Schweizerhalle –, wenn wir nicht rechtzeitig verstehen lernen, daß wir sie auf jene Bereiche beschränken müssen, wo sie wirklich unverzichtbar sind und mithelfen, die Grundstruktur einer autonomen Produktion zu sichern.

Vielleicht ist am Ende dieser zweiten These noch eine etwas allgemeinere Betrachtung – mit dem Mut zum Vorläufigen – angebracht: Die beschleunigte wissenschaftliche Wissensproduktion und Technologieentwicklung hat zu einem Paradox geführt, auf das Heidegger hingewiesen hat. Unter dem Vorwand der menschlichen Bedürfnisse wird die Natur beschlagnahmt, um mit Hilfe der Wissenschaft Kenntnisse über sie zu erhalten und dann mit der und durch die Industrie transformiert zu werden, und für dieses Ziel requiriert man den Menschen zur und durch Arbeit. Das Wesen der modernen Wissenschaft und Technik ist also nicht, wie man immer sagt, Bedürfnisse zu befriedigen, sondern es ist diese Beschlagnahmung, diese Requisition von Natur und menschlicher Arbeit. Das macht unsere *Produktionsgesellschaft* aus. Der Mensch ist tatsächlich nicht Meister oder Beherrscher, schon gar nicht im guten Sinne, sondern die Menschen werden herangezogen, um so zu tun, als ob sie Beherrscher und Besitzer wären.

Am Scheideweg: Absolutistische Technikkultur ...

Wir stehen heute an einer Verzweigungsstelle. Eine Wahlmöglichkeit ist: Wir fahren weiter mit der beschleunigten Entwicklung und Umsetzung von Wissenschaft und Technik wie bisher.

Tatsächlich werden seit den Wirtschaftskrisen in den siebziger Jahren allenthalben beschleunigte Wissenschafts- und Technologieverwertungsprozesse in Gang gesetzt. Technologische Innovationen, ein forcierter Transfer von Wissen und technologischem Know-how sind für die Eliten aus Wirtschaft, Politik und Wissenschaft *die* Hoffnungsträger des politischen und ökonomischen Krisenmanagements geworden. Eine Reihe von Entwicklungsgründen führt zu einer fast atemberaubenden Beschleunigung in der Umsetzung und ökonomischen wie sozialen Verwertung von Ergebnissen wissenschaftlicher Wissens- und Technikproduktion. Nur stichwortartig nennen möchte ich:

- Fabrik der Zukunft mit automatischen Werkzeugmaschinen, Robotern,
- computergestützte Informations- und Kommunikationssysteme (Telekommunikation),
- Weltraumfahrt,
- Bio- und Gentechnologie,
- Künstliche Intelligenz.

Damit nun werden Verwissenschaftlichung und Technisierung aller individuellen und gesellschaftlichen Lebensbereiche und der Natur weiter vorangetrieben. Wir alle sind gegenwärtig Zeugen eines selbstmörderischen, ungesteuerten Konkurrenzkampfes und gigantischen Wettbewerbs um höchste Produktivitätsraten, maximales Wirtschaftswachstum und stärkste nationale – ökonomische wie militärische – Konkurrenzfähigkeit. Nach wie vor wird am industrialistischen Wachstumsparadigma festgehalten, auch wenn immer mehr irreversible selbstvernichtende ökologische Tatbestände und gesellschaftliche wie politische Zerfallsprozesse unübersehbar zutage treten. Die weitere Runde in der Entfesselung der Produktivkräfte will die Geiselnahme der Menschen und der Natur durch ewige Produktivitätssteigerungen fortsetzen, obwohl deutlich sicht- und spürbar geworden ist, daß der Lohn davon vergiftet ist, daß soziale und ökologische Schäden und Zerstörungen »nur« die andere Seite derselben Medaille sind.

Die Welt wird jetzt vollends in eine gespenstische Dynamik gestürzt und bis zur Vernichtung mobilisiert, die Antwort auf die abgrundtiefe Angst vor der Verträglichkeit, der Irreversibilität des Lebens ist eine Flucht ins Flüchtige. Alles wird dynamisiert und entfesselt, die Welt wird durch Beschleunigung fortwährend zum Verschwinden gebracht.

Die Folgen sind Beschädigung und Zerstörung sozialer Beziehungen. An die Stelle der Autonomie tritt der systematisierte »Zwang zum Selbstzwang«.[10] Gleichgültig bewegt sich der »moderne« Mensch durch sein Leben, die Gesellschaft wird zur Ruine, das Material Mensch beginnt zu ermüden. Das Kollektive, Gemeinsame zieht sich in gesellschaftsferne Orte zurück.

Alle jene Hochtechnologien mit hohen Geschwindigkeiten und Beschleunigungen lösen nicht nur das Soziale auf, sie bringen letztlich auch das Politische zum »Verdampfen«. Jetzt scheint das Ende einer Auffassung vom Politischen nahe zu sein, die auf Dialog, Dialektik und Zeit zum Überlegen beruht. Man hat keine Zeit mehr zum Überlegen. Gerade das ist die Macht jener Hochtechnologien mit hohen Geschwindigkeiten und Beschleunigungen. Sie wird immer weniger von Menschen getragen, dafür immer mehr von Datenverarbeitungsanlagen und automatischen Antwortsystemen.

Das Politische beginnt zu verschwinden, und seine letzte Lebenssphäre – die Dauer – fängt an sich zu verflüchtigen. Gegen dieses Verschwinden des Politischen muß man ankämpfen. Dazu muß man die Hochtechnologien mit ihren hohen Geschwindigkeiten und Beschleunigungen wie die Geschwindigkeit des Lebendigen politisieren.

Die fortwährende Beschleunigung führt am Ende zum Verschwinden jeder Achtung vor dem Leben, vor dem Tod und der Natur, den Gefühlen und dem Wissen – der Achtung vor dem Menschen. Heute können wir die Zeit und damit das Wirkliche, uns, jederzeit zerstören; daß wir diese Fähigkeit nicht mehr verlieren werden, ist die eigentliche Katastrophe!

Was könnte der logische Endpunkt einer fortwährenden Beschleunigung durch Wissenschaft und Technik sein? Der Paläontologe André Leroi-Gourhan zeigt auf, wie bislang die Linien einer Freisetzung der verschiedenen Fähigkeiten sämtlich zu einer beschleunigten Perfektionierung nicht des Individuums als solchem, sondern des Individuums als Element des sozialen Überorganismus Menschheit geführt haben. Er meint, eine überhumanisierte Zeit und ein überhumanisierter Raum, in denen die raum-zeitliche Integration aller Menschen und aller Prozesse total sein wird, »entsprächen in idealer Weise dem synchronen

Funktionieren sämtlicher, jeweils auf eine bestimmte Funktion und einen bestimmten Raum spezialisierter Individuen. Über die Verzerrung des raum-zeitlichen Symbolismus fände die menschliche Gesellschaft zur Organisation der perfektesten Tiergesellschaft zurück, jenen Gesellschaften, in denen das Individuum nur als Zelle existiert. Der Gedanke ist nicht ohne weiteres von der Hand zu weisen, daß die Freiheit des Individuums nur eine Etappe darstellt und die Domestikation von Zeit und Raum letztlich zu einer vollkommenen Unterwerfung sämtlicher Teile des supra-individuellen Organismus führen wird.«[11]

Die von Leroi-Gourhan skizzierte mögliche perfekteste Tiergesellschaft – eine Art von »Ameisengesellschaft« – wäre der logische Endpunkt einer Technikkultur, wie wir sie jetzt haben. Ich möchte sie als *absolutistische Technikkultur* bezeichnen. Diese zeichnet sich aus durch die Herrschaft weniger Experten und Spezialisten sowie jener oben erwähnten institutionellen Einrichtungen der Wissens- und Technologieproduktion und ihrer ökonomischen Verwertung.

... oder demokratische Technikkultur?

Das Milieu, in dem wir leben, wird immer mehr und immer stärker durch technische Objekte geprägt und bestimmt. Wer kein entsprechendes Wissen und keine eigenen souveränen Gestaltungsmöglichkeiten hat, findet sich in diesem Milieu bald in zweifacher Hinsicht nicht mehr zurecht: einerseits beherrscht er seine eigene Umgebung, sein Lebensmilieu nicht, andererseits versetzt ihn diese Nichtbeherrschung sozial in eine dauernde Abhängigkeit von Organisationen und Individuen, die über jene Kompetenz verfügen, die ihm fehlen, ohne daß er die Art und Weise kontrollieren könnte, wie sie diese Kompetenzen ausüben und damit sogar in seine eigene Existenz intervenieren.

Eine Technikkultur besteht im Besitz und in der Verfügbarkeit von solchem Wissen und solchen Fähigkeiten, die einen in die Lage versetzen, ein Minimum an persönlicher Beherrschung über seine Umgebung und an Kontrolle über die Aktivität jener Personen ausüben zu können, deren Kompetenzen sich als unentbehrlich erweisen. Fehlt dieses Wissen, sind diese Fähigkeiten nicht vorhanden, entsteht ein Gefühl der allgemeinen Entfremdung, des Ausgeliefertseins an undurchsichtige und unkontrollierbare Kräfte. Die Entwicklung einer *demokratischen Technikkultur* will gerade dieser allgemeinen Entfremdung entgegenwirken und sie zum Verschwinden bringen.

Die zentrale Frage lautet, ob fortlaufend wissenschaftlich produziertes Wissen und Techniken – die Sozialtechniken miteingeschlossen – uns überhaupt noch eine lebenswerte Umgebung und damit ein lebenswertes Leben bescheren. So münden Wissenschaft und Technik in die Politik, und sie müssen auch politisch kritisiert und beurteilt werden. Dieser Prozeß hat nun eingesetzt:

– Die Aggressivität und Gewalt vieler neuer Techniken gegenüber der Natur und den Menschen werden benannt und angeprangert;

– das hinter der Realisierung großer wissenschaftlicher und technologischer Projekte stehende technokratische Jakobinertum wird denunziert;

– der hohe Grad der technischen Künstlichkeit und Determiniertheit unserer Umgebung entmachtet eine Mehrheit der Bürger und Bürgerinnen zugunsten einer Minderheit selbsternannter Experten und Spezialisten: dies wird ebenfalls denunziert.

Das Auftauchen von Bezeichnungen wie »angepaßte Technologie«, »sanfte Technologie«, »mittlere Technologie«, aber auch die Vokabel »High-Tech« zeigen an, daß die technische Entwicklung und die technische Realität nicht länger als gleichsam naturgesetzlich eindimensional ablaufender Prozeß betrachtet werden, sondern in wachsendem Maße als gestaltbar. Optionen werden nicht nur skizziert und beschrieben, sondern vielerorts konkret realisiert und erprobt. Grundsätzlich gibt es also Wahlmöglichkeiten.

Damit aber wird die bislang »rigide Trennung von Technik und Kultur (...) aufgehoben, indem die Technik selbst als eine ›soziale Institution‹ (analog zu Sitten und Gesetzen) und als ›materielle Kultur‹ angesehen wird, die sich vor allem durch ihre Gegenständlichkeit von den übrigen Kulturen unterscheidet. Zum Beispiel klingt im Begriff ›Industriekultur‹ an, daß Wohnen, Ernährung, Verkehr, Arbeit und andere Formen des Alltagshandelns stark durch die industrielle Produktion und die durch ihre Produkte eröffneten Optionen geprägt sind, jedoch gleichzeitig auch die ›Maschinenwelt‹, die ›Warenwelt‹ und die ›Industrielandschaft‹ Ausdruck kollektiver Wertvorstellungen, Wünsche und kultureller Aneignungsformen sind. In die Gestalt der technischen Produkte geht nicht nur der Stand eines universellen technologischen Wissens ein, sondern es sind in ihnen auch die kulturspezifischen Welt- und Menschenbilder, Zwecksetzungen und ästhetischen Ideale ihrer Produzenten verkörpert: Technische Produkte müssen als gesellschaftliche Projekte angesehen werden.«[12] Hier zeichnet sich also bereits ein gänzlich neues Verständnis von Technik und Technologie ab. Während sich Technik am ehesten mit der dinglichen und sachlichen Welt gleichsetzen läßt, umfaßt Technologie auch Aspekte des sozialen und kulturellen Wissens, gesellschaftlicher Werte, Institutionen und Organisationsformen, exemplarisch dargestellt im nachstehenden Diagramm:

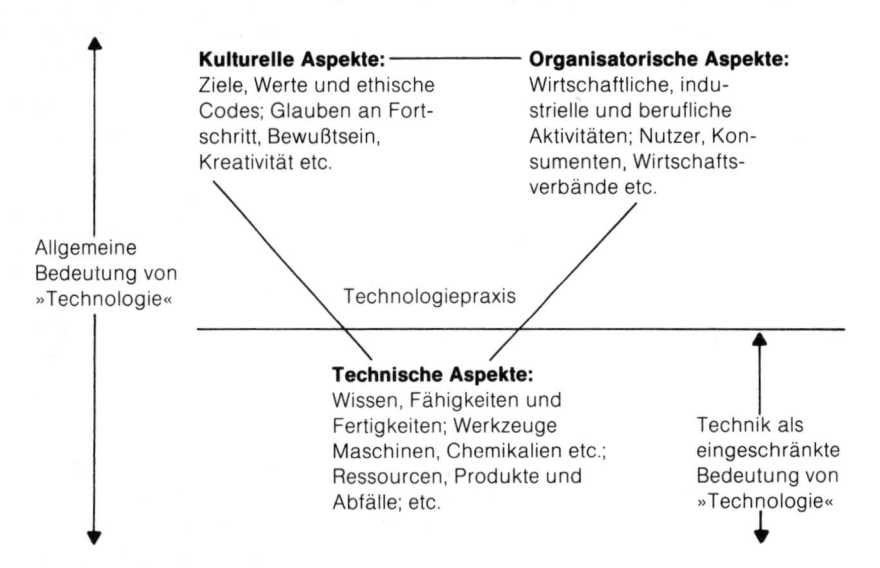

```
                    Kulturelle Aspekte:              Organisatorische Aspekte:
                    Ziele, Werte und ethische        Wirtschaftliche, indu-
                    Codes; Glauben an Fort-          strielle und berufliche
                    schritt, Bewußtsein,             Aktivitäten; Nutzer, Kon-
                    Kreativität etc.                 sumenten, Wirtschafts-
                                                     verbände etc.

Allgemeine
Bedeutung von
»Technologie«                   Technologiepraxis
─────────────────────────────────────────────────────────────────────

                    Technische Aspekte:
                    Wissen, Fähigkeiten und
                    Fertigkeiten; Werkzeuge          Technik als
                    Maschinen, Chemikalien etc.;     eingeschränkte
                    Ressourcen, Produkte und         Bedeutung von
                    Abfälle; etc.                    »Technologie«
```

Die breitere Sichtweise von Technologie führt dazu, diese Technologie immer stärker als kulturellen und sozialen Entwurf zu verstehen. Die konkrete Art oder »Natur« einer Technologie ist eng mit kulturellen Orientierungen, gesellschaftlicher Entwicklung, Machtstrukturen und sozialen Beziehungsmustern verwoben. Gerade die sozialen Bewegungen in den siebziger Jahren begannen, exemplarisch praxiswirksame Alternativen zu entwerfen und praktisch, wenn auch nur in kleinen gesellschaftlichen Nischen und in sehr kleinem Maßstab, neue Technologie-, Lebens- und Gesellschaftsformen zu erproben.

Hinter den verschiedenen technologischen Entwicklungspfaden stehen Annahmen über das Verhältnis von Technik zur Natur und zur Gesellschaft. Wie sollen diese Verhältnisse in einer demokratischen Technikkultur aussehen, welche Anforderungen richtet sie an die Technik? Kurz zusammengefaßt kann man sagen:

– Die Natur wird weder als Herrscher aufgefaßt, der uns seine Gesetze auferlegt, noch als zu beherrschender Sklave, sondern als *autono-*

mer Partner, dessen Ressourcen und Rhythmen der Mensch respektieren muß.

Die Technik hat es nicht mehr darauf abgesehen, die Natur zu verletzen und grenzenlos auszubeuten; die Technik besteht vielmehr in einer kunstvollen Liturgie auf der Grundlage eines gescheit kodifizierten Kontraktes; sie ist aufmerksam auf die Gesetze, die nicht nur die Produktion, sondern auch die Reproduktion der Natur lenken.

— In bezug auf die *Gesellschaft* soll die Technik befreien von der Macht jener wenigen, die das Gute für alle fabrizieren wollen und sich autorisiert glauben, die Leute wie Objekte, ohne Rechte und unfähig zur persönlichen Initiative, zu behandeln, eingeschlossen von sogenannten Notwendigkeiten und Sachzwängen einer eindimensionalen Rationalität. Deshalb wird das Recht aller Bürger bejaht, bei der Wahl der technologischen Optionen teilzuhaben; man fordert die Wiederaneignung der Produktionswerkzeuge in Unternehmen mit menschlichem Zuschnitt und Maß, man kämpft für eigene Entscheidungs-, Planungs- und Verantwortungskompetenzen, kurz für seine Autonomie!

Wollen wir die weitere technologische und damit gesellschaftliche Entwicklung beherrschen, wollen wir auch die unleugbar hohen Risiken und Gefährdungen für Mensch und Umwelt verringern, so müssen wir wählen – nach meiner Überzeugung eine demokratische Technikkultur. Dabei heißt es, sich aus jenen Debatten zu befreien, die nur zwischen einer blinden Technikeuphorie, einem vorbehaltlosen Ja zur Umsetzung jeglicher Wissens- und Technikentwicklung und einem resoluten Nein gegen jeglichen weiteren technischen Fortschritt hin- und herpendeln. Es gilt zu akzeptieren, die Frage nach den Zukunftsperspektiven, nach den konkreten Gestaltungsmöglichkeiten und den Gestaltungszielen entschiedener in den Vordergrund nicht nur der Debatte, sondern des täglichen Handelns zu rücken. Jeder muß diese Angelegenheit zu seiner eigenen machen, denn eine demokratische Technikkultur kann nicht von oben, sie kann nur von unten her entstehen.

Demokratische Technikkultur heißt zunächst Anerkennung und Ausbalancierung von Werten

Das Hauptproblem heutiger wissenschaftlicher und technischer Praxis ist in der Regel ein zweifaches:

1. Wissenschaft und Technik werden nach wie vor als wertfrei, als eine Art gesellschaftliches Neutrum angesehen und ihre Entwicklung als durch rein naturwissenschaftliche, also außergesellschaftliche Gesetze bestimmt, begriffen.

   Eine solche Sicht von Wissenschaft und Technik bedeutet für die Gesellschaft und die darin lebenden Menschen im Grunde genommen, daß sie fast nur die Möglichkeit haben, Wissenschaft und Technik und ihre Entwicklung entweder anzunehmen und sich ihnen anzupassen oder sie abzulehnen – begleitet vom Bannfluch der Fortschrittsfeindlichkeit und der Drohung des endgültigen wirtschaftlichen Ruins.

2. Wertfrei bedeutet in der Praxis jedoch frei von all jenen Werten, die nichts mit der technisch-ingenieurmäßigen Praxis zu tun haben. Diese Praxis setzt natürlich Werte, vor allem deshalb, weil die Praxis der Theorie immer vorausgeht, in aller Regel auch heute noch.

Eine demokratische Technikkultur hat viel mit wählen zu tun. Um wählen zu können, braucht man Kriterien, nach denen man urteilt und entscheidet, und das impliziert immer *Werte*.

Bislang bleiben Werte, die in technischen Produkten verkörpert sind und die die Aktivitäten und die Arbeit von Ingenieuren und Technikern leiten und bestimmen, oft unerkannt oder werden als selbstverständlich angesehen. Von daher kommt es auch, daß Technik als wertfrei angesehen wird, als bestehe sie im wesentlichen nur in der Herausarbeitung eines rationalen Musters, das auf einer völlig unpersönlichen Logik beruht.

Wenn man beispielsweise die stetig zunehmende Effizienz irgendeiner Maschine oder eines Prozesses als Evidenz für die Existenz eines linearen Verlaufsmusters technischen Fortschritts anführt, dann nicht allein deswegen, weil man glaubt, dies sei eine realistische Einsicht in der Natur des technischen Fortschritts, sondern vor allem, weil wachsende Effizienz als etwas an sich Wünschbares angesehen und geschätzt wird. Deshalb schätzt man eben auch Rationalität und Logik, und vor allem technischen Fortschritt.

Beobachtungen dieser Art bestätigen, daß bislang unter Ingenieuren und Technikern *Effizienz* und *logische Rationalität* wichtige Werte waren. Aber hinter diesen beiden Werten verstecken sich noch andere Werte, tieferliegende Werte, Antriebe und Wünsche. Diese werden etwas deutlicher, wenn etwa davon die Rede ist, eine Maschine oder einen Prozeß auf die Spitze der momentan möglichen technischen Leistungsfähigkeit oder Komplexität zu treiben. Dies scheint dann eine fast unerklärliche, innovative Kraft zu sein, die nicht eingeschränkt oder gezähmt werden kann.

Diskussionen über solche Antriebe, Wünsche und Imperative verstärken noch den deterministischen Eindruck des technischen Fortschritts, den viele Leute haben. Der technische Fortschritt sei »autonom«, die mikroelektronische Revolution unwiderstehlich, sagen sie dann. Aber so zu reden, ist eine Ausflucht. Denn hinter dem Gerede vom technologischen »Imperativ« und der Unvermeidbarkeit der gegenwärtigen Muster technischen Fortschritts verbergen sich andere Gründe und damit andere Werte. Manchmal sind es bedingungslos akzeptierte ökonomische Werte – *wirtschaftliches Wachstum um jeden Preis* zum Beispiel. Aber gerade viele sogenannte Hochtechnologien sind weder profitabel, noch haben sie irgendeinen anderen ökonomischen Sinn. Manche dieser Vorhaben sind politisch und ökonomisch begründet, werden aus reinen *Prestige*gründen vorangetrieben. Mikroelektronik und Automation sind sicher auch Teil einer Anstrengung, die Kontrolle über Administration und Produktion zu zentralisieren.

Aber die bisherigen Erklärungen sind noch nicht ausreichend. Wenn wir verstehen wollen, weshalb eine technologische Entwicklungsaufgabe einen Ingenieur oder Techniker derart packen kann, daß wir darüber mit Begriffen wie Antrieb, Imperativ oder gar Besessenheit sprechen, müssen wir noch einen Schritt weiter gehen und sind gezwungen, auch nach der persönlichen Bedeutung der Technologie für jene Leute zu fragen, die sie entwickeln oder nutzen. Dies schiebt einen existentiellen Aspekt ins Blickfeld, da analytisches Denken, Rationalität, Materialismus oder praktische Kreativität persönliche Werte und gefühlsmäßige Ziele nicht ausschließen.

Im Zentrum der Arbeit eines Ingenieurs, Technikers oder Wissenschaftlers steht wahrscheinlich oft eine existentielle Freude, eine Lust, die aufkommt, wenn man entdeckt und verstanden hat, wie ein System arbeitet oder ein Prozeß abläuft. Die Erreichung technischer Spitzenleistungen und virtuoser Lösungen sind weitere Antriebsmomente, die so stark sein können, daß die ursprünglich gesetzten wirtschaftlichen Ziele eines Projektes in den Hintergrund treten.

Der Mythos der Wertfreiheit von Wissenschaft und Technik darf uns nicht blind machen für solche Antriebe und Werte. Aber die Tatsache bleibt bestehen, daß Forschung, Erfindung, Innovation, Gestaltung und andere kreative Aktivitäten die Tendenz haben, dann zwanghaft zu werden, wenn sie nur noch selbstgesetzte und eindimensionale Zwecke und Ziele verfolgen, völlig unabhängig von anderen Wert- und Zielsetzungen. Solche anderen Werte können zum Beispiel ästhetische sein. Am deutlichsten findet man sie in der Arbeit von Handwerkern, aber auch von Facharbeitern.

Auch in der fortgeschrittenen Technologie ist das ästhetische Moment noch immer wichtig, weil bei der Gestaltung von Produkten und Strukturen nicht jede zu treffende Wahl streng durch praktische Erfordernisse bestimmt ist und nicht jede Wahlmöglichkeit durch Berechnung entschieden werden kann. In dieser Beziehung scheinen ökonomische Motive ziemlich irrelevant; vielmehr wurzeln alle die genannten Antriebe in nicht-ökonomischen »*Virtuositäts-Werten*«.

Es läßt sich feststellen, daß jede Technikkultur mindestens zwei sich überlappende Wertebereiche umfaßt: einen Wertebereich, der auf rationalen, materialistischen und ökonomischen Zielen und Motiven basiert, und einen anderen Wertebereich, der zu tun hat mit dem Abenteuer, die Grenzen der technischen Machbarkeit auszuloten und Virtuosität um ihrer selbst willen zu verfolgen. Diese zwei Wertebereiche können so lange existieren, wie es zwischen ihnen keine Konflikte gibt. Werte aus einem Bereich können aber auch in den Vordergrund rükken und andere Ziele und Werte verdecken.

Bislang haben wir Werte und Ansichten über Technik hauptsächlich aus dem Blickwinkel von Ingenieuren, Wissenschaftlern und Ökonomen erörtert. Diese Betrachtungsweise bleibt eingeschränkt, bis nicht auch noch eine dritte Sichtweise miteinbezogen wird, nämlich die Einstellungen und Bedürfnisse der Nutzer. Damit verbunden sind bedürfnisorientierte Werte und Ziele. Mit der dritten Sichtweise kommt noch etwas Weiteres hinzu, nämlich die weiblichen Werte – gerade im Zusammenhang mit der direkten Nutzung von Produkten und Prozessen. Sie bilden einen Gegensatz zu den in den beiden anderen Sichtweisen hauptsächlich verkörperten männlichen Werten.

Mit den weiblichen Werten und der weiblichen Sichtweise rücken neben Innovationen, Gestaltung und Konstruktion – bislang praktisch eine reine Männerdomäne – Aspekte wie Verwendung, Umgang und Aufrechterhaltung eines technischen Prozesses oder Produktes viel stärker ins Blickfeld. In dieser Beziehung gibt es sogar Parallelen zwischen Frauen und Handwerkern beziehungsweise Facharbeitern, die in enger Beziehung mit Nutzern Produkte entwickeln und reparieren. Dabei muß der Antrieb, der persönlichen erfinderischen Neigung den Vorrang zu geben, hinter den Wünschen und Bedürfnissen des Nutzers zurückbleiben. Frauen, Handwerker und Facharbeiter leben ihre Kreativität nicht in egoistischer Art und Weise aus, weil sie ihre Originalität durch sozialverantwortliche Überlegungen selbsttätig einschränken, weshalb ihren Leistungen in technischer und künstlerischer Hinsicht oft eine nur beschränkte Anerkennung gezollt wird.

Eine weitere Ähnlichkeit liegt darin, daß Frauen wie Handwerker und Facharbeiter bei ihrer Arbeit sich viel stärker auf ein Wissen stützen, das sie aus persönlicher Erfahrung und persönlichem Urteil gewonnen haben und weniger aus abstrakt-theoretischen Gedanken. Dahinter verbergen sich zusätzlich Sorgfalt, Verantwortung, Einsicht und persönliches Engagement anstelle von Status- und Prestigedenken.

Ein Teil der heutigen Probleme mit der Technik mag ganz einfach darin liegen, daß viele Leute von direkter Verantwortlichkeit entbunden sind. Aber es gibt auch geschichtliche Veränderungen, die dies noch verstärkt haben. Das Ideal der reinen Wissenschaft, vor allem in der Form mathematischer Modelle verkörpert, und deren Einfluß auf die Technologie ist ein Faktor, ein anderer, historisch vorausgegangener Faktor war die fortlaufende Ersetzung von Handwerkern und Facharbeitern im technischen Erfindungs- und Entwicklungsprozeß durch professionelle Ingenieure und Techniker. Eine Folge davon ist: Wo immer Kreativität durch soziale und ökologische Verantwortlichkeit gezügelt wird und die resultierende Innovation nicht den akzeptierten »professionellen« Standards entspricht, ist eine mangelnde Anerkennung zu erwarten.

Was wir brauchen, um mit den Konflikten zwischen Virtuositätswerten und Bedürfnis- beziehungsweise Gebrauchswerten umgehen zu können, ist eine ethische, wenn nicht sogar eine spirituelle Dimension. Gerade diese Dimensionen spielten für die ursprünglichen Promotoren von angepaßter Technologie eine Schlüsselrolle.[13] Nur so kann es dazu kommen, daß Ideen und Werte wie soziale und ökologische Verantwortung oder Wahrnehmung von Grundbedürfnissen in der praktischen technischen Entwicklung ebenso ernst genommen werden wie Virtuositätswerte oder ökonomische Nützlichkeit.

Die jetzige absolutistische Technikkultur zeichnet sich über weite Strecken dadurch aus, daß ein Wert einsam an die Spitze gestellt wird: technische Spitzenleistung und Virtuosität oder wirtschaftliches Wachstum. Sonstige Werte spielen keine oder eine höchst untergeordnete Rolle. Nicht, daß jeder dieser zentralen Werte – Virtuosität, Wachstum – als völlig absurd anzusehen wäre, aber diese Werte absolut zu setzen, ist unangemessen und letztlich gefährlich. Die Gefahr besteht darin, Technik nur anhand singulärer, nahezu monolithischer Kriterien zu entwickeln.

Ich plädiere deshalb auch nicht dafür, die menschlichen Grundbedürfnisse oder Gebrauchswerte zu den Werten schlechthin zu machen und jegliche Hochtechnologie moralisch zu verdammen. Das würde die Verfolgung engstirniger technischer Virtuosität nur durch die gleichermaßen unausgegorenen Antriebe des »Nur-Gutes-tun-Wollen« ersetzen.

Eine Vielfalt von Werten ist eine zentrale Charakteristik und Voraussetzung für eine demokratische Technikkultur. Die von einer Gesellschaft für wichtig erachteten Werte muß man sich nicht länger pyramidenförmig angeordnet vorstellen wie in der absolutistischen Technikkultur, sondern als in einem Kreis befindlich, in dem sie sich wechselseitig fördern, aber auch im Zaum halten, um ein Gleichmaß der Werte zu gewährleisten. Wesentlich sind die Toleranz gegenüber diversen Werten und der Wille, die Spannungen zwischen bedürfnisorientierten, naturerhaltenden und virtuositätsbezogenen Werten kreativ zu nutzen.

Diejenigen, die intolerant sind gegenüber dieser Vielfalt und deren Verfechtern, kann man angemessen nur als Technokraten titulieren.

Diese für die absolutistische Technikkultur charakteristischen Experten sind es auch, die in Institutionen der Wissenschafts- und Technologieentwicklung, abgeschirmt von der übrigen Welt ihre Vorstellungen, Wünsche und Antriebe ausleben können. Nicht, daß diese Technokraten Macht über die Bevölkerung und die Gesellschaft bewußt erringen und ausüben wollen, was sie wollen, ist Macht über spezifische Projekte und Macht, jene Leute auszuschließen, die in ihre Absichten und Pläne intervenieren könnten. Diese »Kathedralen der Macht« mit ihrer Geheimhaltung und Geheimniskrämerei haben zudem die Tendenz, zu totalitären Institutionen zu werden.[14] Die Folge ist, daß innerhalb dieser totalitären Institutionen lineares, eindimensionales Denken sich noch mehr verstarkt, weil neue Ideen, Innovationen und auch Zweifel nur mehr durch ihre eigenen bürokratischen Kanäle zum Ausdruck gebracht werden können und nicht durch außenstehende Instanzen. Demokratische Prozesse sind ihnen nicht nur völlig fremd, sondern sie sind auch noch kontraproduktiv für die Technokratie.

Eine demokratische Technikkultur betont mit der Vielfalt von Werten auch Verschiedenheit, Flexibilität und Partizipation. Das letzte meint

Absolutistische Technikkultur contra demokratische Technikkultur

Technische Spitzenleistung/Virtuosität
oder
wirtschaftliches
Wachstum

absolutistische Technikkultur

Effizienz

Virtuosität/techn. Spitzenleistung

ökonomische Ziele

Ästhetik

Nutzer-Bedürfnisse (Gebrauchswerte)

Umwelt

soziale Verantwortung

demokratische Technikkultur

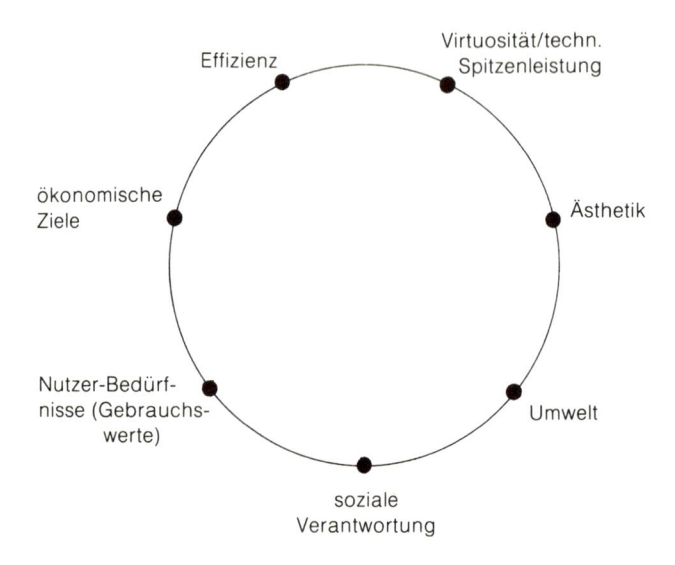

nicht bloß formale Beteiligung der Öffentlichkeit an Entscheidungsprozessen, sondern bezieht sich auf einen Stil innovatorischer Aktivität in der Technologie, wo neue Einsichten aus der Wechselwirkung verschiedener Interessen und Ideen entstehen. Notwendig und lebenswichtig ist ein *innovativer Dialog* auf allen Ebenen.

In besonderem Maße politisch relevant ist die totalitäre Natur vieler Institutionen, die Technologien kontrollieren. Diese macht es außerordentlich schwierig, einen fruchtbaren Dialog zwischen Experten und Nutzern, Technokraten und Parlamentariern, Planern und der Bevölkerung zu eröffnen. Hinzu kommt, daß auf der Regierungsebene das Wachstum der Exekutive das Parlament aus seiner zentralen Position verdrängt und somit keine hinreichende politische Kontrolle aufrechterhalten werden kann.

Vorrang autonomer Produktionswerkzeuge und Produktionsweisen

Die Ziele der Gestaltung von Arbeit und Technik in einer demokratischen Technikkultur liegen im Erreichen von mehr Autonomie, mehr Souveränität auf allen Ebenen: jenen des einzelnen, der Kollegenschaft, der Familie, des Unternehmens, der Gemeinde und der Region. Es gibt Arbeits- und Technikformen, die in Übereinstimmung mit den Zielen Autonomie und Souveränität stehen; ich nenne sie autonome Produktionswerkzeuge und -weisen.

Im Gegensatz zu den integrierten Produktionswerkzeugen und -weisen zeichnen sich autonome Produktionswerkzeuge und -weisen in der Regel einmal durch eine niedrigere produktive Potenz aus, ihr Ausstoß an Produkten oder Diensten ist geringer. Diese nichtintegrierte Produktion ist keineswegs ausschließlich in den Bereichen Haushalt (Beispiel: Nähmaschine) oder Handwerk anzutreffen, sondern auch in der modernen Industrie, im Zusammenhang mit Kleinserienproduktion, Einzel- und Spezialanfertigungen.[15]

In engem Zusammenhang mit der geringeren produktiven Potenz stehen die Arbeitsbeziehungen, die autonome Produktionswerkzeuge voraussetzen und bedingen. Diese begründen die Möglichkeit, daß die Leute für sich und untereinander die Arbeitsbeziehungen selber gestalten können, daß sie auf ihre eigene Initiative hin, nach ihren Zielen und Wünschen arbeiten und produzieren und so ihrem Leben, den Umständen und den sozialen Beziehungen einen Sinn geben können.

Selbstverständlich sind es nicht die Produktionswerkzeuge allein, die die Beziehungen der Arbeit und der Art des Produzierens bestimmen: Die Kultur, die sozialen Beziehungen und die Machtverhältnisse haben einen mindestens ebenso großen Einfluß, und sie können die Handlungsautonomie unterbinden, selbst wenn sie von der Struktur der Produktionswerkzeuge her möglich wäre.

Herausragende Eigenschaft der autonomen Produktionsweise ist, daß die Gesamtheit der technisch-organisatorischen Abhängigkeiten in erheblichem Maß unbestimmt bleibt, die Freiräume in der konkreten Ausgestaltung des Zusammenwirkens von Arbeit, Technik und Organisation sehr groß sind. Dies hängt mit einer Reihe von spezifischen Merkmalen der autonomen Produktionswerkzeuge zusammen:

– Die autonomen Produktionswerkzeuge weisen einen erheblichen Spielraum in ihren Verwendungs- und Einsatzmöglichkeiten auf, sie sind für die Erfüllung einer bestimmten Funktion bei einer Vielzahl verschiedener Objekte konzipiert und nicht für die Ausführung einer nur eng gefaßten Operation für ein spezifisches Produkt. Von daher rührt ihre beträchtliche Polyvalenz, eröffnen sie eine breite Palette von Kombinationsmöglichkeiten; autonome Produktionswerkzeuge haben in der Regel Mehrzweck- und weniger Einzweckcharakter.

– Sie legen keine starren und obligatorischen Arbeitsabläufe fest, vielmehr weisen sie hinsichtlich der Anordnung und der Abfolge der notwendigen Operationen eine hohe Flexibilität auf, deren Inanspruchnahme ausschließlich von der autonomen Initiative des Bedienungspersonals abhängt.

– Die Kombination verschiedener autonomer Produktionswerkzeuge geschieht und vervollständigt sich auf lokaler und regionaler Ebene, und zwar auf eine flexible Weise, so daß die entstehenden gegenseitigen technisch-organisatorischen Abhängigkeiten im Geflecht der produktiven Beziehungen immer minimal bleiben.

– Die Produktions- und Arbeitsrhythmen haben eine hohe Geschmeidigkeit, mit dem Vorteil, daß die Produktion den sich ändernden Bedingungen des Umfeldes viel schneller und leichter angepaßt werden kann. Die autonomen Produktionswerkzeuge funktionieren aufgrund persönlicher Initiativen und erzeugen keinen permanenten Produkteflaß, den es aufrechtzuerhalten gilt. Die verschiedenen Produktionswerkzeuge können in einem beträchtlichen Umfang untereinander kombiniert werden, ohne großen Koordinationsaufwand ihrer jeweiligen Produktions- und Arbeitsrhythmen. Selbst starke

Produktionsschwankungen von einem Produktionswerkzeug zum anderen, von einer Produktionseinheit zur anderen, von einer Person zur anderen, erzeugen keine gravierenden Auswirkungen, sie bleiben lokal und zeitlich beschränkt.

- Die nur schwach ausgeprägten technisch-organisatorischen Abhängigkeiten autonomer Produktionen ermöglichen es, kreative Prozesse – die immer auch Instabilität beinhalten können – und die Stabilität eines Gemeinwesens besser in Übereinstimmung zu bringen. Diese strukturelle Aufgliederung macht das ganze System der autonomen Produktion widerstandsfähiger gegen unvorhersehbare externe Einflüsse, etwa die Änderung ökonomischer Daten, als das bei starrer Organisation der Arbeitsabläufe denkbar erscheint.
- Die Finanzierung autonomer Produktionswerkzeuge verlangt viele kleine Kapitalmengen. Ihre Beschaffung kann deshalb in der Regel Sache der Kommunen, einer Region oder kleinerer Gruppen von assoziierten Produzenten sein. Jene, die diese kleinen Kapitalmengen erbringen, sind in der Tendenz, mit jenen, die sie verwenden und einsetzen wollen, identisch. Die lokalen, regionalen oder persönlichen Initiativen können also mit Hilfe von Kapitalressourcen finanziert werden, die direkt verfügbar sind.

Diese Eigenschaften fordern und fördern gleichzeitig

- *menschliche Entfaltungs- und Entwicklungschancen in der Arbeit,* positive Wechselwirkungen zwischen dem Schaffenden und dem geschaffenen Produkt, lebendige und schöpferische Arbeit[16] statt Arbeit als lebenslange Fron durch Arbeitsteilung und Monotonie;
- ein *breites Spektrum von Fähigkeiten und Fertigkeiten* – sinnliche, intellektuelle, organisatorisch-managerielle –, und vor allem wieder jenes vielfältige, aus der sinnlichen Erfahrung gewonnene und verarbeitete Wissen, das mit dem Begriff »stilles Wissen«[17] oder »persönliches Wissen«[18] umschrieben wird, ergänzt und angepaßt durch wissenschaftlich-technisches Wissen;
- eine stark *personenbezogene,* auf den einzelnen ausgerichtete *Arbeitsorganisation* (»autonome Arbeitsgruppe«), die idealtypisch eine Gemeinschaft von Gleichen ist, in der jeder einzelne in der Lage ist, im Rahmen einer Art von flexibler Aufgabenbegrenzung eine Vielzahl von Aufgaben zu lösen. Die Zielsetzung der Organisation ist auf allen Ebenen sichtbar, jeder weiß, was er zur Zielerreichung beiträgt. Die veränderlichen Aufgaben der einzelnen im Arbeitsprozeß und die wechselnden Produktionsziele bestärken das Gemeinschaftsge-

fühl, ungeachtet der jeweiligen augenblicklichen Stellung in der Hierarchie. Die Organisationshierarchie betont die Führungsebenen eindeutig nicht;

- *Entscheidungs-, Planungs- und Verantwortungskompetenzen des einzelnen* sowie die Improvisationsfähigkeit. Dies zusammen mit der Tatsache, daß die Mitarbeiter in der Regel über breitangelegte Fertigkeiten verfügen, führt zu einer Produktion, die relativ rasch und flexibel dem Bedarf, insbesondere speziellen Kunden- und Nutzerwünschen, angepaßt werden kann;

- die *Berufsethik:* Berufsethik wird hier – unter Rückgriff auf den historisch älteren Begriff der Berufung – als biographisch-identitätsbezogene Orientierung aufgefaßt, und sie muß von der Arbeitsmoral strikt unterschieden werden, unter der meistens die historisch jüngere, inhaltlich verkürzte Auffassung der Arbeit als moralische Tugend der Selbstdisziplinierung verstanden wird. Identitätsstiftend wird der Beruf dadurch, daß er dem ›Ich‹ ein Wirkungsfeld anbietet, das Individualität und Innovation zuläßt und verbindet.

Betrachtet man verschiedene empirische Ergebnisse der letzten zehn Jahre zum Wandel arbeitsbezogener Werte, so stellt man fest, daß vor allem die nur wenig personenbezogene Arbeitsmoral in Frage gestellt wird und kaum die Berufsethik, gerade bei den Jüngeren. Auch aus den laufenden Umfragen lassen sich hinreichende Belege dafür finden, daß es einerseits zwar immer noch eine verbreitete Job-Haltung gibt, die aber andererseits darauf hinweist, daß nicht etwa die Identifikationsbereitschaft mit der Arbeit grundsätzlich verlorengegangen wäre, sondern daß die Ansprüche an die Lebensqualität gestiegen sind und das Engagement von der Erfüllung dieser Ansprüche abhängt. Solche Befunde werden indirekt bestätigt, wenn man nach den konkreten Vorstellungen und Wünschen fragt, von deren Realisierung man sich eine höhere Lebensqualität verspricht: Weit vor anderen Aspekten sind fast gleichrangig die Arbeitsinhalte sehr wichtig, die interessant und abwechslungsreich sein müssen, also eine Herausforderung an die persönlichen Fähigkeiten und Kompetenzen beinhalten, sowie die Möglichkeit, selbständig arbeiten und entscheiden zu können, also der starke Wunsch nach direkter, aktiver Partizipation am produktiven Geschehen. Diese Wünsche und Vorstellungen tendieren stark in die Richtung einer stärker berufsethisch, also persönlich-identitätsbezogener Arbeitsorientierung, weshalb man wohl annehmen kann, eine Rückgewichtung weg von einer bloßen, wenig sinnvollen Arbeitsmoral, hin zu einer Berufsethik sei im Gang.[19]

Mit autonomen Produktionswerkzeugen und dem daraus möglichen Zusammenspiel von lebendiger Arbeit, Technik und Organisation rücken zunächst vor allem die Person des einzelnen, seine Potentiale und kreativen Fähigkeiten wieder ins Zentrum, die Institution und ihre Organisation dagegen werden wieder aus dem Zentrum des Geschehens gerückt, entsprechend ihrer Rolle als Hilfsmittel.

Zusammen mit der erneuten stärkeren Betonung der Berufsethik und der Anerkennung einer Vielfalt von Werten ist auch wieder etwas möglich geworden, was in diesem Jahrhundert des rasanten technischen Fortschritts und wirtschaftlichen Wachstums beinahe in Vergessenheit geriet, nämlich die Erneuerung persönlicher und gesellschaftlicher Werte – immaterieller Ressourcen – in größerem gesellschaftlichen Maßstab, denn sie wurden bisher fast ausschließlich in die Privatsphäre verlagert.

Mit autonomen Produktionswerkzeugen und in der täglichen Praxis einer autonomen Produktionsweise kann der einzelne wieder Meister seiner Sache werden. Konkret geht es um eine Neugestaltung der Arbeit, um die Wiedereinführung der schöpferischen und sinnlichen Dimensionen der Arbeitstätigkeit unter Nutzung der modernen Technologien. Dabei gilt es, endlich jenen Mythos zu zerstören, es gäbe eine Facharbeiter- und eine intellektuelle Intelligenz. Die beiden gehören zusammen, sind zwei Seiten derselben Medaille – in jedem Menschen.

So kann Technik allmählich Teil der Kultur werden und das begründen, was wir eine *demokratische Technikkultur* nennen.[20] Die darauf fußende Gesellschaft kann man vielleicht als *schöpferische Gesellschaft* bezeichnen.[21] Die Beziehungen des Menschen zur Technik werden ähnlich jenen eines Künstlers oder Handwerkers zu seinem Werk, wo die Haltung und innere Einstellung zu Dingen und Menschen das herausragende Merkmal ist – Pirsig nennt diese Art von Beziehung einmal »Liebe zur Sache« und zum anderen »Qualität«; sie sind »der innere und äußere Aspekt ein und derselben Sache. Wer Qualität sieht und sie bei der Arbeit spürt, dem liegt etwas an den Dingen. Wem an den Dingen, die er sieht und tut, etwas liegt, der ist ein Mensch, der mit Sicherheit einige Merkmale von Qualität aufweist.«[22] Das neue Verhältnis von Mensch und Technik liegt also nicht länger in der Machtdemonstration von Mega-Werkzeugen, sondern im Aufleuchten von »Qualität« und der »Liebe zur Sache« in den hergestellten Gegenständen und Techniken, nicht in der Versetzung und Ersetzung von Menschen, sondern darin, daß sie sich die Technik wieder zu eigen machen, in dezentralen Gruppen, nicht in der Ausbeutung der Natur, sondern im Gleichklang mit ihr.

Die Alternative kleiner, selbständiger und kooperativer Einheiten

Mehr Autonomie, mehr Souveränität in der Gestaltung von Arbeit und Technik erschöpft sich keineswegs als reiner Selbstzweck für den einzelnen, sondern gilt grundsätzlich auch für den anderen. Autonomie bedeutet alles andere als Egoismus, sie bedeutet ein *bewußtes Verhältnis zum anderen. Autonomie kann man nur wollen, wenn man sie für alle will, und ihre Verwirklichung ist nur als kollektives Unterfangen denkbar.*[23] Deshalb wird Gestaltung von Arbeit und Technik erst sozial, wenn Autonomie auf allen Ebenen angestrebt wird.

Wenn wir die natürliche Umwelt mit einbeziehen und ihre Autonomie mit solchen Mitteln und Maßnahmen fördern, die dazu angetan sind, ihre selbstregulierten Prozesse und Kräfte wieder zu stärken und zu fördern, dann wird Arbeit und Technik auch umweltverträglicher.

Nutznießer einer autonomeren Produktionsweise, von mehr Gestaltungs-, Entscheidungs- und Verantwortungskompetenz, von lebendiger Arbeit, sind, vermittelt über bessere Produkte und Dienste, aber auch die Konsumenten, Nutzer und Klienten – und letztlich jeder auch in seiner Rolle als Bürger. Übrigens sprach bereits Adam Smith von diesem Zusammenhang, indem er erkannte, »daß die Unterwerfung unter die Arbeitsteilung in der Fabrikdisziplin eine Einschränkung der vielfältigen menschlichen Fähigkeiten bedeutete, und verglich den im Verhältnis zum Wilden trotz seiner Lumpen reichen europäischen Arbeiter mit dem Indianer, der zwar aller komplizierten technischen Hilfsmittel entbehrt, der aber zugleich Staatsmann, Krieger, Handwerker, Fischer sein durfte, während der Arbeiter unentwegt nur Nadeln spitzte oder Kleider säumte«.[24]

Dieses Wissen und Können kann sich am besten in relativ kleineren Einheiten und Strukturen entfalten und gedeihen, und es ist gleichzeitig die Voraussetzung für ihr Gedeihen. Dies wird nicht nur belegt durch wirtschaftlich prosperierende Klein- und Mittelbetriebe, sondern gerade durch florierende Industriedistrikte und -regionen (zum Beispiel Nord- und Mittelitalien, Teile Baden-Württembergs, Massachusetts).

Zu diesen florierenden Unternehmen und Regionen gehören einige, die vorwiegend für den lokalen und regionalen Bedarf produzieren und deren Wurzeln im eher klassischen Handwerk liegen.

Dazu zählen auch solche Unternehmungen, die schon immer nach handwerklich-autonomen Prinzipien produziert haben, die früher vorwiegend spezialisierte Produkte, Maschinen und Anlagen für den Bereich der Massenproduktion hergestellt haben (zum Beispiel der Werkzeugmaschinenbau) oder auch standardisierte Güter für kleine beziehungsweise unsichere Marktsegmente, die die Massenproduzenten als unrentabel beiseite gelassen hatten.

Vor allem aber finden sich hier hochentwickelte Unternehmen – etwa aus der Stahl-, Chemie- und Textilbranche –, die einen Ausweg aus der Sackgasse der Massenproduktion suchten.

Diese Unternehmen, Industriedistrikte und -regionen suchten nach neuen Flexibilitätsspielräumen, um den Herausforderungen sich rasch wandelnder Marktbedingungen in Richtung größerer Produktvariationen, stärkerer Individualisierung der Produkte, höherer Qualitäts- und Leistungsstandards, kleinerer Produktserien und kürzerer Innovationszyklen begegnen zu können.

Sie entwickelten neue Produkte und Herstellungsprozesse und schufen sich Märkte für Spezialstähle, Präzisionswerkzeuge, besondere Chemieerzeugnisse, Luxusschuhe, Textilien der mittleren Preisklasse, Mopeds und Motorräder, keramische Baumaterialien, Möbel und Industriearmaturen.[25]

Den Erfolg eines einzelnen Unternehmens mochte man vielleicht noch dem Zufall zuschreiben, aber als umfassendere Industriezonen prosperierten, begann langsam deutlich zu werden, daß sich hier ein neues Zusammenwirken von flexibler Technologie, Organisation und lebendiger Arbeit in der Gestalt neuer handwerklich-autonomer Produktions- und Arbeitsformen abzeichnete. Das wohl herausragendste Merkmal dabei ist, »daß die Tendenz zu mehr Flexibilität technologische Differenzierung und Verfeinerung zur Folge hat – und nicht die Rückkehr zu einfachen Techniken. Vor die Notwendigkeit gestellt, Produkte und Produktionsmethoden neu zu entwerfen, um den steigenden Kosten und dem zunehmenden Wettbewerbsdruck standhalten zu können, haben einige Unternehmen neue Wege der Kostensenkung von nichtstandardisierter Produktion ausfindig gemacht. Und je geringer sie die Kostenkluft zwischen handwerklich-autonomer und Massenproduktion machten, um so leichter wurde es, Kunden von den früher billigeren Gütern der Massenproduktion abzuwerben. Technologische Flexibilität machte so den Übergang von einer reaktiven, auf Existenzerhaltung ausgerichteten, zu einer expansiven Strategie möglich, die der Massenproduktion bedrohlich zu werden begann.«[26]

Verallgemeinernd lassen sich die folgenden charakteristischen Merkmale von auf der Grundlage autonomer Produktionswerkzeuge operierenden und prosperierenden Firmen und Regionen ausmachen:

1. Ihr Verhältnis zum Markt:
   - Es wird in der Regel eine breite Palette von Produkten für hochdifferenzierte – heimische wie fremde – regionale Märkte hergestellt, und
   - das Produkt- und Dienstleistungsangebot wird ständig verändert, teils um veränderten Bedürfnissen Rechnung zu tragen, teils aber auch, um zur Eröffnung neuer Märkte neue Bedürfnisse zu schaffen.
2. Der Gebrauch zunehmend produktiverer, für verschiedene Produktionszwecke vielfältig einsetzbare Technologien, eben autonome Produktionswerkzeuge.
3. Der breite Einsatz der Fähigkeiten und Fertigkeiten qualifizierter Arbeitskräfte – nicht nur für die ausführenden Arbeiten, sondern ebenso für planerische und gestalterische Tätigkeiten – und ihre fortlaufende Weiterbildung.

Auf der Ebene der einzelnen Firma wie einer Region geht es vor allem um eine permanente Ausbalancierung zwischen den beiden Polen Flexibilität und Spezialisierung. *Flexibilität* bedeutet die Fähigkeit, die für viele Zwecke einsetzbaren Arbeitsmittel schnell umstrukturieren zu können, je nach Bedarf und Marktsituation. *Spezialisierung* bedeutet, daß die Anzahl möglicher Umgruppierungsprozesse begrenzt ist durch die Art von Produkten, die man herstellen will. Vor allem die Technologie muß sowohl in einem engen wie in einem weiten Sinne flexibel sein und muß innerhalb eines bestimmten Spektrums kurzfristige und kostengünstige Schwerpunktverlagerungen von einem Produkt zu einem anderen erlauben. Außerdem muß sie, um bei Bedarf den Übergang von einer Produktgruppe zu einer anderen zu ermöglichen, über entwicklungsfähige Kapazitäten zur Verarbeitung neuer Materialien und zur Einführung neuer Operationen verfügen. Diese Ausbalancierung dürfte im Rahmen einer wie auch immer gearteten Föderation – etwa innerhalb eines regionalen Netzwerkes unabhängiger Betriebe – einfacher zu bewerkstelligen sein, als innerhalb eines Betriebes (die Textilprovinz Prato/Italien ist dafür ein gutes Beispiel).[27]

Die Antworten, die diese prosperierenden Firmen und Regionen, auf der Grundlage autonomer Produktionswerkzeuge und einer mehr oder weniger intensiven Zusammenarbeit, auf die sich ausdifferenzierenden Märkte, aber vor allem auf die wesentlich unstetiger und unsicherer gewordene Nachfrage gefunden und bisher recht erfolgreich praktiziert haben, kann man als Strategien der *»flexiblen Spezialisierung«* bezeichnen.[28] Diese Strategie stellt keineswegs einen nur unbedeutenden Sproß der künftigen Entwicklung dar, ganz im Gegenteil. Denn gerade die Unsicherheit der Nachfrage ermuntert kein Unternehmen dazu, die Mechanisierung und Arbeitsteilung weiterzutreiben sowie eine komplizierte informationstechnische Integration des Ganzen zu bewerkstelligen. Vielmehr wird aus diesen Gründen eine *Reintegration von Planung und Ausführung am Arbeitsplatz* angestrebt. Dies wiederum erfordert flexible, für viele Zwecke einsetzbare und schnell umrüstbare Produktionswerkzeuge. Obwohl die Firmen dies aus ökonomischer Notwendigkeit tun und nicht aus utopischen Motiven heraus, so finden wir gerade hier einige außerordentlich positive Ansätze und Entwicklungen für eine soziale Gestaltung von Technik und Arbeit.

Die Strategie der »flexiblen Spezialisierung« basiert auf einer *Zusammenarbeit zwischen Firmen,* die sich hinsichtlich der Produktionswerkzeuge und der Produktpalette ergänzen können. Diese Zusammenarbeit kann variieren, zeitlich auf bestimmte Projekte beschränkt, aber ebenso langfristig angelegt sein.

Dies kann man erstens in großen Unternehmen beobachten, die ihren Divisionen, Abteilungen und Gruppen mehr Autonomie einräumen und ihnen oft weitgehende Kompetenzen bezüglich Konstruktion, Gestaltung, Entwicklung, Herstellung und Marketing von Produkten und Diensten übertragen. So haben *viele Großunternehmen eine immer größere Ähnlichkeit mit Föderationen von kleinen und mittleren Betrieben.* Was diese Föderationen zusammenhält, sind die Unternehmenszentralen und deren Finanzsteuerungskompetenzen.

Zweitens bilden regional konzentrierte kleine Firmen, die sich auf besondere Produkte, Prozesse oder Dienste spezialisiert haben und zusammen mit anderen Firmen Großkunden oder ganz bestimmte Marktsegmente beliefern, *Föderationen/Netzwerke der Zusammenarbeit.* In solchen Regionen bauen Gruppen von Kleinfirmen gemeinsame Marketing- und Forschungseinrichtungen auf, kaufen Materialien gemeinsam ein und garantieren sich wechselseitig Bankdarlehen.

Ob diese Strategie der »flexiblen Spezialisierung« und die darauf abzielende Zusammenarbeit von kleinen Einheiten in Großbetrieben oder im Rahmen einer Föderation die Erwartungen erfüllt, hängt von vielen Faktoren ab, nicht zuletzt auch von unterstützenden staatlichen und gewerkschaftlichen Strategien. Eines kann man meines Erachtens aber mit Sicherheit sagen: Je mehr qualifizierte Arbeitskräfte vorhanden sind, desto eher werden autonome Produktionswerkzeuge und Produktionsweisen bevorzugt, jedenfalls solange die gegenwärtigen Absatzunsicherheiten (der integrierten Industrien) weiterhin gegeben sein werden.

Eine demokratische Technikkultur strebt auch eine autonomere lokale und regionale Entwicklung an. Anhand existierender Beispiele lassen sich zunächst drei allgemeinere Bedingungen herausschälen, die für eine autonome Regionalentwicklung erfüllt sein müssen:

– Die Existenz eines Gewebes menschlicher Beziehungen, das für ein Aufblühen und Gedeihen der verschiedenen Initiativen hinreichend animierend ist;

– die Bejahung eines sozialen Lebens und einer sozialen Identität;

– sichtbare Anstrengungen, einerseits auf konkrete Art und Weise den Zusammenhalt zwischen lokalen und regionalen Projekten herzustellen und zu verbessern und andererseits die Ebene dieser Projekte mit anderen wirtschaftlichen und administrativen Ebenen zu verbinden.

Auf die Frage nach Erreichung von mehr regionaler Eigenständigkeit kann es zwangsläufig nicht nur eine Antwort geben. Ohne in die Details gehen zu können und ohne auch Regionen von der Größenordnung her festlegen zu wollen, lassen sich einige grundsätzliche Aspekte und Dimensionen benennen, die den Charakter wichtiger Bedingungen für eine eigenständigere Regionalentwicklung haben:

1. Die lokalen und regionalen Wirtschaftskreisläufe müssen gestärkt werden, das heißt konkret, jede in der Region getätigte Investition sollte so lange wie möglich in der Region zirkulieren. Wo immer möglich, sollten vermehrt eigene Ressourcen (etwa erneuerbare Energien) genutzt und Stoffkreisläufe (Recycling) geschlossen werden.[29]

Die regionalen Betriebe müssen mehr Endproduktion in der Region abwickeln, damit finanzielle Ressourcen nicht in die Zentren abfließen. Wenn Betriebe Zuliefererfunktionen ausüben, dann, wenn immer möglich, zu Betrieben in der Region; in diesem Fall hätten wir bereits den Ansatz einer Zusammenarbeit mehrerer Betriebe. Darüber hinaus sollten Betriebe regional vorhandene und zugängliche Ressourcen verarbeiten und/oder Techniken für ihre Nutzung herstellen.[30] Jene, für die Lebensfristung, für die Befriedigung wichtiger materieller und immaterieller Bedürfnisse notwendigen Produkte und Dienste werden vermehrt lokal und regional selbst hergestellt, vor allem in kleineren Betrieben mit Hilfe autonomer Produktionswerkzeuge, aber auch in der informellen Ökonomie (Eigenarbeit, Do-it-yourself, Nachbarschaftshilfe und Selbstorganisation). Die skizzierte Schaffung und Stärkung der lokalen und regionalen Eigenständigkeit muß einhergehen mit einer Modifizierung und Schwächung integrierter Strukturen.

2. Es gibt Ansätze einer ergänzenden Zusammenarbeit zwischen einigen Betrieben, sei es im Bereich von Forschung und Entwicklung, der Herstellung und/oder der Vermarktung der Erzeugnisse.

Es gibt eine technisch-kulturelle Tradition und ein darauf beruhendes Potential, nicht unbedingt in der Form von betrieblichen Entwicklungs- und Konstruktionsabteilungen, sondern als »stilles Wissen und Können«, das seinen Niederschlag in neuen Produkten und Verbesserungen bei Maschinen und Werkzeugen findet.

Die Betriebe der Region sind nicht nur darauf bedacht, daß die berufliche Ausbildung zu einem erheblichen Teil bei ihnen stattfindet, sondern sie bemühen sich um eine hohe Qualität dieser Ausbildung.

3. Es gibt einen regelmäßigen Gedankenaustausch – über Fragen der wirtschaftlichen Entwicklung, innovatorische Vorhaben und damit zusammenhängede Forschungs- und Entwicklungsaktivitäten, konkrete Projekte der Zusammenarbeit zwischen ansässigen Unternehmen, Unterstützung durch technische und Marktinformationen sowie Beratung in organisatorischen Fragen, Hilfe für neu gegründete junge Unternehmen in der Region, berufliche Aus- und Weiterbildung, Infrastrukturdienste für die regionale Bevölkerung – mit dem Ziel, eine innovationsfördernde Atmosphäre zu schaffen und Sorge zu tragen, daß entsprechende spezifische Dienstleistungen bereitgestellt werden, und zwar zwischen den Betrieben und der Industrie- und Handelskammer, den ansässigen Banken, Arbeitgeberorganisationen, Gewerkschaften, professionellen Organisationen und den Behörden.

4. Soziale Formen der unmittelbaren Solidarität und der sozialen Integration, jenseits rein staatlicher und rein marktmäßiger Institutionen müssen vorhanden sein. Diese nichtstaatlichen und nichtmarktmä-

ßigen Institutionen sind in der Regel aufgrund der Initiative einer Gruppe von Bürgern entstanden und werden von ihnen getragen.

Ins Leben gerufen wurden und werden sie oft als Folge von Auseinandersetzungen mit etablierten Institutionen und Machtzentren. Sie drücken in Fragen der lokalen und regionalen Entwicklung den Wunsch der Bürger aus, daß neben rein ökonomischen und technologischen Dimensionen die sozialen, kulturellen und ökologischen Aspekte gleichrangig in Betracht gezogen werden. Doch können sie auch jene Formen wirtschaftlicher Aktivitäten zum Ausdruck bringen, die kooperativer Natur sind, den Charakter gegenseitiger Hilfe tragen und deren Ziele und Organisationen nicht ausschließlich auf Ertragsüberlegungen basieren.

Umwelt- und sozialverträgliche Technologien in einer technologieverträglichen Gesellschaft

Dieser Punkt sei zunächst als Frage formuliert, denn sobald nach der Art und der Ausgestaltung einer Technologiepolitik gefragt wird, steht man vor einem Dilemma: Technologiepolitik setzt ein Steuerungszentrum voraus, zugleich entzieht sich aber die Entscheidung über wissenschaftlich-technologische Entwicklungen und ihre wirtschaftliche Umsetzung weitgehend dem Zugriff der Technologiepolitik. »Die Industrie besitzt im Verhältnis zum Staat einen doppelten Vorteil: die *Autonomie der Investitionsentscheidung* und das *Monopol des Technologieeinsatzes*.«[31] Der Staat hinkt der wissenschaftlich-technologischen Entwicklung hinterher, über die anderweitig entschieden wird. »Gerade die Verschwisterung der Entscheidungen über Technikentwicklung mit Investitionsentscheidungen zwingt die Betriebe aus Konkurrenzgründen dazu, ihre Pläne im stillen zu schmieden.«[32] Erst nach vollzogener Entscheidung erfahren Politiker und Öffentlichkeit davon.

Ein zweites Dilemma besteht – zunächst jenseits der Frage nach der politischen Machbarkeit – darin, daß keine Gewißheit darüber besteht, für welche technologiepolitischen Programme man sich einsetzen kann: Programme im bisherigen Fahrwasser des wissenschaftlich-technischen Fortschritts werden nicht mehr uneingeschränkt unterstützt, angesichts der zu Recht befürchteten eskalierenden negativen Auswirkungen für die Menschen und die Umwelt, aber Programme für umwelt- und sozialverträgliche Wissenschafts- und Technologieentwicklung, die auch diesen Namen verdienen, steht man ebenfalls eher skeptisch gegenüber, weil man nicht sicher ist, ob sie auch wirklich realisiert werden können, so daß die in sie gesetzten Erwartungen in Erfüllung gehen. Und so schwankt man denn zwischen zwei Unsicherheiten, und im Zweifelsfalle entscheidet man zugunsten der althergebrachten Variante.

Bei den Gewerkschaften liegt dieses Dilemma, wie mir scheint, weniger im Grundsätzlichen als im Praktisch-Politischen. Man will die weitere uneingeschränkte Entfesselung der Produktivkraft »Wissenschaft und Technologie« nicht mehr länger befürworten, die Probleme und Ängste vor einer Supertechnisierung und -industrialisierung sind zu groß, die negativen Auswirkungen unübersehbar. Das zieht sich wie ein roter Faden durch die gewerkschaftliche Debatte der achtziger Jahre und findet seinen Niederschlag auch in einer Stellungnahme des DGB, in der sechs grundlegende Befürchtungen im Hinblick auf die Auswirkungen des technologischen Wandels formuliert werden[33]:

1. Technischer Strukturwandel dominiert die politische Steuerung.
2. Technischer Strukturwandel verschärft die Beschäftigungssituation und bedroht die Solidarität der Arbeitnehmerschaft.
3. Technischer Strukturwandel löst die gewachsenen sozialen Infra- und demokratischen Entscheidungsstrukturen auf.
4. Technischer Strukturwandel führt zur Enthumanisierung der Arbeit, zu gesundheitlichen Belastungen und zur Beeinträchtigung der Persönlichkeitsentwicklung.
5. Der Einsatz neuer Technologien verstärkt die soziale Kontrolle und die Abhängigkeit der Arbeitnehmer.
6. Die Forschungs- und Technologiepolitik präjudiziert Folgen, die nicht im Interesse der Arbeitnehmerschaft und der Gesellschaft insgesamt sind.

Gleichsam in der Form von Gegenthesen zu diesen Befürchtungen werden darin Schritte zur sozialverträglichen Steuerung des technischen Fortschritts gefordert, etwa

– soziale Steuerung, Gestaltung und Kontrolle des technischen Wandels;
– sozialverträgliche Technikentwicklung und -anwendung;
– Anpassung der wirtschaftlichen und sozialen Rahmenbedingungen an den technischen Wandel;

- Mitbestimmung – strategisches Instrument zur Beherrschung der Produktivitätsentwicklung;
- Technologiepolitik als Bestandteil einer vorausschauenden Strukturpolitik;
- öffentliche Diskussion über neue Technologien und ihre Folgen;
- Förderung der Technologiefolgenabschätzung;
- Umorientierung staatlicher Technologiepolitik an sozialen Kriterien;
- Förderung einer sozialverpflichteten Technologieforschung und Technologieentwicklung;
- Humanisierung der Arbeit als Querschnittsaufgabe staatlicher Technologiepolitik;
- gesetzliche Maßnahmen zur Vermeidung negativer Folgen durch den Einsatz moderner Informations- und Kommunikationstechniken.[34]

Mit dem »Aktionsprogramm: Arbeit und Technik«[35] hat die IG Metall erste entscheidende Schritte in die Richtung einer demokratischen Technikkultur getan. Es wird nicht mehr länger nur von der Beherrschung der negativen Folgen und Auswüchse des Technikeinsatzes gesprochen, sondern selbstbewußter wird von Technikgestaltung gesprochen. Die zahlreichen darin formulierten Aktionsschwerpunkte zielen nicht nur auf die verschiedenen Ebenen, sondern sie rücken den einzelnen Arbeitnehmer, den Arbeitsort, den Betrieb ins Zentrum der gewerkschaftlichen Aktivitäten. Nimmt man aus dem jüngsten Papier der IG Metall[36] die gewerkschaftlichen Arbeitskreise »Alternative Produktion« und vor allem die regionalen Entwicklungszentren zur institutionellen Erneuerung der Regionalpolitik zusammen mit den überregionalen Aktionsschwerpunkten

- Technikfolgenabschätzung und Mitbestimmung,
- Institut für Arbeit und Technik,
- Ausbau des HdA-Programms,
- gesellschaftlich nützliche und ökologisch verträgliche Produkte,
- zukunftsorientierte Industriepolitik für den Menschen,

so ergibt sich ein Handlungskonzept, das klar in die Richtung umwelt- und sozialverträglicher Technologiegestaltung weist.

Seit einiger Zeit scheint ein Prozeß in Gang gekommen zu sein, eher unscheinbar und mit vorerst ungewissem Ausgang, der in Richtung einer demokratischen Technikkultur sich entwickeln kann.

Daß dieser Prozeß in Gang gekommen ist, hat gerade damit zu tun, daß es Wahlmöglichkeiten und Gestaltungsräume gibt.»Die bislang legitimatorischen Möglichkeiten, Sozialstrukturen mittels ›technischer Sachzwänge‹ zu gestalten, nehmen ab, ja drehen sich um: Man muß wissen, welche Art sozialer Organisation in horizontalen und hierarchischen Dimensionen man *will,* um die Vernetzungsmöglichkeiten elektronischer Steuerungen und Informationstechnologien überhaupt nutzen zu können. (...) In allen Dimensionen und auf allen Ebenen von Organisation werden neuartige Muster möglich – über die Grenzen von Abteilungen, Betrieben und Branchen hinweg. (...) Die sich öffnenden organisatorischen Variationsspielräume können heute noch gar nicht vorgedacht werden. Nicht zuletzt darin liegt auch begründet, daß sie gewiß nicht über Nacht ausgeschöpft werden. Wir befinden uns am Beginn einer *organisationskonzeptionellen Experimentierphase,* die dem Zwang der Privatsphäre, neue Lebensformen zu erproben, keineswegs nachsteht.«[37]

Gerade die sich verändernden Marktbedingungen und die großen Ungewißheiten der Absatzmärkte wecken das Interesse der Betriebe an *Flexibilität.* Steigende Risiken und Unsicherheiten des gesamten betrieblichen Umfeldes lassen sich mit herkömmlichen, starren Betriebsorganisationen nicht mehr bewältigen, bei Strafe von Markteinbrüchen oder gar des Zusammenbruchs mit Folgen, die in der Regel nur die Arbeitnehmer zu tragen haben. In mobilen, lockeren Organisationsnetzwerken können dagegen diese wechselnden Anpassungsleistungen in die Struktur integriert werden. Auch aus diesem Grund dürften betriebliche wie regionale Produktionskonzepte, die die Strategie der »flexiblen Spezialisierung« verfolgen, sich wahrscheinlich immer stärker ausbreiten.

Zwar gibt es immer mehr Wahlmöglichkeiten und Gestaltungsspielräume, aber ob und wie sie konkret genutzt und ausgefüllt werden, das ist das Ergebnis von Auseinandersetzungen und Entscheidungen über Arbeits- und Organisations- sowie Betriebsformen und über die Art der technischen Produktionswerkzeuge vor Ort, in jedem einzelnen Betrieb. Überspitzt formuliert: Es gibt so viele technologiepolitische Auseinandersetzungen wie Betriebe, und jede verläuft wieder etwas anders, mit anderen inhaltlichen Schwerpunkten. Es entsteht nicht eine Technologiepolitik von unten, wie in der traditionellen Industriegesellschaft mit ihrem relativ hohen Standardisierungs- und Normierungsgrad, sondern es entstehen viele Technologiepolitiken von unten.»In den Auseinandersetzungen zwischen Management, Betriebsrat, Gewerkschaften und Belegschaften stehen in den kommenden Jahren Entscheidungen über ›innerbetriebliche Gesellschaftsmodelle‹ auf der Tagesordnung. (...) Wesentlich ist: Von Unternehmen zu Unternehmen, von Branche zu Branche können unterschiedliche Modelle und Politiken propagiert und erprobt werden. Es kann sogar zum Wechselbad arbeitspolitischer Modeströmungen kommen, in denen einmal dieses Konzept, einmal jenes die Oberhand gewinnt. Insgesamt greift der Tendenz nach die Pluralisierung der Lebensformen auf die Produktionssphäre über: Es kommt zu einer *Pluralisierung der Arbeitswelten und Arbeitsformen,* in denen eher ›konservative‹ und ›sozialistische‹, ›dörfliche‹ und ›großstädtische‹ Varianten im Wettstreit miteinander liegen.«[38]

Damit aber gewinnt betriebliches Handeln eine neue politische und moralische Dimension, die bislang ökonomischem Handeln wesensfremd zu sein schien.»Diese *Moralisierung der Industrieproduktion,* in der sich auch die Abhängigkeit der Betriebe von der politischen Kultur, in der sie produzieren, spiegelt, dürfte zu einer der interessantesten Entwicklungen der kommenden Jahre werden. Sie beruht nämlich nicht nur auf einem moralischen Druck, sondern auf der Schärfe und Effektivität, mit der Gegeninteressen (auch neuer sozialer Bewegungen) inzwischen organisiert sind, auf der Brillanz, mit der sie ihre Interessen und Gesichtspunkte in einer sensibler werdenden Öffentlichkeit darzustellen wissen.«[39]

Wo Wahlmöglichkeiten und Gestaltungsspielräume sich auftun, treten Werte in den Vordergrund, die die Maßstäbe und Kriterien festlegen, nach denen ausgewählt und entschieden wird. Damit aber verliert das Gestalten des Zusammenspiels von lebendiger Arbeit, Technologie und Organisation den Charakter des Nichtpolitischen, ohne jedoch politisch im klassischen Sinne zu werden. *Gestaltungsmacht siedelt sich immer mehr unten an, im Bereich der Subpolitik.* Das wäre also das eigentlich Neue: Technologiepolitik kommt von unten her in der Form von Subpolitiken. Dies, weil die wirtschaftlichen Verhältnisse unsicherer geworden sind, weil es technologisch-soziale Wahlmöglichkeiten und Getaltungsspielräume gibt, weil allenthalben um Flexibilität gerungen und gestritten wird. Diese Entwicklung hat mehrere Seiten: Einerseits sind Chancen da, verstärkt in Richtung einer demokratischen Technikkultur zu optieren, andererseits nehmen gerade deswegen Unsicherheiten und Ungewißheiten zu, wie man denn jetzt *konkret* optieren soll. Gerade dies bereitet auch den Gewerkschaften Kopfzerbrechen: *Mehr Wahlmöglichkeiten, Lösungswege und Gestaltungsspielräume »unten« bedeuten, daß dort mehr Wissen herrschen muß als noch vor kurzem. Denn soll eine demokratische Technikkultur gedeihen, müssen viel mehr Personen wählen und gestalten können. Um aber richtig wählen zu können, muß man das Können lernen. Man muß es aber auch erkämpfen.*

Das Nichtpolitische – wie wir leben und arbeiten wollen – wird immer politischer und zunehmend wichtiger. Die Nichtexistenz des technologiepolitischen Steuerungszentrums und das Gewicht des Nichtpolitischen gehören mit zu den wichtigsten Charakteristika der sich gegenwärtig formierenden Industriegesellschaft.

»Denkbar sind auch neue Zwischenformen wechselseitiger Kontrolle, die den parlamentarischen Zentralismus meiden und doch vergleichbare Rechtfertigungszwänge schaffen. Vorbilder hierfür lassen sich durchaus in der Entwicklung der politischen Kultur in Deutschland in den vergangenen zwei Jahrzehnten finden: Medienöffentlichkeiten, Bürgerinitiativen, Protestbewegungen (...). Diese verschließen ihren Sinn, solange man auf sie die Prämissen eines institutionellen Zentrums von Politik bezieht. Dann erscheinen sie als untauglich, defizitär, instabil, ja möglicherweise an der Grenze der außerparlamentarischen Legalität operierend. Wenn man jedoch den Grundsachverhalt der *Entgrenzung* von Politik in den Mittelpunkt stellt, erschließt sich ihr Sinn als Formen experimenteller Demokratie, die auf dem Hintergrund durchgesetzter Grundrechte und ausdifferenzierter Subpolitik neue Formen direkter Mitsprache und Mitkontrolle jenseits von zentralisierten Steuerungs- und Fortschrittsfiktionen erproben.«[40]

Daß es also das politische Steuerungszentrum nicht mehr gibt, muß im Grunde genommen als sehr positiv bewertet werden, denn es bedeutet das Aufbrechen von vielerlei Monopolen, beispielsweise das Rationalitätsmonopol der Wissenschaft oder das Politikmonopol der klassischen Politik. »Politik ist nicht länger der einzige oder auch nur der zentrale Ort, an dem über die Gestaltung der gesellschaftlichen Zukunft entschieden wird. (...) Alle Zentralisationsvorstellungen von Politik stehen in einem umgekehrt proportionalen Verhältnis zum Grad der Demokratisierung einer Gesellschaft. (...) (Auch) Wirtschaft, Wissenschaft (...) können nicht länger so tun, als täten sie nicht, was sie tun: die Bedingungen gesellschaftlichen Lebens zu verändern, und d. h.: mit ihren Mitteln Politik zu machen. Das ist nichts Unanständiges, nichts, das es zu verbergen und zu verheimlichen gilt. Es ist vielmehr die bewußte Gestaltung und Wahrnehmung der Handlungsspielräume, die die Moderne inzwischen erschlossen hat. Wo alles verfügbar, Produkt von Menschenhand geworden ist, ist das *Zeitalter der Ausrede vorbei.* Es herrschen keine Sachzwänge mehr, es sei denn, wir lassen und machen sie herrschen. Das bedeutet sicherlich nicht, daß nun alles so oder so gestaltet werden kann. Aber es bedeutet sehr wohl, daß die Tarnkappen der Sachzwänge abgelegt und deshalb Interessen, Standpunkte, Möglichkeiten abgewogen werden müssen.«[41]

Will man also Wahlmöglichkeiten und Gestaltungsspielräume für eine umwelt- und sozialverträgliche Technologieentwicklung nutzen und ausbauen, so muß man als Schwerpunkt die Einflußmöglichkeiten der Subpolitik ausbauen, stärken und rechtlich absichern. »Technologiepolitischer« Kernpunkt für das Gedeihen einer demokratischen Technikkultur muß sein, »möglichst *viele* Orte der Auseinandersetzung, Mitbestimmung und Verhandlung zu schaffen«, und so »das Niveau der ›Mobilisierung‹ einer Gesellschaft zu erhöhen, so daß für alle Beteiligten bislang feste ›Bestände‹ in den Horizont des Veränderbaren einrücken und die Bereitschaft zum Risiko, zur Annahme von Unsicherheit gesteigert wird, indem ihnen dafür die Sicherheit geboten wird, neue Optionen entwickeln zu können, über deren eventuelle Realisierung sie mitentscheiden«.[42] Es sollen viele Artikulations- und Verhandlungsmöglichkeiten geschaffen werden, damit die Bürger und Bürgerinnen die Chance und sogar die Verpflichtung haben, sich über Zukunftsorientierungen zu verständigen, sie zu »produzieren«, und so auch selber Maßstäbe für die technologischen Komponenten von Zukunftsentwürfen zu gewinnen. In dieser Perspektive benennt von Alemann:

— »*staatliche Gestaltungsmittel*« (Forschungs- und Technologiepolitik, Technologiefolgenabschätzung, Normierung, Kontrolle),

— »*Gestaltungsmittel der Technikeinsetzer, -entwickler und -vermittler*« (wissenschafts- und unternehmensimmanente Einwirkungsmöglichkeiten),

— »*Gestaltungsmittel der Technikbetroffenen als Arbeitnehmer*« (Mitbestimmung am Arbeitsplatz, im Betrieb und überbetriebliche Beeinflussung von Forschung und politischen Rahmenbedingungen),

— »*Gestaltungsmittel der Technikbetroffenen als Konsumenten, Klienten und Staatsbürger*« (Öffentlichkeitsdruck, advokatorische Mittel, Organisierung von Verbraucherinteressen, Prägung der sozialen Nachfrage durch neue kollektive und gemeinschaftliche Formen der Reproduktion, Nutzung der Medien).[43]

Zur Erreichung einer umwelt- und sozialverträglichen Technologieent-

wicklung und damit auch einer technologieverträglichen Gesellschaft gehört vorrangig das Ringen um mehr und größere selbstbestimmte Handlungs- und Gestaltungsmöglichkeiten auf allen gesellschaftlichen Ebenen.

Mehr Autonomie und mehr selbstbestimmte Gestaltungsräume von Zukunft im technologischen Bereich, aber auch anderswo, um so wieder mehr Sicherheiten und Gewißheiten zu gewinnen, ist – so paradox das klingen mag – nur zu haben um den Preis von mehr Experimenten, mehr Widerstand und damit von mehr Unsicherheit. Ob der einzelne bereit ist, mehr Unsicherheit und mehr Verantwortung zu übernehmen? Ob angesichts der weiter fortschreitenden Individualisierung wieder mehr gelebte und praktizierte Solidarität möglich ist, die auch dazu führen könnte, die obige Frage zu bejahen, weil auch sie zu mehr Sicherheit und Gewißheit führen würde? Das alles sind offene Fragen, die aber wohl nur durch konkrete Experimente und zukunftsgerichtete Bemühungen zu beantworten sind. Jedenfalls: »Mehr Optionen eines kulturell, sozial und politisch weniger ›gebundenen‹ einzelnen sind aber wohl ohne mehr Ungewißheiten und Risikoabwägungen, mit denen er konfrontiert ist, nicht zu haben. Und wo das traditionelle Leitbild der disziplinierten Regelbefolgung durch das dynamische Leitbild der kreativen Selbstgestaltung abgelöst wird, wo Unternehmertum nicht nur als ein besonderer Brotberuf, sondern im umfassenden Sinne der ›entrepreneurship‹ verstanden wird, muß auch die Frage nach der Balance zwischen Außensicherung und den Möglichkeiten des einzelnen, ›to cope with the risk‹, neu gestellt werden.«[44]

Nicht Fatalismus, nicht Angst vor der Zukunft, sondern die Gestaltbarkeit und Verhandelbarkeit von Zukünften müssen im Vordergrund stehen. Konkret eingelöst werden aber solche Ansprüche nur in dem Maße, wie soziale Akteure, Bewegungen und letztlich immer größere Teile der Bevölkerung bewußt und selbstbewußt in dieser Richtung aktiv sind. Der französische Soziologe Touraine hat in seiner Untersuchung zur antinuklearen Bewegung[45] gezeigt, wie sich mit dem *Souveränitätsgewinn* einer selbstbewußter werdenden Bewegung »die Identität der Betroffenen, die Definition des Gegenspielers, aber auch der perspektivistischen Ziele verändern können. Diese Veränderungen sind Teil einer Entwicklung, bei der Sicherheit immer weniger als ›Rückversicherung‹, sondern als Zugewinn an Selbstsicherheit erfahrbar wird: durch mehr Wissen, Artikulation, Einfluß und die Erfahrung, Zukunft – auch in ihrer technologischen Dimension – ein Stück weit mitgestalten zu können.«[46]

Rolle der Gewerkschaften in einer demokratischen Technikkultur

Mit dem enorm gewachsenen Potential an sozialen und umweltbezogenen Risiken und Gefährdungen ist der alte Glaube an die Formel »technischer Fortschritt gleich sozialer Fortschritt« weitgehend zerbrochen. Kritische Fragen über technologische Entwicklungen sind ins Rampenlicht der politischen Auseinandersetzungen gerückt (Stichworte Kernenergie, Gentechnik), ohne allerdings bislang den beschleunigten Technologiewandel und die Reichweite seiner gesellschaftlichen Veränderungen wesentlich zu bremsen. Immer noch wird in eher traditioneller Manier versucht, die negativen Auswirkungen technischer Veränderungsprozesse – wie Dequalifizierung, Beschäftigungs- und Gesundheitsrisiken, Naturzerstörungen – als soziale und ökologische Folgen *getrennt* von Technologiewandel und erst im nachhinein zu behandeln. Technologiefolgenabschätzung und Technikbewertung sind die dazugehörigen Instrumente. Aber gerade »die Rede von den ›sozialen Folgen‹ erlaubt dabei zweierlei: zum einen wird jeder Anspruch auf gesellschaftliche und politische Gestaltung der technischen Entwicklung abgewehrt. Zum anderen können Kontroversen über die ›sozialen Folgen‹ ausgetragen werden, *ohne* daß dies den Vollzug des technischen Wandels beeinträchtigt. Nur über *negative* 'soziale Folgen' kann und muß diskutiert werden. Die technische Entwicklung selbst bleibt unstrittig, entscheidungsverschlossen, folgt ihren immanenten Sachlogiken.«[47]

Will man die Supertechnisierung und Superindustrialisierung, also das, was ich mit absolutistischer Technikkultur bezeichnet habe, vermeiden, will man das riesige zivilisatorische Risiko- und Gefährdungspotential abbauen, so ist eine bewußte und selbstbewußte Technikgestaltung und -entwicklung unter sozialen und ökologischen Gesichtspunkten unumgänglich. Und weil Technikgestaltung immer auch Lebens-, Gesellschafts- und Zukunftsgestaltung ist, müssen im Prinzip alle beteiligt werden und sich auch beteiligen. Hier liegt der Kern einer demokratischen Technikkultur. Ein Wandel, eine Bewegung in dieser Richtung ist »unten« in Gang gekommen: Lebenswelten werden gegen »Systemübergriffe« verteidigt, die Ansprüche auf eigene Lebensgestaltung gegen sachzwanghafte Ansprüche des »Systems« in die Waagschale geworfen, es wird verlangt, bestimmte technische Innovationen zu unterlassen und nicht in die Welt zu setzen. Das Ringen um mehr Autonomie, mehr eigene lebensweltliche Gestaltungsspielräume, geht von den Bürgerinnen und Bürgern aus, als eigentätiger, lebenspraktischer Prozeß, und beinhaltet auch die Suche nach neuen Sozialbindungen in Familie, Arbeit und Politik. »Das politische Potential der sich entfaltenden Privatsphäre liegt (...) in der Wahrnehmung von Selbstgestaltungsmöglichkeiten, darin, tiefsitzende kulturelle Selbstverständlichkeiten durch die direkte Tat des Andersmachens zu verletzen und zu überwinden. Um es an einem Beispiel zu illustrieren: Die ›Macht‹ der Frauenbewegung beruht *auch* auf der Umgestaltung von Alltäglichkeiten und Selbstverständlichkeiten, die sich vom Familienalltag über alle Bereiche formeller Arbeit und des Rechtssystems bis in die verschiedenen Entscheidungszentralen hinein erstrecken und mit einer Politik der Nadelstiche für die ›ständisch‹ geprägte und geschlossene Männerwelt schmerzhafte Änderungen einklagen. Allgemein formuliert liegt also in der erlebbaren Gefährdung selbstbewußt wahrgenommener, expansiv ausgelegter privater Handlungs- und Entscheidungsräume der Funken, an dem sich heute (anders als in klassenkulturell bestimmten Lebenswelten) die sozialen Konflikte und Bewegungen entzünden.«[48]

Mitten in diesem turbulenten Wandlungsprozeß stehen auch die Gewerkschaften und müssen ihre bisherige Rolle und Aufgaben überdenken, überprüfen, verändern und anpassen. Was mögliche neue Aufgaben anbelangt, so lautet eine der wichtigen strategischen Fragen: *Können die Gewerkschaften eine Gestaltungsrolle im Betrieb und gleichzeitig auf regionaler beziehungsweise nationaler Ebene finden, um sowohl die Ökonomie in Richtung einer größeren Lebensfreundlichkeit für alle zu beeinflussen, als auch für das Gedeihen und Wiedererstarken einer sozialen Solidarität besorgt zu sein, die für eine individuelle Autonomie unerläßlich ist?* Ohne hier in Details gehen zu können oder bereits Gesagtes nochmals zu wiederholen, möchte ich zwei Aufgabenkomplexe andeuten, denen meines Erachtens eine erhebliche Bedeutung zukommt:

— Auf der Ebene Betrieb und Region ginge es darum, die Einsichten in das gemeinsame Interesse von Firmen, (beschäftigten wie zur Zeit arbeitslosen) Arbeitnehmern, Arbeitgeberverbänden, Gewerkschaften zu fördern, lokale und/oder regionale flexible Produktionsnetzwerke zu bilden und eventuell dafür notwendige Institutionen ins Leben zu rufen.

— Auf der regionalen und/oder nationalen Ebene ginge es um *reale* Dienste für Firmen und Arbeitnehmer, grundsätzlich um den Aufbau eines *realen »Rückversicherungssystems«* in der Form von Infrastruktureinrichtungen für kontinuierliche umwelt- und sozialverträgliche Innovationen und um Aus- und Weiterbildung für souveräne

Berufsarbeit, Beratung in technisch-organisatorischen Fragen sowie Forschungs- und Entwicklungsstellen für umwelt- und sozialverträgliche Technologieentwicklung auf regionaler Ebene.

Grundsätzlich verändern sich zur Erreichung der Ziele einer demokratischen Technikkultur vor allem die Aufgaben der lokalen Gewerkschaftsorganisation. Bislang haben sie beispielsweie ihren Mitgliedern hinsichtlich Fragen der Aus- und Weiterbildung, der sozialen Sicherheit oder Rechtsfragen mit Rat und Tat zur Seite gestanden, wobei diese institutionalisierte Hilfe davon ausging, daß ihre Mitglieder eine klare Identität mit einem Beruf, einer Firma, einer Branche oder Industrie hatten. Das verändert sich: Berufskarrieren werden komplexer, so daß die Gewerkschaften in Zukunft für die Bildung einer Berufsidentität ihrer Mitglieder zu einem wichtigen Bezugspunkt werden. Aber nicht nur die Berufs- und Lebensbiographien werden komplexer, sondern auch die Welt der Betriebe. Kein Betrieb gleicht mehr dem anderen, so daß die lokalen Gewerkschaften und Mitglieder immer häufiger individuelle und spezifische Lösungswege finden und konzipieren müssen, sei es für ein Individuum, sei es für einen Betrieb. Für diese schwierigen und anspruchsvollen, für das Gedeihen einer demokratischen Technikkultur zentralen Aufgaben müssen sie gerüstet sein. Das heißt: *Dem »Unten« kommt eine immer größere Bedeutung zu, Wissen und Können, Experimentierfreude, Kreativität, politisches und menschlich-soziales Fingerspitzengefühl sind notwendig.* Für eine bestmögliche Erfüllung dieser Aufgaben müssen die Zentralen der Gewerkschaften ihrer Peripherie, also den lokal und regional Organisierten, den Betriebsräten und Vertrauensleuten alle nur erdenklichen Hilfeleistungen bieten.

Auf einen potentiellen Konflikt zwischen Gewerkschaftszentrale und ihrer Peripherie muß dabei aufmerksam gemacht werden, weil er lähmend wirken könnte. Stark vereinfacht gesprochen, haben Gewerkschaftszentralen eine oder mehrere Strategien, die sie verfolgen – eine Art Theorie ohne Praxis; umgekehrt haben die peripheren Gewerkschaftsinstitutionen Praxisbezug, ohne daß so etwas wie eine kohärente Strategie oder Theorie sichtbar wird. Das kann zur Folge haben, daß die Gewerkschaftssekretäre in der Zentrale ihre Kollegen an der Peripherie entweder als potentielle Rivalen fürchten oder als reine Praktiker etwas herablassend behandeln, ihnen aber vor allem vorhalten, sie hätten die gültigen Strategien aus den Augen verloren. Umgekehrt können Gewerkschafterinnen und Gewerkschafter an der Peripherie die Zentrale ignorieren oder wegen befürchteter Interventionen zurückweisen. Solche wechselseitigen Blockierungen gilt es in jedem Fall zu vermeiden, weil sonst die Gewerkschaft als »Rückversicherungsagentur« nicht funktionieren kann, mit der Folge, daß die Leute ihre Autonomie- und Gestaltungsspielräume in den Betrieben und in lokalen sowie regionalen Institutionen nicht wahrnehmen und ausschöpfen können. Vielleicht wird die *IG Metall,* um dieser Gefahr zu entgehen, eine der ersten großen Organisationen, die sich in *ein flexibles Netzwerk miteinander verbundener und kooperierender autonomer Einheiten* umwandeln?

Wir haben in allen unseren Darlegungen das Schwergewicht auf den einzelnen, auf den Betrieb, auf eine Föderation von Betrieben bis hin zur regionalen Ebene gelegt. Über die nationale Ebene haben wir dabei wenig gesagt. Mir scheint, wenn man eine autonome umwelt- und sozialverträgliche Regionalentwicklung anstreben will, vor allem mit der Absicht, auch wieder mehr Endprodukte in einer Region herzustellen, gemäß der Maxime »in der Region für vernünftige Bedürfnisse in der Region produzieren«, um so den Turbulenzen und den Störanfälligkeiten einer hohen horizontalen Arbeitsteilung zu entkommen beziehungsweise sie wenigstens abzumildern, so bedarf es eines intensiven Dialogs aller europäischen Gewerkschaften untereinander, mit dem Ziel, den Prozeß in Richtung einer umwelt- und sozialverträglichen Technologieentwicklung und -politik und letztlich des Gedeihens einer demokratischen Technikkultur überall in Gang zu setzen. Ohne diese Dimension bleibt das Streben nach mehr Autonomie und größeren Gestaltungsspielräumen auf allen Ebenen gefährdet.

Es geht einmal darum, die nationalen Konkurrenzkämpfe um hohe und höchste Produktivitätssteigerungen und jeweilige Exportanteile zu dämpfen und zu kanalisieren, denn sonst sind die Arbeitsplatzgewinne der einen Nation bloß die Verluste der anderen (Stichwort Nullsummenspiel). Zum anderen ist der Nationalstaat generell immer weniger in der Lage, die vielfältigen Probleme wirksam anzugehen und zu bewältigen: für die eine Sorte von Problemen ist er zu klein, für die andere zu groß. Ökonomische, ökologische und soziale Risiken und Gefährdungen sind längst transnational, ebenso die Verbreitung und der Einsatz riskanter superindustrieller technologischer Systeme. Und jetzt soll mit dem »EG-Binnenmarkt 1992« endlich das große europäische Warenhaus eröffnet werden, doch wird dieses Konstrukt die bereits vorhandenen ökonomisch- und technologisch-induzierten Turbulenzen nur noch mehr verschärfen. Europa gehört die Zukunft, davon bin ich überzeugt, aber Europa als eine Föderation – oder ein Netzwerk – von selbständigen Regionen.[49] Diese politische Dimension, aber auch die

Dimension einer europäischen Technologiepolitik, die umwelt- und sozialverträgliche Technologieentwicklung auf ihre Fahnen schreibt und konkrete Programme aufstellt, sollten die europäischen Gewerkschaften veranlassen, über die damit verbundenen Gestaltungsfragen und -aufgaben möglichst rasch in einen ernsthaften und konstruktiven Dialog einzutreten. Sonst gibt es nur die transnationale Ökonomie, aber keine transnationale Solidarität.

Ausblick

Eine umwelt- und sozialverträgliche Technologieentwicklung anstreben, eine soziale und ökologische Gestaltung von Arbeit und Technik wollen, eine demokratische Technikkultur befördern, heißt bewußt Ja zu sagen zur Errichtung einer weiteren Stufe der Emanzipation im Prozeß des gesellschaftlichen Fortschritts. Dies ist nicht in einem rauschhaften »historischen« Aufbruch zu bewerkstelligen. Dieser Prozeß braucht Mut, Kraft, Beharrlichkeit, Zuversicht, Zeit und vor allem jene lebendige Solidarität aller, die Autonomie befördern wollen, die wiederum den Humusboden für lebendige Solidarität bildet. Je mehr Menschen sich hier engagieren, um so größer ist die Chance, daß die Entfaltung und Verbreitung einer demokratischen Technikkultur vorankommt. Praxis ist dabei gefragt, wobei das, was angestrebt wird, die Entwicklung von Autonomie nämlich, in einer inneren Beziehung zu dem stehen muß, womit es angestrebt wird, der Ausübung dieser Autonomie. Dazu braucht es keine großen Theorien, Programme oder Generalpläne, sondern Taten, Experimente, organisatorische und institutionelle Innovationen. Der Schweizer Dichter Ludwig Hohl hat das so ausgedrückt: Das Höhere als eine große Idee sind die aus ihr entsprungenen kleinen Ideen, und das noch Höhere sind die kleinen Taten, die aus den kleinen Ideen entsprungen sind.

Anmerkungen

1 Whitehead, A. N.: »Science and the Modern World«, New York 1960, S. 141

2 Kreibich, R.: »Die Wissensgesellschaft. Von Galilei zur High-Tech-Revolution«, Frankfurt 1986, S. 173

3 Ullrich, O.: »Technik und Herrschaft. Vom Handwerk zur verdinglichten Blockstruktur industrieller Produktion«, Frankfurt 1977

4 Kreibich, R.: a.a.O., S. 111 ff.

5 Gehlen, A.: »Die Seele im technischen Zeitalter – Sozialpsychologische Probleme in der industriellen Gesellschaft«, Reinbek 1957, S. 22

6 Gehlen, A.: a.a.O., S. 33

7 Beck, U.: »Frankensteins Fortschritte: Naturwissenschaft heute oder Die Herrschaft der Widerlegten«, Magazin der Baseler Zeitung, Nummer 42, 17. Oktober 1987

8 Beck, U.: »Risikogesellschaft. Auf dem Weg in eine andere Moderne«, Frankfurt 1986, S. 107

9 Bierter, W.: »Mehr autonome Produktion – weniger globale Werkbänke. Mit einem Blick in die Zukunft: Bericht von der Alternativen Weltwirtschaftskonferenz im Jahre 2003«, Karlsruhe 1986, S. 128 ff.

10 Elias, N.: »Über den Prozeß der Zivilisation I/II«, Frankfurt 1978

11 Leroi-Gourhan, A.: »Hand und Wort. Die Evolution von Technik, Sprache und Kunst«, Frankfurt 1984, S. 429

12 Rammert, W.: »Technik und Gesellschaft. Ein Überblick über die öffentliche und sozialwissenschaftliche Technikdiskussion«, in: Bechmann, G., Nowotny, H. (Hrsg.): Technik und Gesellschaft, Bd. I., Frankfurt/New York 1982, S. 35/36

13 Schumacher, E. F.: »Die Rückkehr zum menschlichen Maß«, Reinbek bei Hamburg 1977; ders.: »Das Ende unserer Epoche«, Reinbek bei Hamburg 1980

14 Waddington, C. H.: »The Scientific Attitude«, Harmondsworth 1941, S. 19 ff., S. 109–111

15 Piore, M. T./Sabel, Ch. F.: »Das Ende der Massenproduktion. Studie über die Requalifizierung der Arbeit und die Rückkehr der Ökonomie in die Gesellschaft«, Berlin 1985; Bierter, W.: a.a.O., S. 89 ff.

16 Bierter, W.,: »Keine Zukunft für lebendige Arbeit? – Ein Szenario«, Zürich 1988

17 Cooley, M.: »Architect or Bee? The Human Price of Technology«, London 1987

18 Polanyi, M.: »Personal Knowledge. Towards a Post-Critical Philosophy«, London 1958

19 Bierter, W./Hagemann, S./Levy, R./Udris, I./Walter-Busch, E.: »Zukunft der Arbeit – Ein theoretischer Bezugsrahmen mit Materialien«, Institut d'anthropologie et de sociologie (Prof. R. Lévy), Université de Lausanne, 1987

20 Roqueplo, Ph.: »Penser la technique. Pour une démocratie concrète«, Paris 1983

21 Gaudin, Th.: »Société de création et épistémologie industrielle«, in: de Nobelet, T.: »Culture technique. Création, travail, industrie«, Nr. 8, Paris, Juni 1982; 5 Manifeste pour le Développement de la Culture Technique (CRCT), Culture Technique Nr. 6, Paris 1981

22 Pirsig, R. M.: »Zen und die Kunst, ein Motorrad zu warten«, Frankfurt 1976, S. 291

23 Castoriadis, C.: »Gesellschaft als imaginäre Institution. Entwurf einer politischen Philosophie«, Frankfurt 1984, S. 172 ff.

24 zit. von B. Schefold in: Biswanger, H. C.: »Arbeit ohne Umweltzerstörung. Strategien für eine neue Wirtschaftspolitik«, Frankfurt 1983, S. 107

25 Piore, M. T./Sabel, Ch.F.: a.a.O., S. 229

26 ebenda, S. 231; Konkrete technische und regionale Beispiele: Piore, M.T./Sabel, Ch.

F., a.a.O., und Bierter, W.: »Mehr autonome Produktion – weniger globale Werkbänke«, Karlsruhe 1986

27 ebenda, S. 95 ff.

28 Piore, M. T./Sabel, Ch. F.: a.a.O., S. 286 ff.; Bierter, W.: a.a.O., S. 83 ff.

29 Schleicher, R.: »Ökologisches Wirtschaften für die Menschen in der Region. Über die Notwendigkeit eines wirtschafts- und technologiepolitischen Perspektivwechsels«, Vortragsmanuskript, März 1988

30 Dünnwald, J./Thomsen, P.: »Sinnvoll arbeiten – Nützliches produzieren. Ein Handbuch für Arbeitnehmer und regionale Initiativen«, Frankfurt 1987

31 Beck, U.: »Risikogesellschaft. Auf dem Weg in eine andere Moderne«, Frankfurt 1986, S. 342

32 ebenda, S. 343

33 DGB-Technologie/HdA (Hrsg.): »Neue Informations- und Kommunikationstechniken: Eine Stellungnahme des DGB«, in: Arbeit und Technik, Bd. I, Düsseldorf 10/1984, S. 45 ff.

34 ebenda

35 IG Metall: »Der Mensch muß bleiben!«, Aktionsprogramm: Arbeit und Technik, beschlossen vom Vorstand der IG Metall im November 1984, Frankfurt 1984

36 IG Metall: »Strukturpolitische Alternativen zur gesellschaftlichen Arbeitslosigkeit. Programmatischer Rahmen und praktische Ansätze – Ein strukturpolitisches Memorandum der IG Metall«, Frankfurt 1988

37 Beck, U.: a.a.O., S. 347/348

38 ebenda, S. 355

39 ebenda, S. 356

40 ebenda, S. 368

41 ebenda, S. 371/372

42 Evers, A./Nowotny, H.: »Über den Umgang mit Unsicherheit. Die Entdeckung der Gestaltbarkeit von Gesellschaft«, Frankfurt 1987, S. 270

43 v. Alemann, U.: »Sozialverträgliche Technikgestaltung. Entwurf eines politischen Programms«, in: Fricke, W. (Hrsg.): Jahrbuch Arbeit und Technik in Nordrhein-Westfalen, Bonn 1985

44 ebenda, S. 285/286

45 Touraine, A., et al.: »Die antinukleare Prophetie. Zukunftsentwürfe einer sozialen Bewegung«, Frankfurt 1982

46 Evers, A./Nowotny, H.: a.a.O., S. 238

47 Beck, U.: a.a.O., S. 327

48 ebenda, S. 157

49 Lafontaine, O.: »Die Gesellschaft der Zukunft. Reformpolitik in einer veränderten Welt«, Hamburg 1988, S. 180 ff.

Technik und Macht – Technologiepolitik und soziale Interessen

Rainer Hoffmann*

»Macht bedeutet jene Chance, innerhalb einer sozialen Beziehung den eigenen Willen auch gegen Widerstreben durchzusetzen (...)« Wer diese klassische Bestimmung von Max Weber auf technisches Gerät anwenden will, hat es schwer:

- Gegen die immer noch verbreitete Rede von der »Eigengesetzlichkeit« wissenschaftlich-technischer Entwicklungen muß das Gerät als Ausdruck einer sozialen Beziehung gesehen werden;
- da es ein Widerstreben gegen technische Neuerungen auf der empirisch-praktischen Ebene selten gegeben hat, muß der unterlegene Wille analytisch rekonstruiert werden;
- der »Wille« kann nicht als etwas Persönliches und Beliebiges erfaßt werden, sondern ist seinerseits als Ausfluß prägender gesellschaftlicher Strukturen zu sehen.

Hier ist der Begriff des »objektiven Interesses« hilfreich. Er erlaubt einen Brückenschlag zwischen der Stellungnahme einer Gruppe in der Gesellschaft und dem, was sie in einer Situation tun oder unterlassen wird. Objektive Interessen sind eine Steuerungsgröße, die Richtungen und Inhalte eines Verhaltens vorprägt. Diese arg abstrakten Bemerkungen über das Verhältnis von Technik, Macht und sozialem Interesse lassen sich sehr gut am Beispiel der numerisch gesteuerten Werkzeugmaschine verdeutlichen, welche die Lebensperspektive großer Gruppen qualifizierter Facharbeiter verdüstert hat. Hier gab es keine »Eigengesetzlichkeiten« und keine technischen »Sachzwänge«, sondern es bestand eine Wahlmöglichkeit mit sehr interessanten Bezügen auf die Interessen von Kapital und Arbeit. Der amerikanische Wissenschaftler D. F. Noble hat unser Wissen um die Einzelheiten dieser technischen Wege-

---

* Prof. Rainer Hoffmann lehrt am Soziologischen Seminar der Universität Göttingen.

gabelung vor rund 50 Jahren bereichert. An der Wegegabelung waren zwei wesensmäßig verschiedene Marschrichtungen eingezeichnet: einmal der Entwicklungspfad »NC«, der dann unter massivem Finanzeinsatz des militärisch-industriellen Komplexes begangen worden ist; zum anderen der heute weitgehend unbekannte Entwicklungspfad »Record playback«.

»Record playback« verkörperte eine Art Tonbandprinzip: Die Arbeitshandlungen des qualifizierten Facharbeiters wurden aufgezeichnet, und ein erneutes Abspielen dieses »Arbeitstonbandes« ermöglichte die selbsttätige Wiederholung des Arbeitsganges. Dennoch war der Facharbeiter die intellektuelle Schlüsselfigur:

– Sein Wissen und seine Erfahrungen waren für die Qualität der automatisierten Abläufe bestimmend;
– sein Urteil über eine akzeptable Arbeitsintensität war mitentscheidend für das Tempo;
– seine Kreativität und Bereitschaft zum Mitmachen waren Grundlage und Grenze der Weiterentwicklung.

Kurzum: Intellektuelle Basis blieb die Basis!

Der praktische Siegeszug der NC-Technik, der erst ein Menschenalter nach der technologiepolitischen Grundsatzentscheidung über den Entwicklungspfad beginnt und die traditionellen Werkzeugmaschinen mittlerweile weitgehend verdrängt hat, ist zugleich ein Siegeszug von vergegenständlichten Kapitalinteressen. Die Technik selbst bringt einen Machtzuwachs für das Kapital, indem sie die Stellung der abhängig Beschäftigten in den folgenden Hinsichten verschlechtert:

– Der qualifizierte Facharbeiter wird nur noch als geistiger Handlanger benötigt, solange und nicht länger, als bis die Enteignung seiner Kenntnisse und Erfahrungen vollzogen ist;
– das Arbeiterwissen als ein aus Praxis erwachsender Wissenstyp wird durch den naturwissenschaftlich-mathematischen Wissenstyp verdrängt;
– wichtige Funktionen der Vorbereitung und Planung der Arbeit werden aus dem Berufsbild herausgebrochen und weiter oben in der Hierarchie angesiedelt;
– die Durchsetzungschancen im betrieblichen Alltagskonflikt werden vermindert;
– die Handlungsspielräume und die »kleinen Freiheiten« Tag für Tag können zurückgestutzt werden;

- schließlich besteht wegen der sinkenden Anforderungen an die herkömmlichen Qualifikationen die Gefahr der Lohnsenkung;
- und letztlich drohen sich die vielen kleinen Machtverschiebungen an den Arbeitsplätzen zu einem Machtverlust auch der Gewerkschaftsbewegung zu summieren.

Die aktuelle Auseinandersetzung um die Werkstattprogrammierung und die Kontrolle der Kontrollmöglichkeiten im Rahmen der NC-Technik ist zweifellos ein zentrales Thema. Dennoch handelt es sich um Nachhutgefechte auf einem Schauplatz, der technologiepolitisch Jahrzehnte vorher definiert worden ist. Die Zeitperspektive von einem Menschenalter oder mehr sind Dimensionen, an denen sich auch eine Technologiepolitik im Interesse der abhängig Beschäftigten orientieren muß. Wenn die Frage nach einer »anderen Zukunft« ernsthaft und praxisbezogen gestellt wird, ist zusätzlich das Problem eingeschlossen, wie bezüglich der Technik Gegenmacht erlangt und ausgeübt werden kann.

Woher kommen alternative Zukunftsentwürfe?

Für den Zusammenhang von Technik und Macht, Technologiepolitik und sozialen Interessen ist es eine wichtige Frage, ob man durch das Gespräch mit den von der realen Entwicklung Betroffenen zur Vision von technischen Alternativen vordringen kann. Regt beispielsweise die Erfahrung mit der NC-Technik das Nachdenken über großräumige Alternativen an? Oder gibt es Hemmnisse, die der Vision einer technisch neuen Zeit im Wege stehen und der Kreativität und Fantasie der Arbeiter Grenzen ziehen?

Ein sehr spannendes Kooperationsprojekt zwischen der IG Metall und Angehörigen des Fachbereichs Sozialwissenschaften an der Universität Göttingen zur Entwicklung des Dreherberufs gibt hier einige interessante, aber nicht repräsentative Hinweise. Ausgeprägte Mehrheiten unserer Gesprächspartner, die das Ende des konventionellen Drehers am eigenen Leibe erfahren haben, äußerten massive Einwände gegen die NC-Technik. Und viele hatten ersichtlich schon vor diesen Gesprächen intensiv über mögliche technische Verbesserungen nachgedacht: Sie konnten ihre Gedanken dazu praktisch auf Abruf formulieren. Insgesamt lernten wir ein ganzes Spektrum von Ideen zu Einzelverbesserungen kennen, aber keinen Entwurf einer Alternative in prinzipieller Hinsicht. Diese Resümee läuft nicht auf die Konsequenz hinaus, daß die

Kreativität der Produzenten für den Entwurf einer alternativen Technikkonzeption gering zu schätzen sei. Aber es müssen wohl zusätzliche Bedingungen erfüllt sein, um dieses Reservoir auszuschöpfen.

Nun scheint es auf seiten der wissenschaftlich-technischen Intelligenz analoge Strukturen zu geben, die im Frühstadium der großen Konflikte bei Lucas Aerospace in England in Erscheinung getreten sind. Damals hatte man auf der Suche nach gesellschaftlich nützlichen Alternativprodukten, die mit den gegebenen Qualifikationen und Maschinen hergestellt werden könnten, eine große Zahl von Institutionen und Einzelpersonen angeschrieben, die als fachlich ausgewiesen und progressiv galten. Dieser Ruf nach Ideen blieb ohne nennenswerte Resonanz, so daß die gewählte Suchstrategie für das weitere Vorgehen verworfen wurde. Auch diese Bewertung läuft nicht auf eine Geringschätzung gerade derjenigen hinaus, die im Rahmen der gegebenen gesellschaftlichen Arbeitsteilung für Entdeckung und Erfindung zuständig sind. Aber auch hier scheint das Potential nur zugänglich zu sein über eine katalytische Reaktion.

Gesellschaftliche Nützlichkeit und übergreifende Kooperation als Voraussetzungen alternativer Technikentwicklung

Eine wichtige freisetzende Kraft für den Ideenstrom ist die unmittelbare Berührung mit einem ernstgenommenen Problem, das sich in der Kooperation von potentiellen Nutznießern, Arbeitern und Intellektuellen zu einer bearbeitbaren fachlichen Frage und dann zu einer akzeptierten Lösung entwickelt. Beim heutigen Stand unseres Wissens über diese sensiblen und komplexen Prozesse scheint dies der Weg zu sein, auf dem Entwürfe einer Technik zu gewinnen sind, die den Kriterien der aktuellen Diskussion genügen und gleichzeitig so dimensioniert sind, daß sich eine Technologiepolitik an ihnen orientieren kann. Aus dem eindrucksvollen Katalog von Ideen, Entwürfen, Prototypen und Innovationen bei Lucas Aerospace seien zur Verdeutlichung einige wenige herausgegriffen:

– Telechirische Maschinen, die den Arbeitsplatz und die Qualifikationen unangetastet lassen;

– für Straße und Schiene gleichermaßen taugliche Verkehrsmittel, die der Umwelt, den natürlichen Ressourcen und der regionalen Infrastruktur gerecht werden;

- medizinische Geräte, die das Los von besonders kraß benachteiligten Gesellschaftsmitgliedern nachhaltig lindern;
- schließlich multifunktionale Aggregate, die sowohl von der Seite des technischen Aufwandes als auch von der Seite der Energiezufuhr auf Gegebenheiten von Ländern der Dritten Welt ausgelegt sind.

Der Weg zu solchen Ideen, deren Bezüge zu den Interessen von nicht privilegierten Gruppen ins Auge springen, ist keine ausländische Spezialität. Auch aus der Praxis der Arbeitskreise »Alternative Produktion« und der Kooperation Gewerkschaft/Wissenschaft in der Bundesrepublik lassen sich entsprechende Erkenntnisse gewinnen. Ein gutes Beispiel ist das Projekt »Behindertengerechte Küche«, dessen faszinierendes Profil nur durch die Kooperation von Betroffenen, Facharbeitern und Ingenieuren entwickelt werden konnte.

Orientierung der Technik auf den Menschen

Auch in unserer eigenen Vergangenheit sind weitreichende Entwürfe einer anderen Zukunft gedacht worden, die bis heute der Erfüllung harren. Gerade in den zwanziger Jahren hat es eine Fülle von Überlegungen gegeben, mit welcher Stoßrichtung die allgemeine kapitalistische Logik der Technikentwicklung in Frage gestellt werden kann. Gedanklich ist beispielsweise radikal mit der Vorstellung gebrochen worden, daß die Berufe und Arbeitsplätze die Konstante seien, in die man den Menschen einfädeln müsse. Man müsse umgekehrt vom einzelnen Menschen, seinen Fähigkeiten und seinen unausgeschöpften Entwicklungsmöglichkeiten ausgehen und die Betriebe und Berufe grundlegend umwandeln. Die Wiener Kammer für Arbeiter und Angestellte wollte die Rationalisierung von der Fiktion lösen, daß die Maschinen auf ein – nicht existierendes – Durchschnittsexemplar der Gattung Mensch ausgelegt werden könnten. Richtschnur des technischen Wandels müsse vielmehr das Individuum mit seinen Bedürfnissen und Wünschen, seinen Belastbarkeiten und Grenzen sein. In einer heute ungewöhnlichen Sprache wird betont, daß diese »Einzeloptimalisierung« die befriedigendste Form, daß eigentlich nur sie die »wahre Optimalisierung« sei!

Diese Gedanken enthielten auch eine technologiepolitische Option zugunsten all derjenigen, die unter den Bedingungen des kapitalistischen Arbeitsmarktes an den Rand gedrängt und ausgegrenzt zu werden drohen. Für Kranke, Behinderte, Leistungsgeminderte jedweder

Art und damals speziell für die vielen Versehrten des Ersten Weltkrieges sollten statt dessen maßgeschneiderte Arbeitsmittel entwickelt und gebaut werden.

Einige dieser kühnen Gedanken mögen damals Utopie im Sinne eines objektiv, von der wissenschaftlich-technischen Seite her, *unerrreichbaren* Zustandes gewesen sein. Heute ist es wohl eher die Utopie eines prinzipiell *erreichbaren, aber unerreichten* Zukunftsentwurfs aus der Vergangenheit, der vielleicht über eine gewerkschaftliche Technologiepolitik anvisiert werden kann. Es ist jedenfalls skandalös, daß hochwertige Autos oder Stereoanlagen heute mehr Möglichkeiten zur Anpassung an die Körpermaße und Sinne des Konsumenten bieten, als es im Verhältnis Produzent/Arbeitsmittel der Fall ist.

Nun sind die kühnen Entwürfe von damals, die man aktuell finden kann, seinerzeit nicht nur an der wissenschaftlich-technischen Machbarkeit gescheitert, sondern auch an mindestens zwei weiteren Faktoren:

Zum einen sind sie gescheitert an dem Umstand, daß ein primär nach Fachdisziplinen gegliedertes Wissenschaftssystem kaum in der Lage ist, einen unweigerlich fachüberspannenden Wissensbedarf zu befriedigen. Zum anderen ist den radikalen Entwürfen die politische Unterstützung versagt geblieben. Auch die gewerkschaftliche Position zur Rationalisierung war ja zunächst eng an kapitalistische Entwicklungsmodelle angelehnt. Diese Anlehnung ging Mitte der zwanziger Jahre so weit, daß gewerkschaftliche Spitzengremien eine Identität von Kapital und Arbeit im Rationalisierungsbegriff betonten.

Auch hieraus sind Lehren für heute und für die »andere Zukunft« zu ziehen, die die Bestimmungsfaktoren für die Ideenproduktion selbst und das politische Klima für ihr Gedeihen betreffen. Es scheint mir kein Zufall zu sein, daß viele atemberaubend kühne Zukunftsentwürfe für ein neues Verhältnis von Arbeit, Mensch und Technik im unmittelbaren zeitlichen Umfeld der Novemberrevolution 1918/19 formuliert worden sind. Bald danach wird der Strom solcher Gedanken schwächer. Einer der Gründe hierfür dürfte sein, daß die Ideen nicht aufgegriffen und zu forschungspolitischen Konzepten verdichtet wurden. Die damaligen Gewerkschaften mit ihrer Festlegung auf den Rationalisierungsbegriff des Kapitals konnten dies nicht leisten.

Das Interesse der technisch-wissenschaftlichen Intelligenz an der Produktion von Gebrauchswerten

Es gibt eben eine Dialektik von kapitalistischer Technikentwicklung und gewerkschaftlichem Fortschrittsverständnis, das sich im Handeln oder im Unterlassen konkretisiert. Eine unterlassende Gewerkschaft wird gerade die auf ihrer Interessenlinie liegende technische Kreativität zerstören helfen. Eine Gewerkschaft, die sich selbst zum Subjekt interessengeleiteter technischer Zukunftsentwürfe erhebt, wird umgekehrt eine auf ihrer Interessenlinie liegende technische Kreativität fördern und forcieren. Die abhängig beschäftigte wissenschaftlich-technische Intelligenz ist nicht zwangsläufig an der Gestaltung des technischen Wandels interessiert, die den Interessen des Kapitals entsprechen würde. Ganz im Gegenteil sind viele mit dem leidenschaftlichen Wunsch angetreten, das *Leben der Menschheit* zu verbessern. Es macht sie unglücklich, ihr *eigenes Leben* und ihre geistigen Kräfte mit der Arbeit an neuen Waffen oder zweifelhaften Medikamenten zuzubringen. Im Vergleich dazu ist der gewerkschaftliche Wissensbedarf fachlich, intellektuell und auch persönlich überaus reizvoll. Doch das Reizvolle ist nur realisierbar, wenn die materielle Grundlage des Lebens gesichert ist.

Die Bedingungen für das *Herankommen an alternative Zukunftsentwürfe* lassen sich knapp darstellen. Es bedarf dazu:

— neuartiger sozialer Netze für die Produktion größerer Ideen;

— Anstrengungen, um das von unseren Altvorderen schon einmal Gedachte aus den verstaubten Winkeln der Geschichte hervorzuholen, um es mit den heutigen Möglichkeiten neu zu bedenken;

— einer Sammelstelle, die das Erfundene und Gefundene hütet und auch die zahlreichen Einfälle annimmt, die am Rande anderer Aktivitäten (Innovations- und Technologieberatung, Kooperation Gewerkschaft/Wissenschaft usw.) anfallen, dort aber nicht aufgegriffen werden können und daher schnell wieder vergessen werden;

— eines positiven Fortschrittsbegriffs, der es erlaubt, die anfallenden Neuerungen zu bewerten und die ausbleibenden mit den Mitteln der Forschungs- und Technologiepolitik herbeizuführen.

Umrisse einer gewerkschaftlichen Technologiepolitik

Die Verwirklichung größerer Zukunftsentwürfe ist sehr oft auf einen

Vorlauf an wissenschaftlich-technischen Kenntnissen angewiesen. Organisationen, die über die nötigen Mittel nicht einfach verfügen können, müssen daher eine erfolgreiche Forschungs- und Technologiepolitik betreiben. Die konzeptionelle Arbeit der Gewerkschaften auf diesem Gebiet hat im vergangenen Jahrzehnt mehr erbracht als im Jahrhundert davor.

Erstens sind im Sinne des besagten Fortschrittsbegriffs Kriterien entwickelt worden, die Anfallendes bewertbar und Wünschenswertes planbar machen. Prüfsteine sind insbesondere:
— die Förderung der Qualifikationen, der Gesundheit und der relativen Freiheit im Arbeitsprozeß;
— die Umweltfreundlichkeit in dem dreifachen Sinne, daß
  — die natürlichen Ressourcen nach Art und Menge geschont werden;
  — das Produzieren wie das Produzierte unschädlich sind;
  — das Menschenwerk nach Gebrauch und Verbrauch freundlich in die Natur zurückfließen kann, also seiner ganzen Machart nach recyclingfähig ist;
— die zivile Anwendungsorientierung;
— und schließlich die Verbraucherfreundlichkeit auch in dem Sinne, daß das Neue durchsichtig, haltbar und handhabbar sei.

Zweitens ist immer deutlicher herausgearbeitet worden, daß der Wissensbedarf der abhängig Beschäftigten eine besondere Beschaffenheit hat, auf die sich die Universitäten und die Forschungsfinanzierung erst noch einstellen müssen. Hervorstechende Merkmale dieses Wissensbedarfs sind folgende Faktoren:
— Das Forschungsproblem entstammt einer vorhandenen oder gedachten Lebenswelt;
— es wird daher maßgeblich von Betroffenen formuliert, wobei die Wissenschaft helfende und dienende Aufgaben hat;
— das Problem ist seiner Natur nach ganzheitlich und kann daher nur von mehreren wissenschaftlichen Disziplinen im Verbund bearbeitet werden;
— der unerläßliche Sachverstand der Betroffenen begründet die Notwendigkeit ihrer Gleichrangigkeit mit der Wissenschaft auch im Forschungsprozeß selbst;
— weil es endlich immer um das Wohlbefinden von Menschen geht,

erwachsen höchste Anforderungen an die Präzision und damit die Methoden des Forschens.

Sowohl bei den Kriterien als auch bei den Strukturmerkmalen des Wissensbedarfs tritt für die Gewerkschaften ein Problem in den Blick, das freilich auch als Chance aufgefaßt werden kann. Die Kriterien gehen ja weit über das hinaus, was als Interessenkern der abhängig Beschäftigten bezeichnet werden kann, und bezüglich des spezifischen Wissensbedarfs und seiner forschungspolitischen Umsetzung zeigt sich, daß die Situation der Gewerkschaften ziemlich genau der Situation von Friedensgruppen, Frauen, Verbraucherzusammenschlüssen, Bürgerinitiativen und Behindertenverbänden entspricht.

Damit hat die Gewerkschaftsbewegung die Chance und die Schwierigkeit, den *Wissensbedarf nichtprivilegierter Gruppen* forschungs- und technologiepolitisch zu vertreten. Ich möchte betonen, daß es in dieser Frage keine saubere Trennlinie zwischen der traditionellen und der »neuen« sozialen Bewegung gibt. Eine Trennlinie gibt es nur gegenüber dem Wissensbedarf des Kapitals, der gegenwärtig betriebenen Forschungs- und Technologiepolitik und einem großen Teil des Wissenschaftsapparates selbst.

Ausbau der Kooperation zwischen Gewerkschaften und Wissenschaft

Erstens erscheint die verstärkte Zusammenarbeit mit allen Einrichtungen angezeigt, die alternative Wissensbedürfnisse ermitteln oder selbst artikulieren und eine Zusammenarbeit von Betroffenen, Arbeitern und Intellektuellen herstellen können. Hierzu zählen auch Einrichtungen, deren Verhältnis zu den Gewerkschaften wohl eher durch wechselseitige Distanz gekennzeichnet ist, wie zum Beispiel die Wissenschaftsläden.

Trotz widriger politischer und finanzieller Rahmenbedingungen sollte zweitens versucht werden, die Kooperationsstellen Gewerkschaft/Wissenschaft auszubauen, und zwar in quantitativer wie in qualitativer Hinsicht:
— in der bloßen Anzahl;
— im räumlichen Deckungsbereich;
— im Erschließen der sogenannten Traditionsuniversitäten;
— in einer deutlichen personellen und finanziellen Aufstockung der ein-

zelnen Kooperationsstellen, um die eigene Infrastruktur besser auf die Struktur des eigenen Wissensbedarfs abzustimmen;

– in verstärkter Werbung für die geistigen Herausforderungen und persönlichen Befriedigungen, die in einer Arbeit für den Wissensbedarf nicht privilegierter Gruppen enthalten sind.

Drittens sollten das Wissenschaftssystem und speziell die Forschungsförderung verstärkt unter den Entscheidungszwang gestellt werden, den Wissensbedarf nicht privilegierter Gruppen in seiner Andersartigkeit entweder zu akzeptieren oder sich ihm zu verweigern. Hier gibt es gewisse Anzeichen für eine Öffnung. So hat der Präsident der Deutschen Forschungsgemeinschaft vor deren Jahresversammlung 1987 erklärt: »Zwar wird uns manchmal vorgehalten, die DFG fördere zuwenig alternative Forschung. Ich meine: Hier liegt ein grundlegendes Mißverständnis vor. Wir fördern sehr gerne Alternativen in der Forschung und durch die Forschung, wir fördern nur keine Alternativen zur Forschung.« Die Nagelprobe für solche Signale ist das Vorlegen ausgereifter, fachlich niveauvoller Anträge auf Förderung von Projekten oder größeren Forschungsprogrammen. Solange dies nicht stattfindet, fühlen sich die Vergabeinstitutionen ganz einfach nicht zuständig.

Anforderungen an die Forschungsförderung

Ein größeres Problem ergibt sich an strategischer Stelle: Wer soll, wer kann diese Anträge schreiben, die in ihrem ganzen Zuschnitt ungewöhnlich, sehr zeitintensiv und noch dazu hochgradig erfolgsunsicher sind? Diese ohnehin schwierige Frage wird gegenwärtig und in naher Zukunft durch den desolaten akademischen Arbeitsmarkt verschärft. Die starke Konkurrenz um die wenigen freien Stellen und der Zwang zum Erwerb von anerkannten Qualifikationen halten auch Wissenschaftler – die der Sache mit Sympathie begegnen – von einem solchen Unterfangen ab.

Innergewerkschaftlich wäre zu prüfen, ob ein Teil der schmalen Forschungsbudgets nach dem Motto umgelenkt werden sollte, die Ausarbeitung einiger erstklassiger Anträge auf Finanzierung größerer Vorhaben eher zu fördern als ein eigenes Kleinprojekt.

Der zweite Gedanke zielt auf das Problem, daß sozialdemokratische und »rot-grüne« Sonderprogramme zur Forschungsförderung oft unstetig und verzettelt sind, weil zum Zeitpunkt der gewonnenen Wahl keine ausreichende Zahl von vorbereiteten Projekten vorliegt. Hier könnte die Einrichtung eines forschungs- und technologiepolitischen »Schattenkabinetts« Abhilfe schaffen. Ich stelle mir ein Gremium vor, das mit Personen unterschiedlichster Provenienz bestückt würde, in dem relevante Gruppen der alten und der neuen sozialen Bewegung zusammenarbeiten. Das Schattenkabinett lädt zum Einreichen solcher Projektanträge ein, die dem Wissensbedarf nicht privilegierter Gruppen dienen, und sorgt für die Begutachtung. Es schafft im politischen Vorfeld die Verbindlichkeit, daß angenommene Projekte nach einem Wahlsieg umgehend anlaufen könnten.

Wer die verkündeten Ziele der staatlichen Forschungspolitik liest, könnte an der Notwendigkeit zweifeln, eine eigene gewerkschaftliche Linie zu entwickeln. Denn in der bloßen Formulierung kommt einiges den gewerkschaftlichen Überlegungen recht nahe: So ist auch dort von der Sicherung der Arbeits- und Lebensbedingungen, von einem tragfähigen Umgang mit den natürlichen Ressourcen, von einem friedenssichernden Fortschritt und von der Erkenntniserweiterung die Rede. Eine gründliche Analyse der Inhalte durch eine Arbeitsgruppe des Bundes Demokratischer Wissenschaftler kommt freilich zu einer ganz anderen Einschätzung: »Die staatliche Forschungspolitik ist riskant, (...) sie ist unsozial und nahezu ausschließlich (...) industriell ausgerichtet. Eine Umwidmung und Neuorientierung der Forschung ist notwendig.«

Mein Plädoyer für neue Wege zu intellektuellen Zukunftsentwürfen und einer gewerkschaftlichen Forschungs- und Technologiepolitik sollten nicht als überzogene Wissenschaftsgläubigkeit verstanden werden. Natürlich gibt es viele Mosaiksteine einer anderen Zukunft, die bereits vorliegen.

Umsetzung durch organisierte Praxis

In der Frage der Durchsetzungsstrategien ist wohl in ganz besonderem Maße jene »neue Beweglichkeit des Denkens« notwendig, die Franz Steinkühler kürzlich gefordert hat. Die ausgefeiltesten Konzepte, die Erfolge einer gewerkschaftlichen Forschungs- und Technologiepolitik verbessern zunächst nur die »geistige Vorratshaltung«. Ein materieller Fortschritt ist erst erreicht, wenn die Neuerungen in die Betriebe, Verwaltungen, Sozialeinrichtungen und Privathaushalte eingezogen sind und ihre technischen Vorläufer verdrängt haben.

Die Programmatik und die Instrumente der Gewerkschaften sind heute hochentwickelt. Und es gibt neue, zukunftsträchtige Begriffe, deren Gehalt noch ausgelotet werden muß: Gestaltungskonzepte, welche die Tarifpolitik von ihren traditionellen Schwerpunkten aus in neue Felder vordringen lassen; den Gedanken, die »Marktmacht« der Betriebsräte zugunsten einer humaneren Technik in die Waagschale zu werfen; oder jüngst die Forderung nach einer »Produkt-Mitbestimmung«.

Dennoch bleibt die Frage, wie weit und wie tief mit diesem Instrumentarium in das etablierte Gefüge von Macht und Technik eingegriffen werden kann. Meine These ist, daß die technisch andere Zukunft nicht ohne *arbeitskampfpolitische Innovationen* herbeizuführen sein wird. Weder die Abwehr von schädlichen, noch die Durchsetzung von interessendienlichen Neuerungen wird allein durch Gesetz, Tarifvertrag und Betriebsvereinbarung gelingen. Hier muß wohl auf Erfahrungen und Kampfformen zurückgegriffen werden, die sich entlang der Geschichte an der Basis entwickelt haben. Dieser »Arbeitskampf im Arbeitsalltag« ist bislang überwiegend eine spontane Praxis der abhängig Beschäftigten gewesen. Deren Studium und Auswertung könnte unter Umständen auch eine *organisierte Praxis* anleiten.

Hiermit sind Probleme angesprochen, die nicht nur sachlich schwirig sind; sie wecken Berührungsängste, rühren teilweise an Tabus und stellen Selbstverständnis in Frage. Aber genau dieses In-Frage-Stellen ist Teil der Frage nach den »Perspektiven der sozialen Gestaltung von Arbeit und Technik«. Mit dieser Kombination von Frage und In-Frage-Stellen steht man in Sachen »andere Zukunft« nicht mit leeren Händen und nicht mit leeren Köpfen da. Die hoffnungsvolle und kreative Radikalität der zwanziger Jahre und die wissenschaftlich-technischen Möglichkeiten der achtziger Jahre kombiniert mit Strategien aus den Kampftraditionen vieler Jahrzehnte und diverser Länder: Aus diesem gedanklichen Paket »leuchtet die Zukunft hervor«! In ihm liegt zumindest die Chance, daß die »Fabrik 2000«, das »Büro 2000« und die Technik darin nicht nur von den herrschenden Mächten und Interessen, sondern auch von der Gegenmacht und dem Gegeninteresse der abhängig Beschäftigten bestimmt sein werden.

Technik im Widerspruch ökonomischer Sachzwänge und gesellschaftlicher Nützlichkeit – Ansätze für eine wertorientierte Technologiepolitik

Dieter Spöri*

In der politischen Diskussion unserer Zeit besitzt die Technologiepolitik gleichermaßen eine immer größere Faszination wie auch Brisanz. Diese besondere Anziehungskraft resultiert vor allem daraus, daß unsere technologisch geprägte Zukunft prinzipiell offen ist für die bewußte Wahl zwischen mehreren Alternativen, also für technologische Gestaltung. Es liegt auf der Hand, daß diese Wahlmöglichkeit zwischen technologischen Zukunftsoptionen die politische Phantasie anregt. Die Frage, die die Politik dabei umtreibt, lautet: Wie wollen wir in Zukunft leben – und welche technologischen Pfade führen uns in diese gewünschte Zukunft? Diese politische Gestaltungsfähigkeit der Zukunft bedeutet, daß in der parlamentarischen Demokratie letztlich nicht etwa nur Parteien miteinander konkurrieren. Vielmehr sind es verschiedene Zukunftsentwürfe, und damit technologische Optionen, die um die Zustimmung der Mehrheit konkurrieren.

Aus diesem Zusammenhang von Technologie, Zukunft und Politik erklärt sich der Versuch der politischen Parteien, ein technologisches Definitionsmonopol zu erringen, wie eine lebenswerte Zukunft aussieht, und hieraus politischen Machtanspruch und Mehrheitsfähigkeit zu begründen. Allerdings bedeutet die technologiepolitische »Besetzung« des Zukunftsbegriffs noch längst nicht, daß sich dahinter auch ein wirklich tragfähiger humaner Zukunftsentwurf verbirgt. Dies mag auch daran liegen, daß in der Politik technologische Konzepte oft ohne ernstzunehmende Abschätzung der gesellschaftlichen Folgen konzipiert werden. Selbst die parlamentarische Entscheidung über die technologischen Zukunftspfade erfolgt ohne ein hinreichendes Technology-assessment. Gerade die neokonservative Technologiepolitik verkörpert unter dem Etikett scheinbarer Modernität einen heute völlig ver-

---

* Dr. Dieter Spöri ist Vorsitzender der SPD-Landtagsfraktion Baden-Württemberg.

alteten Fortschrittsbegriff, der die Menschen ohne Wertorientierung nur an die laufenden technologischen Prozesse anpassen will und in nicht revidierbarer Weise in die Schöpfung eingreift. Höchstes Ziel einer sich daraus ableitenden wertelosen Technologiesteuerung ist die wahllose Beschleunigung aller technologischer Entwicklungen, die sich am Markt als gewinnträchtig abzeichnen. Ich setze diesem veralteten wertelosen Forschrittsbegriff die Notwendigkeit eines neuen Fortschritts entgegen, der den Vorrang von Mensch und Natur respektiert, den neuen Fortschritt, der eine dem Menschen eindeutig dienende Funktion der Technik will. Nur so kann der technologische Prozeß einem ethisch begründeten gesellschaftlichen Fortschrittsbegriff gerecht werden.

Perversionen des Fortschrittsbegriffs

Ich will die Notwendigkeit eines neuen wertorientierten Fortschritts anhand von konkreten Beispielen für den antiquierten Fortschrittsbegriff neokonservativer Technologiepolitik verdeutlichen:

Ist es eigentlich technologischer Fortschritt, der dem Menschen dient, wenn neokonservative Politiker damit glänzen wollen, daß sie unserer Wirtschaft eine Beteiligung am SDI-Projekt zuschanzten? Die Entwicklung und Lieferung von Technologien zur Militarisierung des Weltraums sind kein Fortschritt, sondern vor allem für uns Mitteleuropäer sicherheitspolitisch unverantwortlich. Diese besonders krasse Form werteloser Technologiepolitik wird mit Sicherheit aber auch zur wirtschaftlichen Sackgasse und Arbeitsplatzfalle, wenn unsere Hoffnungen auf einen Stopp der Rüstungsspirale in Erfüllung gehen und der nächste amerikanische Präsident dieses Projekt vollends stoppt. Perverser kann Politik wirklich nicht mehr sein.

Ist es nicht ein werteloses Fortschrittsstreben, das über Mensch und Schöpfung hinweggeht, wenn in der Bundesrepublik nach Harrisburg, nach Tschernobyl, dem »vertuschten« Windscale und nach unzähligen Störfällen unsere Abhängigkeit von der Kernenergie nicht ab-, sondern noch weiter ausgebaut wird? Wo bleibt die ethische Dimension einer Politik, die unsere atomare Verstrickung verstärkt und damit das makabre Restrisiko erhöht? Ein Restrisiko, das in Kauf nimmt, daß Tausende von Menschen im ungünstigsten, aber nicht ausschließbaren Fall sterben, Millionen radioaktiv belastet und Regionen auf Jahrhunderte verseucht werden, ist ethisch nicht zu verantworten. Zum

Menschen gehören seine Fehler. Eine Technologie, die im Falle menschlichen Versagens zu Katastrophen führt, die in die Schöpfung eingreifen, kann nicht humaner Fortschritt sein. Was wir brauchen, ist eine fehlerfreundliche Technik – und das nicht nur in der Energiepolitik.

Das Festklammern an, ja der Ausbau der Kernenergie sind ethisch gerade gegenüber unseren Kindern unverantwortbar angesichts der Bedenkenlosigkeit, daß ihnen nicht nur das Betriebsrisiko der Atomkraftwerke hinterlassen wird, sondern auch eine strahlende, ständig wachsende Entsorgungshypothek.

Eine gespenstische Perversion des technologischen Fortschrittsbegriffs ist auch der mit der Wiederaufarbeitung verbundene Plutoniumkreislauf. Der dann gigantische Transport von strahlendem Material, insbesondere des giftigsten Stoffes auf dieser Welt, von Plutonium, quer durch die Republik macht unsere Energieversorgung zu einem potenzierten technischen Sicherheitsrisiko. Wer die Errichtung eines Plutoniumkreislaufs in der Bundesrepublik betreibt, potenziert aber nicht nur die sicherheitstechnischen Risiken des Atomstaats. Der Rattenschwanz der dann unverhinderbaren Kontroll- und Überwachungsmaßnahmen, den ein Plutoniumkreislauf nach sich zieht, gefährdet oder zerstört den höchsten politischen Wert unserer Demokratie: die Freiheit der betroffenen Bürger. Und deshalb ist für unsere Gesellschaft der Plutoniumstaat nicht Fortschritt, sondern ein Irrweg, der die Menschen technologischen Fehlentscheidungen unterwirft.

Sind Politiker eigentlich wirklich fortschrittlich, die den Videoboom oberflächlich als Meilenstein einer neuen Mediengesellschaft feiern, ohne gefährliche Erscheinungsformen sehen zu wollen? Was ist daran Fortschritt, wenn aus unzähligen Videotheken eine verrohende Gewaltwelle in die Wohnzimmer schwappt? Ist es denn fortschrittlich, wenn unsere Kinder durch diese zunehmende Reizüberflutung immer neurotischer werden und nicht mehr aktiv spielen, sondern nur noch passiv am Bildschirm ihre Kindheit verlieren?

Es gibt sicherlich viele sinnvolle Einsatzmöglichkeiten der neuen Telekommunikation im Geschäftsleben. Aber wäre es nicht Ausdruck menschlich verkümmerter Existenz, wenn wir die Breitbandverkabelung schrankenlos ihrem Selbstlauf überlassen wollen? Es ist doch keine überzeichnete Horrorvision, wenn man hier zum Beispiel vor einem ungesteuerten Prozeß warnt, der scheinbar bequeme, aber isolierte Heimarbeitsplätze am Terminal ins Wohnzimmer bringt. Für mich ist es eine reale Gefahr, daß die menschlichen Kontaktbedürfnisse heute immer mehr nur Ersatzbefriedigung finden, daß der Verwandtenbesuch durch das Bildtelefon ersetzt wird oder die tägliche Kommunikation beim Einkauf durch Bestellung über Bildschirmtext aus dem Wohnzimmersessel erfolgt. Wer die zunehmenden Gefahren der Isoliertheit und damit der seelischen Not von immer mehr Menschen mitten im Wohlstand unterschätzt und politisch nicht wahrnimmt, steuert unser Land sehr schnell in eine nur noch alkoholisch oder chemisch erzeugbare Glückseligkeit. Wer mit einem oberflächlichen Fortschrittsbegriff der Vereinsamung und damit Verkümmerung freien Lauf läßt, orientiert sich nicht mehr an menschlichen Bedürfnissen.

Nirgendwo sonst sind die Kranken technisch apparativ so gut versorgt, aber zugleich seelisch so allein gelassen wie in unseren Wohlstandsregionen. Was ist das für ein Fortschritt, wenn etwa mitten im reichsten Bundesland Baden-Württemberg in den psychiatrischen Kliniken Menschen festgebunden und stillgespritzt werden, nur weil das Pflegepersonal fehlt. Wir brauchen einen neuen Fortschritt, der nicht nur Geld für neue Großrechner übrig hat, sondern auch für eine menschenwürdige personelle Betreuung unserer Kranken.

Was ist es eigentlich für ein hoffnungslos veralteter Fortschrittsbegriff, der sich immer nur durch ein zweifellos hohes Niveau oder Wachstum des Bruttosozialprodukts der Bundesrepublik beweisen will und dabei die ökologische Verelendung verdrängt, wobei der technologisch führende Süden in der Bundesrepublik an der Spitze der Zerstörung natürlicher Lebensgrundlagen steht? Wie grotesk wirkt dieses vollmundige »Wir sind Spitze« eigentlich, wenn ein Land wie Baden-Württemberg in der Bundesrepublik an der Spitze des Waldsterbens und umweltbedingter Erkrankungen im Ländervergleich liegt? Wie absurd ist es eigentlich, wenn jede umweltbedingte Hautallergie über die Behandlungskosten als Wohlstandssteigerung im Sozialprodukt erscheint? Nicht nur die Umweltkrise zeigt, wie ungleichmäßig der Fortschritt in Technik und Produktionsweise auf der einen Seite und die Entwicklung des gesellschaftlichen und politischen Bewußtseins sowie Handelns auf der anderen Seite verlaufen können; immer wieder wird der technische Prozeß auch vorangetrieben, ohne nach seinen sozialen Konsequenzen zu fragen. Das kann sogar dazu führen, daß die technische Innovation wirtschaftliche Vorteile bringt und materiellen Wohlstand mehrt, aber gleichzeitig mit sozialem Rückschritt verbunden ist.

Ein brennend aktuelles Beispiel dafür ist die absehbare Genehmigung für Sonntagsarbeit in der Chip-Produktion bei IBM: Wenn Sonntagsarbeit dann schon genehmigt wird, wenn sich die Ausschußquote in der Produktion um fünf Prozent senken läßt, ist das Tor für eine Ausweitung der Sonntagsarbeit geöffnet. Entsprechende betriebswirtschaftliche Begründungen wird dann nicht nur IBM vorbringen und beweisen, sondern eine Vielzahl von Unternehmen, die ihre kapitalintensiven Anlagen kontinuierlich auslasten wollen. Und hier geht es in der Regel eben nicht um die Vermeidung roter Zahlen, sondern ganz einfach um höhere Gewinne. Der Verlust von Familienleben, an sozialem Kontakt, steht aber in keiner Gewinn- und Verlustbilanz der Unternehmen, die Genehmigungen zur Sonntagsarbeit beantragen.

So wird aus technologischem Fortschritt ein Rückschritt an Lebensqualität. Politik, die wirklich dem Menschen dient und Fortschritt für die Menschen will, darf sich den sich hier abzeichnenden scheinbaren Sachzwängen nicht unterwerfen. Wir müssen wegkommen von einem eindimensionalen und wertelosen Fortschrittsbegriff, der zugunsten einzelwirtschaftlicher Interessen sozialen Rückschritt hinnimmt oder aber gar die Lebensgrundlagen unserer Existenz gefährdet. Wir brauchen einen neuen Fortschritt, der sich nicht allein am Bruttosozialprodukt orientiert, sondern den materiellen Wohlstand der einzelnen verbindet mit der Lebensqualität in unserer Gesellschaft, oder, ganz konkret gesprochen: Wir brauchen einen politischen Fortschrittsindikator, der die volkswirtschaftliche Gesamtrechnung verbindet mit einer Umwelt- und einer Sozialbilanz.

Wertorientierter Fortschritt: die Vision von Öko-High-Tech

Ich kritisiere jedoch nicht nur den neokonservativen Fortschrittsbegriff. Ich will den notwendigen neuen wertorientierten Fortschritt durch Beispiele verdeutlichen. Nur wenn wir mit greifbaren und machbaren Reformschritten bei den Menschen Resonanz erzielen, bekommen technologische Visionen der ökologischen und sozialen Erneuerung auch die Chance, politisch zu gestalten.

Was sollten wir also konkret anders und besser machen, damit sich Technologien nicht über Menschen und Natur hinweg verselbständigen und sich wirtschaftlicher Fortschritt am Menschen orientiert?

Wir brauchen nicht eine High-Tech, die darin besteht, daß die technologisch führenden Bundesländer im Süden immer stärker zum Produzenten militärischer Hochtechnologie werden, und für uns kann SDI im Weltraum keine erstrebenswerte Hochtechnologie sein. Wir sollten nicht mit High-Tech bei der Entwicklung und Produktion von Militärtechnologien, sondern mit der wegweisenden Anwendung, Produktion und dem Export von Umwelttechnologien glänzen. Öko-High-Tech muß unsere wirtschaftliche Vision werden.

Technologischer Fortschritt kann nicht der Ausbau, sondern nur der Abbau der atomaren Abhängigkeit unserer Energieversorgung sein. Wer beispielsweise glaubt, daß die Menschen im Verdichtungsraum Bundesrepublik im Falle eines Reaktorunfalls evakuierbar wären, ist ein Phantast. Die Bundesrepublik sollte in Europa das Modelland für eine Hochtechnologie werden, die ohne Kernenergie auskommt. Gerade wir haben doch das Know-how, um unser Land zum führenden Lieferanten energiesparender Technologien in der Produktion, bei Haushaltsgeräten oder für die Nutzung regenerativer Energiequellen zu machen. Dieser technologische Kurswechsel in der Energiepolitik wird nicht weniger, sondern weit mehr Arbeitsplätze bringen. Wir sollten statt des Einstiegs in den Plutoniumstaat den sofortigen Einstieg in die solare Wasserstoffwirtschaft organisieren, denn wer heute Pipelines nach Sibirien exportiert, um im Gegengeschäft Erdgas zu bekommen, der sollte morgen Sonnenkraftwerke und Wasserstoffanlagen in die Partnerländer des Mittelmeerraumes und des nördlichen Afrikas liefern können, um von dort solar erzeugten Wasserstoff zu beziehen. Die Solar- und Wasserstofftechnologie kann zum Ausgangspunkt eines europäischen Energieverbunds zum schonenden Umgang mit Ressourcen und Umwelt werden. Zusätzlich stellt der Einsatz der Supraleitung in den neunziger Jahren ein gigantisches Investitionspotential dar, das zu enormen Stromeinsparungen führen kann. Der Sachverstand unserer Wissenschaftler, Ingenieure, Techniker und Facharbeiter, die heute im kerntechnischen Bereich arbeiten, muß für diesen technologischen Kurswechsel zu einem menschen- und naturverträglichen »Energiesystem 2000« eingesetzt werden. Und gerade deshalb ist es töricht, wenn die einen lapidar die Schließung von Kernforschungszentren fordern, doch auch das »weiter so« der anderen bietet keinerlei positive gesellschaftliche Zukunftsperspektive. Der richtige Weg kann nur der Umbau derartiger Kernforschungszentren in Forschungszentren für alternative und regenerative Energiequellen bzw. -technologien sein. Ich weiß aus meinen Gesprächen, daß viele Wissenschaftler, Facharbeiter und Angestellte in solchen Zentren hochmotiviert sind, solche neuen Aufgaben zu übernehmen.

Wir wollen keine Rekordwerte beim Waldsterben, bei Hautallergien und beim Pseudokrupp haben. Eine wirtschaftlich lebenswerte Zukunft ist nur denkbar, wenn unsere Kinder auch morgen das Wasser in diesem Land trinken und die Luft atmen können, ohne krank zu werden. Deshalb darf sich in der politischen Praxis dieses Land künftig nicht weiter nur das Bruttosozialprodukt als Maßstab des Fortschritts setzen. Die Bundesrepublik muß für Europa das Beispiel einer ökologisch erneuerten Industriegesellschaft werden, die technologisch hohe Produktivität mit niedrigster Schadstoffemission koppelt und den Aufbau einer Umweltindustrie vorweisen kann.

Wir dürfen uns nicht auf unserer technologischen Spitzenstellung im Automobilbau oder Maschinenbau ausruhen. Wir müssen die Spitzenstellung bei umweltfreundlichen Produktionstechnologien, Filter-, Entstickungs- und Entschwefelungsanlagen anstreben. Unsere chemische Industrie muß führend beim Einsatz umwelt- und menschenverträglicher Basisstoffe werden. Wenn wir diese Vision einer Öko-High-Tech-Bundesrepublik konsequent verfolgen, ist das die beste strukturpolitische Vorsorge für unsere Wirtschaft und die Schaffung zukunftsträchtiger Arbeitsplätze. Nur durch eine öffentliche und private Investitionsoffensive im ökologischen Bereich holen wir die dazu notwendigen neuen Technologien aus dem Forschungsbetrieb der Institute heraus und erreichen eine Dynamik gesellschaftlicher Innovation, die den Wegfall der Arbeitsplätze in Traditionsbranchen ausgleichen kann.

Ein neuer, ökologischer Fortschrittsbegriff

Diese umfassende ökologische Innovation ist ohne einen neuen Fortschrittsbegriff und eine darauf ausgerichtete Reform unserer Wirtschaftsordnung undenkbar. Der heute beklagenswerte Zustand der Umwelt unseres Landes macht die ganze Fragwürdigkeit eines Fortschrittsbegriffs deutlich, der die weitere rücksichtslose Ausbeutung der Natur in Kauf nimmt und sich darüber mit der Steigerung des Bruttosozialprodukts hinwegtröstet. Wir lassen es immer noch zu, daß wirtschaftliche Einzelinteressen die Umwelt weitgehend als freies Gut betrachten und auf Kosten der natürlichen Lebensgrundlagen aller den einzelwirtschaftlichen Gewinn maximieren, und deshalb müssen wir die ordnungspolitischen Rahmenbedingungen unserer Wirtschaft grundlegend reformieren, wenn unsere technologische Potenz zur Rettung der Umwelt führen soll.

Das immer noch zu weitgehende umweltpolitische Laissez-faire verkennt die Verantwortung, die der Staat gerade in einer Marktwirtschaft hat: Es gehört zu den fundamentalen Aufgaben des Staates, die allgemeinen Lebens- und Produktionsbedingungen zu sichern und auch gegen selbstzerstörerische Einzelinteressen zu verteidigen. Die Marktwirtschaft selbst bietet durchaus Instrumente für effizienteren technologischen Umweltschutz: Durch konsequente Anwendung des Verursacherprinzips muß die Umweltbelastung in dem Maß in die einzelwirtschaftliche Kostenkalkulation eingehen, daß sich Umweltzerstörung auch betriebswirtschaftlich nicht mehr lohnt. Das kann aber nur funktionieren, wenn wir in der Praxis durch ein System von Schadstoffabgaben die Produzenten, die Umwelt zerstören, auch mit den entsprechenden gesellschaftlichen Folgekosten belasten. Nur so lohnen sich dann auch betrieblich umweltverträglichere Produktionstechnologien und der damit verbundene Investitionsaufwand. Nur so kommen wir zu einer sozialen und ökologischen Marktwirtschaft.

Der technische Prozeß im Betrieb kann nicht nur ökologischen Fortschritt, sondern auch für den Menschen befreiende Wirkung entfalten, wenn dadurch zermürbende, körperlich schädliche oder abstumpfende Arbeit reduziert wird. Wir müssen aber dafür sorgen, daß dadurch nur Arbeit freigesetzt wird – nicht auch der Arbeitende selbst.

Die Befreiung durch die Technik muß notwendig mit mehr Freizeit gekoppelt werden: Der Weg dazu ist eine ausreichende Arbeitszeitverkürzung. Ohne diese Koppelung ist die technische Steigerung der Arbeitsproduktivität nicht Fortschritt, sondern gesellschaftlicher Rückschritt. Denn immer mehr Menschen werden dann zu Opfern der Technik und vom gesellschaftlichen Produktivitätsgewinn ausgeschlossen.

Auf dem Weg zur Freizeit- und Kulturgesellschaft

Wir werden langfristig auf dem Weg der Arbeitszeitverkürzung weit über die Zielmarken hinausgehen müssen, um die gegenwärtig tarifpolitisch gerungen wird. Arbeitszeitverkürzung im Rahmen steigender Arbeitsproduktivität darf aber nicht durch verstärkte Unterwerfung der Arbeitenden unter die Maschinen und Arbeitstakte erkauft werden. Vielmehr muß der Produktivitätsfortschritt umgekehrt durch neue Technik zu einer größtmöglichen Abkehr von solchen Arbeitsabläufen führen. Auch für das Ziel weniger entfremdeter Arbeit – mehr Verantwortlichkeit und weniger zerstückelte Arbeitstätigkeiten – können hier Spielräume geschaffen werden. Humaner Fortschritt durch kapitalintensivere Produktionsprozesse ist aber nur erreichbar, wenn in die Entscheidung über neue Technologien von Anfang an die Aspekte humaner Arbeitsabläufe und -inhalte eingehen. Gerade deshalb ist die betriebliche Mitbestimmung über neue Technologien eine zentrale Voraussetzung für die Realisierung eines wertorientierten gesellschaftlichen Fortschrittsbegriffs, in dessen Mittelpunkt der Mensch steht.

Je nachdem, wie weit wir heute in die Zukunft blicken wollen, können wir sagen: der Sechs-Stunden-Normalarbeitstag wird langfristig noch längst nicht das Ende des Wechselspiels von technischem Fortschritt und Verkürzung der Arbeitszeit sein. Wenn Frauen und Männer nur sechs Stunden pro Tag erwerbstätig sein müssen, dann ergibt sich die Möglichkeit, die Arbeit nur auf den Vormittag oder nur auf den Nachmittag zu legen. Damit bleibt Zeit und Kraft für sonstige Aktivitäten, nicht zuletzt auch für die partnerschaftliche Arbeit im Haushalt. Auch die aktive und passive Teilnahme an kulturellen und politischen Aktivitäten, heute nur von wenigen wahrgenommen, wird dann einer breiten Bevölkerungsschicht möglich.

Sicher sind mit wachsenden Freizeitspielräumen auch Gefahren verbunden. Wer diesen Gefahren wirkungsvoll entgegentreten will, muß vor allem den Weiterbildungssektor viel stärker ausbauen. Weiterbildung darf eben nicht nur einseitig als Schlüsselfaktor unserer wirtschaftlichen Zukunftssicherung durch ständig erneuerte Qualifizierung gesehen werden. In einer Wirtschaft, in der eine durch die Konkurrenzdynamik des Weltmarkts erzwungene, immer höhere technologische Produktivität mehr Freizeitspielräume öffnet, ist sie unverzichtbare Voraussetzung eines positiven Wandels zur Freizeit- und hoffentlich auch Kulturgesellschaft. Eine Kulturgesellschaft, in der nicht von der Gefahr zunehmender passiver Abstumpfung mit einigen Eliteensembles abgelenkt wird. Wir dürfen nicht weitermarschieren in die von Neil Postman beschriebene totale Fernsehgesellschaft, in der nur noch passiv im verdunkelten Wohnzimmer erlebt wird. Wir brauchen die Kulturgesellschaft des neuen Fortschritts, in der kulturelles Erleben, kultureller Genuß und Aktivität für Millionen Menschen erst möglich wird. Nur so kann die steigende Produktivität durch neue Technologien zur kreativen Entfaltung des einzelnen, zu einem humanen Fortschritt führen.

Technokratischer Staat oder partizipative Demokratie:
Der gewerkschaftliche Anspruch an eine demokratische Technologiepolitik

Franz Steinkühler*

Mehr denn je zuvor in der Geschichte der Menschheit bestimmt heute in den Industrieländern die wirtschaftlich-technische Entwicklung, das heißt, die Technik und ihre ökonomische Verwertung, über die Art und Weise, in der die Menschen ihr Leben gestalten können. Mehr denn je, sollte man annehmen, ist deshalb heute die Entwicklung von Technik und ihre Anwendung politischer Gestaltung unterworfen. Denn die Gestaltung der Lebensbedingungen ist der ureigenste Gegenstand der Politik.

Für die Bundesrepublik und die meisten anderen Industrieländer trifft diese Annahme allerdings wohl kaum zu. Technikentwicklung entzieht sich immer stärker politischer Kontrolle, wenn man darunter demokratisch legitimierte politische Entscheidungen verstehen will. Wir leben nicht nur in einer Risikogesellschaft, wie in Anlehnung an Ulrich Beck immer wieder gesagt wird. Wir leben vielmehr auch in einer Sachzwangrepublik, in der ökonomische Entscheidungen über technische Entwicklung und Anwendung politisch kaum mehr als nachvollzogen werden. Allenfalls werden noch negative soziale Folgen gemildert.

Nun hat niemand Anlaß, sich in diesen Fragen aufs hohe Roß zu setzen – auch wir nicht, die wir unsere Haltung zur Technikentwicklung nicht aus dem Handgelenk, sondern im Widerstreit zwischen vielerlei Interessen und politischen Zielsetzungen formulieren müssen. Gerade die offenen Fragen der Gentechnik, die bis an die Grenzen unseres Vorstellungsvermögens reichen, oder auch die lange, heute nicht mehr zu unterdrückende Debatte um die Nutzung der Kernenergie zeigen die Dringlichkeit gesellschaftlicher Kontrolle und Einflußnahme. Sie zeigen aber gleichzeitig die Gefahr, bei näherem Hinsehen, beim Hineinsehen in die Zusammenhänge, mehr neue Fragen aufzuwerfen als alte

---

* Vorsitzender der Industriegewerkschaft Metall

beantworten zu können. Dabei macht es keinen Sinn, sich vorschnell einzuordnen: weder bei den Technikoptimisten, noch bei den Pessimisten, noch bei den Fatalisten oder Zynikern – eine Gruppe, die meines Erachtens gerade unter den sogenannten Realpolitikern besonderen Rückhalt hat.

Wir bleiben allerdings Optimisten in einem anderen Sinne. Nicht, indem wir das Heil von der Technik erwarten und technischen Fortschritt automatisch mit gesellschaftlichem Fortschritt gleichsetzen. Wir bleiben Gestaltungsoptimisten in dem Sinne, daß wir eine *politische Technikbeeinflussung* innerhalb einer demokratischen Ordnung für möglich und durchsetzbar halten. Es geht uns um eine Gestaltung, die erreicht, daß Technik zur Verbesserung von Arbeits- und Lebensbedingungen beiträgt und die großen Menschheitsprobleme lösen hilft. Ohne die Gewißheit, daß Menschen angesichts dieser Herausforderungen zu vernünftiger politischer Organisation fähig sind, würde die Gesellschaftsgestaltung, die wir wollen, in der Tat zu blankem Zynismus verkommen.

Voraussetzungen von Technikgestaltung

- Die in den Industrieländern und damit weltweit vorherrschende Technik ist nicht naturwüchsig entstanden, sie folgt keiner inneren Sachlogik. Alternativen zu ihr sind denkbar und gestaltbar.
- Technikentwicklung ist immer interessengeleitet. Und hier zählt nicht nur das ökonomische Interesse an maximaler Kapitalverwertung, sondern auch zum Beispiel das Interesse an der Disziplinierung der Arbeitnehmer oder an der Festigung von Herrschaft.
- Technik ist darüber hinaus geprägt durch kulturelle Tradition und vorhandene Wertsysteme. Sie ist abhängig vom Wissensstand bezüglich der sozialen, ökologischen, politischen und kulturellen Folgen ihrer Anwendung.
- Sie ist schließlich in der Intensität ihrer Entwicklung und der Rücksichtslosigkeit ihrer Anwendung abhängig vom Grad der Integration der einzelnen Volkswirtschaften in den Weltmarkt und von den tatsächlichen oder vorgeblichen Anpassungszwängen, die sich daraus ergeben.

Wichtig ist schließlich, sich vor Augen zu halten, daß gerade moderne Formen der Technik nicht zunächst neutral sind und erst durch ihre mißbräuchliche Anwendung zu einer Gefahr für die Menschen werden.

Vielmehr haben gerade die heute vielfach angewendeten Großtechniken, unabhängig von den Absichten der Anwender und von den mit ihnen verfolgten Zwecken, problematische Konsequenzen. Schon durch ihre bloße Existenz können manche dieser Techniken Freiheitsrechte einschränken oder das Verhalten von Menschen in bestimmter Weise manipulieren. Es geht uns ganz gewiß nicht um reaktionäre Technikfeindlichkeit. Vielmehr interessieren uns die Richtung der wirtschaftlich-technischen Entwicklung und die Kriterien und Möglichkeiten für ihre demokratische Steuerung und Gestaltung.

»Fortschritt« – Begriff mit Widerhaken

Die Debatte um die Krise des Fortschritts reißt nicht mehr ab. Ich denke, daß diese Debatte uns auch über die nächsten Jahrzehnte hinweg oder noch länger begleiten wird. Denn in der Tat ist das, was man als Fortschrittskonsens bezeichnet hat, brüchig geworden. Heute müssen wir die Frage stellen, in welcher Weise Technik zum gesellschaftlichen Fortschritt überhaupt beiträgt. Dabei läßt sich die Antwort, daß dies im Einzelfall nicht der Fall ist, daß Technik vielleicht den gesellschaftlichen Fortschritt gar behindert, gewiß nicht ausschließen. Fragen dieser Art sind über viele Jahrzehnte der technischen Entwicklung hinweg nicht in politisch relevanter Weise gestellt worden. Technische Innovation wurde mit Fortschritt gleichgesetzt. Sie war die treibende Kraft des sozialen Wandels.

Wie selbstverständlich wurde dann auch akzeptiert, daß neue Techniken und ihre Nutzung auch neue Formen der sozialen Organisation, des sozialen Verhaltens erzwingen und nach sich ziehen. Die Modifizierung gesellschaftlicher Strukturen ist letztlich nichts anderes, als deren durch Trägheit, Borniertheit oder kurzsichtige Interessen oft verzögerte Anpassung an die vom technischen Fortschritt erzeugten Notwendigkeiten und eröffneten Möglichkeiten. So hat William Ogburn bereits in den zwanziger Jahren formuliert. So fremd uns eine solche Betrachtungsweise heute erscheinen mag, so offen müssen wir doch zugestehen, daß auch der größere Teil der Nachkriegszeit offenbar wenig geeignet war, kritisches Nachdenken über die bestimmenden Wirkungen technischer Entwicklungen auf die gesellschaftspolitischen Bedingungen zu fördern. Auch die Gewerkschaften waren bis in die siebziger Jahre hinein Träger eines Fortschrittskonzepts, das die Technikentwicklung nicht hinterfragte, sondern sich allenfalls mit deren sozialen Folgen auseinandersetzte.

Wo liegt nun die qualitative Veränderung, die die Technikgestaltung zur erstrangigen Aufgabe macht, die dazu führt, daß der Verzicht auf die Gestaltung der Technik – nicht nur auf das Auffangen sozialer Folgen – mittel- und längerfristig zum Verzicht auf politische Gestaltung überhaupt wird?

Die Formel: technischer Fortschritt gleich sozialer Fortschritt, hat ganz sicher niemals gestimmt. Opfer hat es immer gegeben; sie hatten in früheren Jahrzehnten nur weniger Möglichkeiten, sich Gehör zu verschaffen oder gar politischen Einfluß zu nehmen. Ganz ähnliche Bedingungen finden wir noch heute in vielen Ländern der Dritten Welt, die am Beginn der Industrialisierung stehen. Wir wollen und müssen noch mehr tun, um dort Gewerkschaften und andere soziale Strukturen zu unterstützen, die die Menschen dort vor technisch und industriell bedingter Ausbeutung schützen können. Kennzeichnend für die Entwicklung bei uns war über viele Jahrzehnte die Möglichkeit, in Versuch und Irrtum eine gegenseitige Anpassung von gesellschaftlichem und technischem System zu erreichen.

Bei den Kernkraftwerken kann es Versuch und Irrtum nicht geben. Bei gentechnischen Manipulationen können die Auswirkungen katastrophal und unumkehrbar sein. Und selbst vergleichsweise simple Informationssysteme – auch im Betrieb – lassen sich offenbar häufig nicht mehr kontrollieren, sind vor Mißbrauch nicht mehr zu schützen. Dort, wo Versuch und Irrtum nicht mehr möglich sind, gilt die Grundlage für den Fortschrittskonsens nicht mehr. Dort kann auch in Form allmählicher Anpassung eine Identität zwischen technischem Fortschritt und sozialem Fortschritt nicht automatisch unterstellt werden. Sie muß vielmehr durch bewußte politische Entscheidung und gegebenenfalls durch entsprechende Eingriffe hergestellt werden.

Dort, wo die Risiken einer Technik planerisch vorausschauend ausgeschlossen werden müssen, kommt dem wissenschaftlichen Sachverstand eine Entscheidungsfunktion zu, die er offenbar nicht ausfüllen kann. Auch hier ist das Beispiel der Kernenergiedebatte lehrreich. Sie hat gezeigt, daß in dem Maße, wie eigentlich politische Entscheidungen auf die Sachverständigen verlagert wurden, die ja mit teilweise abstrusen Risikoberechnungen die Ungefährlichkeit ihrer Technik nachweisen wollten, das Vertrauen in die Wissenschaft demontiert wurde. Die Wissenschaft wurde reduziert auf eine Art Argumentationshilfe, die jede Seite für die Vertretung ihrer Position nutzen kann und nutzen muß, wenn sie sich durchsetzen will. Die *eine* wissenschaftliche Meinung als Maßstab für die Risikobeurteilung von Technik hat abgedankt. Die Identität zwischen technischem und sozialem Fortschritt kann es automatisch und naturwüchsig also nicht mehr geben. Um so beunruhigender ist es, wenn man feststellt, daß gerade diese Identität faktisch auch weiterhin Grundlage und Kernstück der konservativen Zukunftskonzepte geblieben ist.

Staatliche Technologiepolitik abhängig von Wirtschaftsinteressen

Noch beunruhigender ist, daß mit diesem Konzept, das zwischen offener Verfolgung von Wirtschaftsinteressen und einem unreflektierten Technikfatalismus angesiedelt ist, auch heute noch Mehrheiten gewonnen werden können. Technologiepolitik ist – und dies nicht nur bei uns – vor allem Industrie- und Wirtschaftspolitik geworden. »Der Schnelle Brüter geht ans Netz, wenn die Wirtschaft es will.« So hieß es im Energiebericht der Bundesregierung. Offener kann man eine technologiepolitische Bankrotterklärung kaum formulieren angesichts von Gefahrenpotentialen, auf die Tschernobyl uns nur einen Vorgeschmack gegeben hat. Die Wirtschaftsinteressen treiben Entwicklungen voran, über deren Verantwortbarkeit nicht die geringste Klarheit besteht. Da tagen Ethik- und Enquete-Kommissionen, da beraten hochkarätige Wissenschaftler und Denker über ethische und andere Implikationen der Technikentwicklung, aber eben diese Entwicklung vollzieht sich scheinbar unaufhaltsam, sogar auch noch mit massiver öffentlicher Förderung. Die Liste der politischen Nicht-Entscheidungen oder vorgeblichen Sachzwänge ließe sich verlängern. Dazu gehören dann auch technologiepolitische Strategien, die uns als Gewerkschaften und Arbeitnehmer direkt berühren.

Das neue Programm des Bundesministers für Forschung und Technologie »Fertigungstechnik«, das die stolze Summe von 587 Millionen Mark in den nächsten fünf Jahren umfassen soll, klammert die Entwicklung von humanen, die Qualifikation abfordernden und das Lernen fördernden Konzepten geradezu aus. Alles wird auf neue Technik gesetzt, so als wäre sie die Therapie zur Lösung für alle Probleme in den Betrieben und in der Gesellschaft.

Gleichzeitig muß um das HdA-Programm in seiner Substanz schwer gekämpft werden. Es soll nicht nur im Umfang reduziert, sondern auch in der Ausrichtung auf reinen Arbeitsschutz beschränkt werden. Auch dies ist eine eindeutige Anpassung an wirtschaftliche Interessen. Im großen wie im kleinen ist alles dies Ausdruck eines einseitig wirtschaftszentrierten Denkens, bei dem eine an Werten orientierte Technikgestaltung auf der Strecke bleibt. Erfahrungsgemäß hilft es wenig, über diese Feststellungen zu lamentieren, solange eine begründete, fundierte Fortschrittskritik nur von Minderheiten formuliert wird und solange offensichtlich große Teile der Bevölkerung der Faszination der kommerzialisierten, nach Wirtschaftsinteressen gesteuerten Technik erliegen.

Einmal ist diese Akzeptanz historisch bedingt. Es hat ja insofern eine gedankliche Koalition gegeben von Adam Smith bis zu Karl Marx, daß die Produktivkraftentwicklung die Quelle des Wohlstands sei. Das ist ein Gedanke, der sich festgesetzt hat und der die technische Entwicklung als Motor des Fortschritts verabsolutiert. Nicht umsonst ist in den Staaten, die für sich den real existierenden Sozialismus reklamieren, die Technikgläubigkeit noch viel stärker verankert, als das bei uns heute der Fall ist.

Zum zweiten gibt es für die These, daß der technische Fortschritt das eigentlich Bewegende ist, eine Vielzahl von Bestätigungen und Alltagserfahrungen. Und schließlich führt die unterstellte Abhängigkeit des Fortschritts von der technischen Entwicklung zu simplifizierenden Erklärungs- und Prognosemustern und ist gleichzeitig die Quelle für Mächtige, also auch für politisch mächtige Sachzwangargumente. Dies geht bis in das Denken vieler Betriebsräte hinein, die oft erst durch mühsame Aufklärung davon überzeugt werden müssen, daß die Anpassung von Arbeitsbedingungen oder Zeitstrukturen an technische Erfordernisse nicht der absolute Maßstab des Handelns sein kann, sondern technische Gestaltungsalternativen vorhanden sind und durchgesetzt werden können.

Voraussetzung für verantwortliche Technikgestaltung in den Betrieben und im gesellschaftspolitischen Kontext ist also ein Problembewußtsein für die neuen Herausforderungen der technischen Entwicklung, für einen neuen Fortschrittsbegriff, der Technikentwicklung durch bewußte Gestaltung in den Dienst des gesellschaftlichen Fortschritts stellt. Dieses Problembewußtsein wächst. Wir wollen alles tun, um es bei uns selbst innerhalb unserer Organisation, aber auch in der breiten Bevölkerung weiter zu stärken. Dabei geht es zunächst einmal darum, Kriterien zu entwickeln, an denen sich Technikgestaltung orientieren kann; Kriterien, deren Anwendung und politische Durchsetzung aus der Bedrohung, die die technische Entwicklung in vielen Fällen darstellt, herausführen können.

Kriterien einer sozialen Technikorientierung

- In sozialer Hinsicht ist die Technikentwicklung stets mit zahlreichen schwerwiegenden Problemen verbunden gewesen, die die Durchsetzung wichtiger gesellschaftlicher Forderungen erschweren oder ihnen direkt entgegenstanden.
- Bis zum Exzeß getriebene Arbeitsteilung ist inhuman. Kompetenzen und Qualifikationen werden enteignet. Der arbeitende Mensch wird im Produktionsprozeß fast beliebig ersetzbar.
- Außerhalb der Produktionssphäre machen zentrale Versorgungssysteme und abnehmende Möglichkeiten der Selbsthilfe Menschen und Organisationen verwundbar. Machtkonzentrationen verschärfen sich durch zentralistische und hierarchische Technikstrukturen.
- Größe und Finanzbedarf technischer Projekte führen zu weitgehender Alternativlosigkeit von Planungen, Milliardensummen müssen sich amortisieren. Dadurch sind Kurskorrekturen nur schwer möglich. Auch demokratische Entscheidungen verlieren ihren Wert. Regierungen werden durch die Erblasten früherer technologiepolitischer Entscheidungen in ihrer Handlungsfähigkeit eingeschränkt.
- Zentralisierung und zunehmende Komplexität erhöhen die Verwundbarkeit und führen zu einem immer stärker wachsenden Bedarf an Sicherheitsleistungen, die sowohl teuer als auch freiheitsgefährdend sind.

Die technische Entwicklung muß also an gesellschaftliche Fortschrittskriterien gebunden werden. Das heißt zuallererst, daß sie die Ausweitung der Freiheitsrechte und der Möglichkeiten ihrer Wahrnehmung fördern sollen. Die verfassungsrechtlich gewährleisteten Grundrechte und Prinzipien dürfen durch Technikentwicklungen nicht eingeschränkt oder gefährdet werden. Technologiepolitische Entscheidungen müssen überprüfbar und revidierbar bleiben. Technik soll dazu beitragen, daß die Früchte gemeinsamer Arbeit gerecht verteilt werden können. Sie soll nicht zur Schaffung neuer Hierarchien oder Ungerechtigkeiten beitragen. Im Arbeitsprozeß muß Technik ein möglichst hohes Maß an mit- und selbstbestimmter Tätigkeit und Entfaltung der Persönlichkeit gewährleisten. Sie muß eine umfassende Gestaltung der Arbeitsinhalte ermöglichen, Belastungen und gesundheitliche Gefährdungen abbauen, soziale Kommunikation und Kooperation herstellen sowie die Kontrolle und Überwachungsmöglichkeiten über Verhalten und Leistung einschränken.

Durch ihren vorherrschenden arbeitsteiligen Ansatz begünstigt die moderne Technik die Vernachlässigung von Kreislaufzusammenhängen und verschärft damit die ökologischen Probleme. Technische Entwicklung kann deshalb nur dann als Fortschritt angesehen werden, wenn sie ein in ökologischer Hinsicht langfristig überlebensfähiger Prozeß ist. Sie darf die Entscheidungsspielräume künftiger Generationen hinsichtlich deren Wertvorstellungen und Lebensformen nicht unzumutbar einengen und muß schonend mit den nicht erneuerbaren Ressourcen umgehen. Auch im internationalen und sicherheitspolitischen Zusammenhang führt die Technikentwicklung zu schwerwiegenden Problemen. Die internationale Arbeitsteilung, die wachsende Rohstoffabhängigkeit und der zunehmende Nord-Süd-Gegensatz erhöhen die Gefahr gewaltsamer Konflikte. Das hohe Maß an Verwundbarkeit technischer Anlagen läßt militärische Verteidigung kaum noch denkbar erscheinen.

Kriterium für Technikgestaltung muß deshalb auch sein, daß sie Wege eines internationalen Interessenausgleichs eröffnet, daß sie zu einer gerechten Verteilung der Ressourcen und zu einer konstruktiven internationalen Arbeitsteilung führt. Mit diesen Kriterien umreißen wir einen Fortschrittsbegriff und gleichzeitig einen Begriff von technischer Entwicklung, die sich im Kontrast zu den wirtschaftszentrierten Technik- und Fortschrittsvorstellungen konservativer Politik befinden. Es ist ein Fortschrittsbegriff, der sich nicht an der Fiktion der vollständigen oder weitgehenden Übereinstimmung zwischen technischem und sozialem Fortschritt orientiert, sondern davon ausgeht, daß diese Übereinstimmung erst politisch geschaffen werden muß. Voraussetzung dafür ist also einmal eine wirksame Kontrolle wirtschaftlicher Macht und zum zweiten eine effektive gesellschaftliche Steuerung der Technikentwicklung. Lassen sich diese Voraussetzungen nicht erfüllen, dann droht uns in der Tat die Technokratie, die Dominanz politischer Entscheidungen durch technikbedingte Sachzwänge. Damit ist langfristig die Gefährdung unserer demokratischen Strukturen oder zumindest die Aushöhlung ihrer Funktionen verbunden.

Unsere Aktion: Offensive Gestaltungspolitik im Betrieb

In den Betrieben haben wir den Kampf um die menschenwürdige Gestaltung der Technik längst aufgenommen. Unser Aktionsprogramm »Arbeit und Technik« ist ein Dokument einer offensiven demokratischen Gestaltungspolitik. Auch bei der betrieblichen Technikgestaltung wollen wir die Grenzen für unser Handeln, an die wir gegenwärtig stoßen, hinausschieben. Dazu gehört die Novellierung des Betriebsverfassungsgesetzes. Dazu gehören aber auch Themen, an deren gesetzlicher Regelung wir gegenwärtig noch nicht mit Erfolgsaussichten denken können. Wir wissen, daß betriebliche Technikentscheidungen sich nicht auf Produktionsmethoden und -verfahren reduzieren lassen. Die Produkte selbst sind der eigentliche Ansatzpunkt nicht nur für die zukunftsbezogene Sicherung der Arbeitsplätze oder die ökologischen Bezüge der Produktion, sondern auch für den Technikeinsatz im Betrieb und die Arbeitsbedingungen der Arbeitnehmer. Mitbestimmung bei den Produkten ist deshalb auch in diesem Zusammenhang eines unserer zentralen Anliegen. Wir wollen dabei nicht nur, daß die Arbeitnehmer Einfluß nehmen auf das, was sie produzieren. Wir wollen gleichzeitig ihre Verantwortlichkeit stärken für ihre Produkte und damit für die Art von Technik, die sie benutzen und die sie verbreiten, also

— Technikgestaltung im Rahmen unseres Programms Arbeit und Technik,

— Beschäftigungspläne in den Betrieben, die den Einfluß der Arbeitnehmer auf das Produktspektrum mit einschließen,

— Arbeitskreise »Alternative Produktion«, die in engem Dialog mit den Belegschaften die Problematik der eigenen Produkte aufgreifen und den Blick auf sozial Sinnvolles lenken und damit Keimzellen einer demokratischen Technikgestaltung bilden.

Technikfolgenabschätzung als umfassender Diskussionsprozeß

Technikfolgenabschätzung ist kein Zauberwort, das die Techniksteuerung beispielsweise mit der Einrichtung einer entsprechenden Institution beim Parlament erledigen könnte. Gewiß können solche Einrichtungen die Transparenz politischer Entscheidungen erhöhen, und ich bekräftige ausdrücklich unsere entsprechenden Forderungen. Aber Technikfolgenabschätzung ist doch nur denkbar als ein umfassender Diskussionsprozeß, in den Werthaltungen und Einschätzungen auch ganz subjektiver Art eingehen müssen, sie ist kein Problem von Wissenschaftlern und Technikern, denn deren Autorität reicht dazu nicht mehr aus. Technikfolgenabschätzung ist vielmehr ein Problem der Menschen, die in ihren Arbeits- und Lebensbedingungen von eben diesen Folgen betroffen sind, das heißt, ein Problem der gesamten Öffentlichkeit.

Zu einem solchen Diskussionsprozeß muß man bereit sein, und man muß ihn fördern. Das heißt auch, daß man nicht jede nachdenkliche Diskussion über Formen der Technikentwicklung oder über sozialorientierte Kontrolle als Gefährdung des Industriestandorts Bundesrepublik abqualifizieren kann oder – was vielleicht noch wirksamer ist – die Nachdenklichen und die Kritiker in die Ecke der Fortschrittsfeinde stellt. Maßstäbe der ökonomischen Verwertung sind nicht geeignet, um eine Gesellschaft nach menschlichem Maß zu schaffen. Wissenschaftliche Aussagen und Autorität können nach den Erfahrungen der Vergangenheit nicht die Maßstäbe setzen für das, was wir als gesellschaftlichen Fortschritt verstehen, und für die Technik, die dafür geeignet ist. Was wir brauchen, sind vielmehr Gegenentwürfe zu den ökonomisch bestimmten Zukunftsbildern. Was wir darüber hinaus brauchen, ist eine »Gegenwissenschaft«, die die Aussagen der etablierten Wissenschaft kritisch hinterfragt und mit ihren eigenen Methoden überprüft.

Ein gesellschaftlicher Diskussionsprozeß auf dieser Grundlage muß die Interessen an bestimmten technischen Entwicklungen offenlegen und die Möglichkeiten für Prozesse, die auf Konsens hinzielen, aufzeigen. In meinen Augen war die Enquete-Kommission des Bundestages zur zukünftigen Kernenergiepolitik zu Beginn der achtziger Jahre ein solcher Ansatz. Die Erfahrung der Gegenwart zeigt: Heute wird nicht mehr auf Konsens gesetzt, Diskussionen gelten als überflüssig, der ökonomische Maßstab wird verabsolutiert. Dies ist gleichzeitig der Verzicht auf wirkliche Technikgestaltung.

Diesen Zustand können wir nicht akzeptieren, auch wenn wir uns der Größe der Aufgabe, die wirkliche Steuerung von Technikentwicklung bedeutet, bewußt sind. Denn die Ergebnisse eines gesellschaftlichen Dialogprozesses – auch hierfür war die Kernenergiedebatte lehrreich – kollidieren in der Regel mit handfesten materiellen Interessen bestimmter Gruppen. Die Erfahrung hat gezeigt, daß, selbst wenn eine ganz überwältigende Mehrheit in der Bevölkerung für oder gegen einen bestimmten technischen Weg votiert, dies noch bei weitem nicht die Umsetzung in politische Realität bedeutet. Wir brauchen über den gesellschaftlichen Dialog hinaus auch die Bereitschaft, Ergebnisse dieses

Dialogs umzusetzen. Dies ist die Bereitschaft, Eingriffe in die Unternehmensautonomie und in Marktprozesse auch tatsächlich in Betracht zu ziehen.

Wege zu einer demokratischen Techniksteuerung

Wir brauchen für die Techniksteuerung das gesamte strukturpolitische Instrumentarium: Verbote, Auflagen, aber ebenso auch Förderung und Subventionierung. Wir brauchen vor allem aber auch gesellschaftliche Strukturreformen, zum Beispiel durch den Ausbau der Mitbestimmung auf allen Ebenen. Demokratische Steuerung der Technikentwicklung wird eine zentrale Herausforderung unserer demokratischen Ordnung in den nächsten Jahren und Jahrzehnten sein. Wir müssen diese Herausforderung annehmen, wenn wir nicht einem blinden Technikfatalismus Raum geben wollen, der die demokratischen Entscheidungsspielräume immer mehr einengt und die Entscheidungen über unsere Arbeits- und Lebensbedingungen den wirtschaftlichen Machtzentren überläßt, die mit ihren finanziellen Ressourcen über die Entwicklung von Technik und über ihre Anwendung praktisch ohne Schranken verfügen. Welche Schritte wir auf diesem Weg bereits gegangen sind, läßt sich an vielen Beispielen zeigen: von der Energiepolitik über Bio- und Gentechnologien bis hin zur bemannten Raumfahrt. Der Bundesforschungsbericht 1988 ist in dieser Hinsicht ein aufschlußreiches Dokument. Wenn wir die politischen Entscheidungsspielräume über den gesellschaftlichen Fortschritt, den wir anstreben, erhalten und ausweiten wollen, brauchen wir ein radikales Umdenken der Politik und ein neues Problembewußtsein in der Bevölkerung. Mit der Kraft und den Möglichkeiten, die Gewerkschaften haben, wollen wir zu beidem unseren Beitrag leisten.

Aussprache:

- **Die Notwendigkeit von Zukunftsperspektiven**

- **Demokratische Technikentscheidungen in Betrieb und Gesellschaft**

- **Zusammenfassung**

1. Die Notwendigkeit von Zukunftsperspektiven

*Dr. Ulrich Otto, MdB, Enquête-Kommission
»Technikfolgenabschätzung und -bewertung«*

Technologien sind Anwendungen des naturwissenschaftlichen Erkenntnisprozesses, und dieser war ein Garant dafür, als Teil der Aufklärung die Abhängigkeiten des Menschen von Zünften, Dogmen und Kabinetten zu überwinden. Heute erleben wir aber, daß die Naturwissenschaften und ihre hochtechnologischen Instrumente, wie zum Beispiel Künstliche Intelligenz, Gentechnik und Atomtechnik, immer weniger in der Lage sind, die erkämpften Emanzipationsgewinne weiter zu entwikkeln.

Technik und Verantwortung

High-Tech ist zu einem Instrument der Gegenaufklärung, der Gegenreform geworden. Interessierte Eliten aus Wissenschaft, Wirtschaft und Politik sind heute dabei, mittels vernetzter, »intelligenter« Computersysteme neuartige zentralistische Wissens- und Herrschaftsstrukturen aufzubauen. Diese werden neue Formen der Abhängigkeit mit sich bringen, zu einer neuen Entmündigung, zu einer Unterdrückung von Vernunft und kreativem Denken, zu einer endgültigen Abschaffung der Chancen zur Wiederaneignung des Politischen führen. Der Mensch wird in diesen großtechnischen Prozessen zum Störfaktor, zum Fremdling seiner eigenen Hervorbringungen. Die Möglichkeit zur Wahrnehmung menschlicher oder demokratischer Verantwortung in einer technisierten Gesellschaft schwindet immer mehr, eine Demokratisierung der Zukunft wird immer schwieriger.

In dieser historisch-gesellschaftlichen Phase wird es zur Aufgabe der Gewerkschaften – wollen sie als Kind der Aufklärung nicht vollends durch die Macht der Gegenaufklärung instrumentalisiert werden –, dem ein strategisches, die Emanzipationsfortschritte absicherndes und erweiterndes Handlungskonzept entgegenzustellen. Sie hätten:

– das Postulat zur Freiheit der Forschung als antidemokratisches Instrument der Gegenaufklärung zu entlarven und zum öffentlichen Thema zu machen;
– über die alten Interessenabgrenzungen hinauszugehen, um dem umfassenden Angriff zur technischen Durchformung der Gesellschaft mit neuen strategischen Bündnissen (zum Beispiel mit der Friedens-, Frauen- und Umweltbewegung) zu begegnen;
– eine Wiederaneignung des Politischen zu fordern, um dem technokratischen Politikprozeß von heute einen am sozialen, am Lebendigen ausgerichteten, offenen Politikstil entgegenzustellen;
– bildungspolitisch darauf zu drängen, daß es obligatorisch für Studenten wird, auch in ethischen Zusammenhängen nach einem technischen Fortschritt zu suchen, der auf eine Aussöhnung – statt tödlicher Ausbeutung – mit der Natur ausgelegt ist;
– die Schizophrenie der High-Tech-Gesellschaft offenzulegen und neue gesellschaftliche Institutionen zu fordern, in denen beispielsweise Wissenschaftler, Beamte, Manager, Soldaten – offen, geschützt wie der Betriebsrat – ihre ethischen Bedenken über den sozialen Sinn ihrer täglichen Arbeit vortragen könnten;
– die sozialentleerte Zersplitterung des Wissenschaftssystems zum Thema einer gesellschaftli-

chen Kontroverse zu machen mit dem Ziel, ein kritisch-emanzipatives Kulturverständnis zu entwickeln – als Beitrag einer sozialverträglichen Gestaltung der Zukunft der Aufklärung.

Klaus Lewandowski, Hoesch AG, Dortmund

Die hier vorgetragene Theorie haben wir in Dortmund bei Hoesch in die Praxis in einem Betriebsteil umgesetzt: im Kaltwalzwerk. Nicht nur mit wenigen Leuten, sondern mit rund 600 Kollegen sind wir vom Taylorismus weggegangen, hin zur ganzheitlichen Arbeitsmethode, zur Gruppenarbeit.

Gruppenarbeit bei Hoesch

Gruppenarbeit bedeutet vielleicht manchmal, wenn man sie noch nicht kennt, sehr viel Belastung. Früher hat jeder seinen Arbeitsplatz beherrscht. Jetzt kann jeder in dem Bereich jeden Arbeitsplatz ausfüllen, wobei hier nicht ein Meister oder ein anderer Vorgesetzter bestimmt, wer einen Arbeitsplatz übernimmt, das bestimmt vielmehr die Mannschaft selbst. Die Belastung scheint dann groß, wenn es heißt, einer muß nicht nur eine Arbeitsposition, sondern wechselseitig sieben grundverschiedene Arbeitspositionen bedienen können. Sicherlich ist das auch Arbeitsverdichtung, doch sind auch Erholungsphasen dabei, weil eben bei verschiedenen Arbeitspositionen auch verschiedene Belastungen existieren; einmal sind es beobachtende, zum anderen körperliche Tätigkeiten.

Autonomie kann man nur gestalten, wenn alle es wollen. Und da liegt bei uns Gewerkschaftern oder speziell bei uns Arbeitnehmervertretern im Betrieb die besondere Schwierigkeit. Der deutsche Arbeiter ist ziemlich konservativ, und alles, was an Veränderungen kommt, wird erst einmal als negativ angesehen. Was wir bisher verkehrt gemacht haben als Arbeitnehmervertreter ist, daß Veränderungen immer nur von außen an uns herangetragen wurden, sei es von den Arbeitgebern oder von der Gewerkschaftsorganisation: Wir haben immer nur reagiert. In ganz seltenen Fällen agierten wir selbst, versuchten Konzepte vorzustellen und dabei mit unserer Organisation gemeinsam zu handeln.

Diese guten Ansätze, die wir in Dortmund entwickelt haben, sollten eigentlich als Anleitung für jeden Arbeitnehmervertreter dienen, um in anderen Bereichen auch ähnliche Konzepte zu fördern. Daß wir handlungsfähig sind, haben wir in einem kleinen Betrieb von Hoesch in Wissen im Westerwald gezeigt: Hier ist etwas von unten gekommen, und das ist der Weg, den wir weitergehen müssen.

Wir haben noch ein zweites Konzept bereit: die Beteiligung. Damit ist etwas mehr Mitbestimmung im Betrieb gemeint, ich drücke das ganz vorsichtig aus. Auch dabei haben wir festgestellt, daß es ohne theoretische Schulung nicht geht, denn es ist unmöglich, Kolleginnen und Kollegen durch Befehl von oben von den Vorteilen unseres Projekts in Dortmund zu »überzeugen«; aber auch Kollegen aus benachbarten Bereichen fragten, warum sie noch nicht in Gruppen arbeiten würden.

Wie qualifizierungsfähig Menschen sind, konnten wir in unserem Projekt innerhalb der dreiwöchigen Schulung feststellen. Arbeitnehmer von 50 Jahren und älter hatten natürlich ihre Schwierigkeiten gehabt. Aber nach der ersten Woche, schon bei der ersten Diskussion, sagten diese Leute, die 35 oder 40 Jahre keine Schulbank gedrückt hatten: »Für den Anfang war es ja ganz gut, aber wir möchten mehr lernen.« Lernfähig ist jeder, wenn man ihm nur die Gelegenheit gibt, und die Gelegenheit zur Weiterbildung sehe ich einfach nicht in der Freizeit, sondern in einem bestimmten Freizeitausgleich oder während der normalen Arbeitszeit.

Dr. Peter Brödner, Kernforschungszentrum Karlsruhe

Ironien der Automatisierung

Ich möchte an die erste These Willy Bierters anknüpfen und sie zugleich ein wenig attackieren, weil sie nämlich in meinen Augen zu wenig die »Ironien der Automatisierung« reflektiert, die darauf hinauslaufen, daß, je höher automatisiert ein System ist, desto mehr ist es auf den Sachverstand der Menschen angewiesen, die noch darin arbeiten. Beispielsweise muß der Systementwickler ausgerechnet jene Aufgaben dem Menschen zuweisen, die er selbst nicht zu automatisieren weiß, jenem Menschen, den er ja als Quelle von Störungen betrachtet hat und weswegen er die Automatisierung vorantreibt. Wir alle wissen, können theoretisch erklären, empirisch erfahren, daß große komplexe Softwaresysteme undurchschaubar und unzuverlässig sind; und je größer sie sind, um so undurchschaubarer und unzuverlässiger sind sie. Je mehr Rechner also in einem Produktionsprozeß sind, um so leistungsfähiger muß das informelle System sein, um den Betrieb »am Laufen« zu halten. Ich werfe das deswegen hier in die Debatte, weil ich meine, die High-Tech-Ideologie ist ein Koloß auf tönernen Füßen, und als Ingenieur muß ich mich manchmal schämen für diese absurden Ansprüche vieler meiner Kollegen. Ich denke, daß diese Umstände es nur um so leichter machen, die Weichen in Richtung einer demokratischen Technikkultur zu stellen.

Udo Blum, IG Metall, Vorstandsverwaltung

Gestaltung und Wirtschaftlichkeit

Mich hat der Beitrag von Willy Bierter nachdenklich gemacht, aber auch angeregt. Dies möchte ich an zwei Problembereichen verdeutlichen. Es gibt auch bei denen, die in der Tradition der Arbeiterbewegung stehen, immer weniger so etwas wie ein Vertrauen, ja eine Sicherheit, daß die Zukunft besser sein wird als das Heute. Die Richtigkeit von traditionellen Überzeugungen, wie sie typisch waren für die Älteren von uns, gilt heute immer weniger, nicht nur bei jungen Leuten. Die Fortführung des Bestehenden ist für viele keine Hoffnung. Doch wie könnte eine andere Zukunft in Arbeit, Produktion und Leben aussehen? Visionen, Konzepte müssen entwickelt, erprobt werden, Rezepte gibt es offensichtlich nicht! Was wir brauchen, sind Mut, Zeit zum Lernen, zum Nachdenken. Doch fehlt es uns nicht gerade daran so oft? Um Alternativen zu entwickeln, brauchen wir tatsächlich eine neue »*Streitkultur*«.

Neues zu entwickeln, ist leichter, wenn man nicht unter so hohem Problemdruck steht, wenn man Zeit hat und wenn man stark ist. Die Zukunft wird heute entscheidend durch und über die Technik beeinflußt, ja festgelegt. Also gilt es, sich in den Prozeß der Technikentscheidungen bis hin zur Technikentwicklung einzumischen. Das muß im Betrieb beginnen und muß besonders die Investitionsentscheidungen für Technik (sowohl für die Produktweiterentwicklung wie auch die Produktionstechnik) betreffen. Doch Investitionsentscheidungen in und für Technik stellt für viele von uns zur Zeit noch so etwas wie eine Überforderung dar. Das war bisher die Aufgabe der anderen, der Unternehmer, der Manager, der Techniker, der Politiker. Hinzu kam eine traditionelle Haltung, daß Technik, daß die Produktivkräfte im weitesten Sinne neutral seien, erst auf ihre Anwendung käme es an. Diese Position eines »technischen Optimismus« ist im Schwinden. Deshalb bedeutet das eine neue Herausforderung für uns Gewerkschaften. Anderenfalls würden sich Technikangst und Technikpessimismus an diese Stelle setzen.

Das zweite Problem ist das der Zeitgrößen und des Bewertungsmaßstabes. Die Kurzfristorientierung von Entscheidungen in Wirtschaft und Politik kennen wir nur zu gut, doch für viele Lösungen heutiger Probleme brauchen wir längere Zeithorizonte. Eine Kurzfristorientierung in Mark und Pfennig wirkt zunehmend fataler. Eine längerfristige Orientierung führt zu etwas, was bei uns in den letzten Jahrzehnten negativ belegt wurde: der Notwendigkeit der Planung. Planung hat auch etwas mit Zeit und Beteiligung zu tun. Die Beteiligung, die Mitbestimmung, hat in der wirtschafts- und gesellschaftspolitischen Diskussion, besonders bei denen, die in diesem Land über Macht und Einfluß verfügen, noch einen viel zu geringen Stellenwert und löst Widerstand gegen deren Erörterung aus. Und doch wäre Beteiligung eine der entscheidenden Voraussetzungen für eine Langfristorientierung in der Gestaltung von Zukunft in und außerhalb der Arbeitswelt. Hinzu kommt, daß es dringend einer Überprüfung der Kalkulationen bisheriger Wirtschaftlichkeitsberechnungen bedarf. Weder volkswirtschaftlich (was sowieso schon sprachlich ein Unding ist, angesichts der weltweiten Konzern-, Finanz- und Handelsverflechtungen und der anstehenden EG-Pläne ab 1992!) noch betriebswirtschaftlich geben die derzeitigen wirtschaftlichen Meßgrößen wirklich noch Orientierungshilfe. Vieles Unsinnige wird nicht dadurch wahr, daß es in mathematischen Größen ausgedrückt wird, und vieles wird nicht gemessen, obwohl es existiert, aber die Wirtschaftstheorie in ihrer bisherigen einseitigen Kapitalorientierung es ignoriert hat. Was wir also dringend brauchen, sind erweiterte Wirtschaftlichkeitsberechnungen und das *Denken und Handeln in und für längere Zeiträume!*

Jörg Tauss, IG Metall, Bruchsal

Mir hat die Gegenüberstellung des demokratischen und des technokratischen Gesellschaftsmodells im Referat Bierter sehr gut gefallen. Mir hat auch gut gefallen, daß die soziale Beziehung als ein gleichberechtigtes Ziel mit aufgeführt war. Allerdings bei den vorgeschlagenen Lösungsansätzen der Hinwendung zu kleinen Gruppen, den kleinen Einheiten, beschäftigt mich die Frage, ob dies

Probleme der Dezentralisierung

mit dem Ziel einer demokratischen Technikkultur vereinbar ist.

Zum Teil haben wir ja bereits in den Betrieben eine Entwicklung, wie sie hier angesprochen worden ist, beispielsweise Betriebsaufspaltungen, Profit-Center und miteinander konkurrierende betriebliche Strukturen. Doch ist dies ein Lösungsansatz im Rahmen dieses demokratischen Modells? Wenn Gruppenarbeit gemeint ist, stimme ich zu; aber was diese kleinen betrieblichen Verhältnisse, diese kleinen regionalen Verhältnisse betrifft, frage ich mich: Inwieweit sind sie realistisch und stehen sie nicht geradezu im Widerspruch zu dem, für das Gewerkschaften eintreten, für Solidarität? Das heißt: Fördern wir hier nicht Konkurrenz?

Prof. Dr. Heinz Erbe, Technische Universität Berlin

Dezentralisierung der Macht

Ich verstehe zu wenig von dem Inhalt der Just-in-time-Fertigung. Aber so viel habe ich davon begriffen, daß hier die große Industrie die Herstellung bestimmter Produkte an Zulieferfirmen vergibt. Hier sehe ich einen gewissen Widerspruch zu dem Argument der Dezentralisierung, weil meiner Meinung nach dadurch jetzt wiederum eine Ankoppelung an den Takt der großen Maschinerie passieren könnte oder vielleicht schon längst passiert ist. Und meine Frage ist eben, ob dort die viel beschworene Dezentralisierung, die mit der Fabrik der Zukunft doch kommen sollte, sozusagen wieder konterkariert wird, indem die starke Ankoppelung an die große Industrie erneut Zwänge schafft, die die Gestaltbarkeit von Arbeitsbedingungen, die eventuell möglich wäre, aufhebt.

Wilhelm Meemken, Entwicklungs-Centrum Osnabrück

Initiativen vor Ort stärken

Ich erfahre täglich in meiner Arbeit, daß wir immer noch eine sehr große Distanz zu gesellschaftlichen Gruppen und Bewegungen haben, obwohl wir sehr viel von ihnen lernen können. Und ich stelle fest, daß die Kollegen, auf die die Gewerkschaftsbewegung der Zukunft nicht verzichten können wird, sich oftmals nicht wiederfinden in der klassischen Gewerkschaftspolitik, sondern sich zur Ökologiebewegung hinwenden. Ich bin aber der Meinung, daß wir mit dieser Veranstaltung auch ein Signal an diese Kollegen geben: »Die Gewerkschaften sind offen für diese Fragen und Probleme.«

Selbst wenn wir wollten, angesichts der Machtverhältnisse in der Bundesrepublik und der Weltwirtschaft könnten wir nicht mittels einer neuen Theorie ein komplexes System darüberstülpen. Wir haben nicht die Mittel, das durchzusetzen, gerade deswegen empfand ich den Ansatz, dezentral an eine gesellschaftliche Umgestaltung heranzugehen, Initiativen vor Ort aufzugreifen, als sehr positiv. Die Stärke der Gewerkschaft war und ist es, eine Vielzahl von Kolleginnen und Kollegen zu einen; sie stellen dann eine große Macht dar und können einiges bewirken. Vor jenen haben die heute Mächtigen manchmal Angst, weil sie ihnen so ein bißchen aus dem Ruder gehen, nicht vollständig kontrollierbar und kalkulierbar sind.

Georg Werckmeister, IG Metall, Stuttgart

Mich hat der Beitrag von Willy Bierter neugierig gemacht, weil ich aus der Bezirksleitung Stuttgart komme und weil es in dem Beitrag hieß, daß es Regionen in Baden-Württemberg gäbe, die diesen – ich darf vielleicht sagen – paradiesischen Zuständen im Ansatz schon entsprechen. Aber im übrigen hat mich der Beitrag begeistert, weil ich glaube, daß wir dringend Perspektiven brauchen, die uns aus diesen Horrorszenarien, für die es ja genügend Gründe gibt, herausführen. Wir brauchen eine Zukunftsperspektive, die uns zum Handeln motiviert. Ich glaube, daß eine ganze Reihe von Ansätzen darin enthalten waren, um die wir uns im Bezirk im Rahmen der Angestelltenarbeit bemühen wollen.

Aber können wir eigentlich »sozialverträglich« ge-

Handlungsanregende Zukunftsperspektiven

stalten? Das ist meines Erachtens ein reiner Fetisch, eine Position, bei der man praktisch nur den anderen Wasser auf die Mühlen leitet. Am ehesten ist uns das mit der bisher erreichten Arbeitszeitverkürzung gelungen. Das ist doch das wesentlichste Rationalisierungspotential, das in der Technik steckt. Was ich jetzt gehört habe, besagt, daß wir von der Basis ausgehen müssen, und ich meine, das ist auch eine Anregung für eine konsequentere Umsetzung des Aktionsprogramms »Arbeit und Technik«. Mit einer solchen Perspektive können wir viele von unseren Kollegen und Funktionären dazu gewinnen, Technologieabkommen und Betriebsvereinbarungen über EDV in die Praxis umzusetzen. Neulich hat der zuständige Sekretär in der Verwaltungsstelle Stuttgart darüber berichtet, welche hohe Regelungsdichte bei Personalinformationssystemen sich schon entwickelt hat. Das war eine Kenngröße, die mir bis dahin noch gar nicht geläufig war, aber sie war eindrucksvoll. Es bleibt festzuhalten: In manchen Punkten sind wir ein gutes Stück weitergekommen.

Ernst-Dietrich Scholz, Innovationsberatungsstelle Berlin

Einheit von Prozeß- und Produktgestaltung

Ein Punkt aus der Diskussion ist mir besonders wichtig, weil ich finde, daß er in unserer eigenen Arbeit nicht hinreichend zum Tragen kommt. Wenn wir in der Gewerkschaft über Arbeit und Technik diskutieren, dann haben wir in der Regel den Arbeitsprozeß im Hinterkopf. Das ist auch hier in der Diskussion sehr stark unter dem Stichwort »Gruppenarbeit« deutlich geworden. Auf der anderen Seite ist es aber so, daß man letztendlich Arbeit und Technik überhaupt nicht gestalten kann, wenn man nur den Prozeß betrachtet. Man muß gleichzeitig auch das Produkt in die Sichtweise der Beratung mit hineinnehmen. Das fand ich in dem Ansatz, der zur Technik und Arbeitsgestaltung vorgetragen wurde, vollkommen richtig.

Ich will diese Position aufgrund folgender Erfahrungen unterstützen: Wir erarbeiten mit den Kollegen zum Beispiel Betriebsvereinbarungen zur Lösung eines arbeitsorganisatorischen Problems. Aber nach Abschluß der Betriebsvereinbarung stellen wir fest, daß eine Fertigungslinie plötzlich eingestellt oder verlagert wird und der ganze Prozeß vergeblich gewesen ist. Ähnliche Dinge erleben wir heute in der Elektroindustrie Berlins. Die ganze Umstellung von elektromechanischer Technologie auf die Digitaltechnik führt dazu, daß Lösungen, die man für den alten Fertigungsprozeß gefunden hat, heute einfach obsolet sind, weil jetzt diese Produkte einfach wegfallen. Deswegen denke ich, daß das, was Franz Steinkühler »Produktmitbestimmung« genannt hat, ein ganz wesentlicher Punkt für den Inhalt gewerkschaftlicher Technologiepolitik und Technikgestaltung ist. Das heißt dann aber auch, daß die Elemente dieser Politik, die heute in der Organisation teilweise sehr arbeitsteilig behandelt werden, beispielsweise in der Automationsabteilung, in der Wirtschaftsabteilung, in der Grundsatzabteilung auch unter der Überschrift »Umwelt« viel stärker zusammengehören, als es in der Vergangenheit der Fall war.

Heribert Fieber, Siemens AG, München

Die Gewerkschaften müssen endlich wieder einmal ein Hoffnungsträger werden, Hoffnungsträger für die Arbeitnehmer. Wie schaffen wir das in einem Betrieb, der im Angestelltenbereich zu fünf Prozent organisiert ist, wo also 95 Prozent der Leute meinen, sie brauchen keine Gewerkschaft? Wenn ich diese Leute anspreche, warum sie nicht in die Gewerkschaft eintreten, werden sie sicherlich nicht alle Gründe auf einmal nennen. Sie tun das unter anderem deshalb, weil die Gewerkschaft, nach Meinung dieser Nichtorganisierten, im Augenblick nicht das Leitbild auf technologiepolitischem Feld anbietet. Sie interessieren sich für Technikgestal-

Konkurrenzkampf der arbeitsgestaltenden Ideen

tung – sie beschäftigen sich ja den ganzen Tag damit –, aber sie sehen keine Ansätze dafür.

Der Unternehmer sagt einfach: Wir können es uns nicht leisten, Alternativen einzusetzen, weil der Wettbewerb uns dazu zwingt. Wichtig ist doch für uns, klarzumachen, daß es auch eine andere Konkurrenz gibt, nämlich die der Arbeitnehmer in den einzelnen Ländern. Wenn hierzulande die IG Metall für Arbeitszeitverkürzung gekämpft hat, dann hat das Auswirkungen auf andere Länder, und zwar nicht nur auf die Unternehmer dort, sondern auch auf die Arbeitnehmer. Denn diese Arbeitnehmer in den anderen Ländern wollen auch kürzer arbeiten, weil sie vor gleichen Problemen stehen: Arbeitszeit für mehr Menschen wieder zur Verfügung zu stellen. Es geht also um den Konkurrenzkampf der guten Ideen oder besser der arbeitsgestaltenden Ideen!

Erwin Schäfer, Evangelische Akademie, Bad Boll

Streit um soziale Lebenszeit

Es geht um einen Streit der Ideologien und Weltanschauungen, es geht um Götzen, und das macht diesen Kampf so brisant, diesen Streit so tiefgehend. Schopenhauer sagte einmal: Wir kennen den Wert der Dinge erst, wenn wir sie verloren haben. Es wäre nicht schlecht, die Dinge einmal so zu betrachten, als hätten wir sie verloren. Ich stehe in meiner Tätigkeit als Industriepfarrer in enger Kooperation mit den Betriebsrätinnen und Betriebsräten der Firma IBM; dort ist der Kampf um die Sonntagsarbeit praktisch schon verloren. Die Verfahrensweise einer Betriebsratsmehrheit mit einer Betriebsratsminderheit, zur IG Metall gehörig, ist mehr als ein Drama.

Bei der Frage der sozialen Gestaltung von Arbeit und Technik in der Zukunft handelt es sich auch um einen Streit um soziale Lebenszeit. Sie sollten deshalb auch diejenigen, die sich aufgrund ihres Amtes um den Sonntag bewußt kümmern wollen, an ihre Pflicht ermahnen, das doch ein wenig besser zu tun. Es ist fatal, daß erst der Streit um die Sonntagsarbeit auch weiten Teilen der Kirche klarmacht, daß wir immer noch in der gleichen Welt stehen, obwohl wir eine paradiesische jenseitige erhoffen. Wir müssen uns klar darüber werden: Mit der Arbeitszeit flexibilisieren wir eben nicht einfach nur Zeit, sondern wir flexibilisieren auch Werte.

Ich habe sehr viel auch mit Familienberatung zu tun. Was sich dort im sozialen Bereich abzeichnet, ist nach der Zerstörung der Großfamilie die Zerstörung der Kleinfamilie; nichts gegen eine persönliche Entscheidung, doch wir laufen mit vollen Segeln auf eine Single-Gesellschaft zu, und die hinterlassen wir unseren Kindern.

2. Demokratische Technikentscheidungen in Betrieb und Gesellschaft

Wolf-Michael Catenhusen, MdB (SPD)

Gestaltung der Technikentwicklung und -anwendung

Willy Bierter hat als Handlungsperspektiven und -alternativen für die Entwicklung und den gesellschaftlichen Umgang mit Wissenschaft und Technik angeführt, daß wir auf der einen Seite sozusagen kapitulieren und die gesellschaftlichen Kräfte darauf konzentrieren, wie bisher den Wissenschafts- und Technologieprozeß aus Gründen der Erstarkung der internationalen Konkurrenzfähigkeit zu beschleunigen. Auf der anderen Seite war das Stichwort »demokratische Technikkultur«, wonach wir versuchen müßten, auch die Geschwindigkeit der Technikentwicklung und damit ihre Anwendung selbst zu politisieren.

Ich glaube aber, daß man eine solche Forderung nur aufstellen kann, wenn man auch die ökonomischen Konsequenzen und Rahmenbedingungen einer solchen Forderung gleich mitbenennt. Es ist sehr schwierig, auf Basisinnovationen national, in Form der Abkoppelung von bestimmten technischen Entwicklungen, Einfluß zu nehmen. Das Abkoppeln kann sich mehr auf die Frage der Anwendungsentwicklung beziehen als auf die Verfügung über bestimmte Basisinnovationen. Diese müssen wir vielmehr auch national entwickeln, um sie überhaupt gestalten zu können. Bestimmte technische Entwicklungen, die in Japan und in den USA vorangehen, sind durch uns wahrscheinlich weniger gestaltbar, als wenn sie auch hier im Technologiestandort Bundesrepublik Deutschland oder Westeuropa mit entwickelt würden.

Es ist in den siebziger Jahren ein gemeinsames Konzept von Sozialdemokraten und Gewerkschaften gewesen, zu versuchen, Industriepolitik durch Unterstützung von Forschung und Entwicklung in der Bundesrepublik zu stärken und damit einen Beitrag zur Modernisierung der Volkswirtschaft zu leisten. Dieses Konzept greift offensichtlich zu kurz. Wir befinden uns in der SPD in einem Diskussionsprozeß hin zur Entwicklung eines umfassenderen Ansatzes der Forschungs- und Technologiepolitik.

Die eine Seite ist die Stärkung der Arbeitnehmerrechte durch Novellierung des Betriebsverfassungsgesetzes. Aber auch den Praktikern ist klar, daß man auf diesem Wege nur eine beschränkte tatsächliche Beeinflussung des Ausmaßes von Arbeitsorientierung bestimmter Technikanwendungen in den Betrieben erreichen kann. Der Grund dafür ist, daß die technischen Systeme, die vorher entwickelt werden, auch schon bestimmte Konsequenzen für die Arbeitsorganisation in den Betrieben beinhalten, die man durch Handeln der Betriebsräte und Gewerkschaften nicht beliebig weit beeinflussen kann.

Am Beispiel der Fertigungstechnik heißt das: Wir müssen, wenn der Staat solche Technikentwicklung fördert, als unverzichtbare Bedingungen formulieren, daß die in dieser Technikentwicklung zweifellos vorhandenen arbeitsorganisatorischen Gestaltungsalternativen in der Entwicklung miterprobt werden. Damit ließen sich Gestaltungsspielräume für die Gewerkschaften und Betriebsräte auf der Betriebsebene selbst eröffnen. Wenn diese Freiräume in der Entwicklung nicht selbst geschaffen werden, haben die Gewerkschaften einen sehr schweren Stand in dieser Diskussion.

Ich meine, wir sollten auf jeden Fall diese Fragen nicht auf Humanisierungsprojekte abschieben. Die gemeinsame Forderung ist sicherlich, daß wir diese arbeitsorientierten Fragen der Technikentwicklung in die Technikförderung des Staates selbst integrieren müssen. Sonst kommt auch HdA, im Grunde ein Reparaturinstrument mit sehr bescheidenen Mitteln, zu spät.

Ernst-Dietrich Scholz, Innovationsberatungsstelle Berlin

Technologiepolitik ohne Arbeitsgestaltung

An die Adresse der SPD gerichtet, habe ich ein Problem in der gesamten Technologiedebatte. Es ist richtig, daß sich die SPD in den letzten Jahren verstärkt insbesondere mit den Fragen der Energietechnik beschäftigt hat, auch mit Problemen der Rüstungstechnologie. Natürlich wäre es gerade für diese Konferenz spannend gewesen, auch Fragen der Entwicklung der Arbeit und der Technik für den Produktionssektor aus sozialdemokratischer Sicht zu diskutieren: Es scheint mir, daß die SPD in ihren Gliederungen, in ihren Landesverbänden, aber auch im Bundestag eigentlich keine Antworten auf die Fragen hat, die die Gewerkschaften bewegen.

Wenn ich bedenke, daß wir in der Bundesrepublik vor der Gründung von 13 CIM-Zentren stehen, die wesentlich dazu beitragen, Großtechnologien – die entwickelt werden für exportorientierte Bereiche – in Klein- und Mittelbetriebe zu transferieren, ohne daß von der SPD die technologischen, ökonomischen und sozialen Widersprüche und Probleme dieses Prozesses zur Kenntnis genommen oder gar thematisiert werden, dann sind das Dinge, die ich nicht verstehe.

Prof. Dr. Kurt Lenk, Institut für politische Wissenschaft, Aachen

Konservative Doppelstrategie: Sozialabbau und Technik im Dienste des Fortschritts

Ich möchte das Referat von Franz Steinkühler an einer Stelle ergänzen. Darin wurde argumentiert, daß es die Grundlage und das Kernstück der konservativen Zukunftskonzeption und auch des Fortschrittsbegriffs sei, von einer Identität oder von der Behauptung der Identität von sozialen und technischen Fortschritten auszugehen. Wäre dem so, dann würde wahrscheinlich dem neokonservativen Argument ziemlich leicht beizukommen sein.

Ich möchte darauf hinweisen, daß die Raffinesse des neokonservativen Arguments, wie es sich etwa bei Helmut Schelsky oder bei Arnold Gehlen findet, nicht mehr von diesem liberalen Fortschrittshoffen ausgeht, daß der technische Fortschritt identisch ist mit dem sozialen: Gehlen wie Schelsky argumentieren, der Fortschrittsbegriff sei ein Ergebnis der bürgerlichen Aufklärung. Diese müsse man mittlerweile allerdings halbieren. Es gibt auf der einen Seite die sozialen und die politischen Forderungen, und auf der anderen Seite gibt es die technologische Rationalität. Die sozialen und politischen Forderungen – so wird behauptet – seien sämtlich erfüllt, ja, mehr als das, der Sozialstaat gleiche einer Melkkuh, die sozusagen von Gewerkschaftsseite ausgenommen wird. Man sagt: Es gibt keine sozialen Konflikte mehr, es gibt keine Ideologien mehr, ja es gibt keine Geschichte mehr, es gibt nur mehr eine »Nachgeschichte«.

Die technologische Rationalität sei die Basis des Bestandes der Fortentwicklung aller Industriegesellschaften, und wer daran rühre, vergehe sich an dem Lebensrecht der gesamten Gesellschaft. Deshalb ist die technologische Rationalität absolut tabu. Wenn man so argumentiert, hat man sozusagen eine Doppelstrategie gewonnen: Man kann einerseits soziale Gestaltung, wie sie hier zu Recht verlangt wird, abwerten als »alten Hut der Emotionalisierung längst geschlichteter Probleme«. Das ist das »19. Jahrhundert«. Auf der anderen Seite kann man sagen, gegen technologische Rationalität, die im Sinne von »Sachzwängen« eigene Imperative hat, könne man nichts haben. Habe man aber etwas gegen sie und gegen die Eigenständigkeit dieser Technologie, dann vergehe man sich gegen die elementaren materiellen und geistigen Grundlagen des Industriesystems. Durch eine Kenntnisnahme der Raffinesse dieses doppelstrategischen Arguments wird der legitime Versuch, Fortschritt heute zu differenzieren, wahrscheinlich erfolgreicher und auch plausibler, als wenn man die Neokonservativen reduziert auf den alten liberalen Glauben, sozialer sei gleich technischer Fortschritt.

Prof. Dr. Herbert Kubicek, Universität Trier

Die Telematik entzieht sich betrieblicher Gestaltung

Ich befasse mich seit fünf Jahren mit der sogenannten Telekommunikation oder Telematik, also mit der Vernetzung betrieblicher und privater Computersysteme über neue von der Bundespost zu errichtende Netze. So sehr ich mit dem Ansatz von Rainer Hoffmann sympathisiere, an den unmittelbaren betrieblichen Erfahrungen anzusetzen, die Handlungsstrategien betriebsnäher auszurichten, so deutlich muß ich sagen, daß diese Strategien eben nicht in allen Technikfeldern gleichermaßen gut greifen. Im Bereich der Telematik ist es genau umgekehrt, und zwar aus zwei Gründen: Die Bundespost ist seit einigen Jahren dabei, Netzkonzepte vorzubereiten, die außerhalb der Betriebe langsam eingeführt werden, ohne daß jemand etwas merkt. Die Folgen sowohl für die Betriebe als auch für den privaten Bereich treten in großem Umfang erst in fünfzehn oder zwanzig Jahren ein. Das eine Problem ist, daß man da nicht an Erfahrungen ansetzen kann, sondern präventiv gestalten muß. Das zweite Problem ist: Wo genau fallen diese Entscheidungen?

In der IG Metall wird seit einiger Zeit das Problem

des Lieferabrufs der Automobil-Zulieferer in der Just-in-time-Produktion diskutiert. Im Moment sind das Einzelfälle. Der Verband der Automobilindustrie arbeitet aber daran, für alle Hersteller und alle Zulieferer einheitliche Standards für die Datenübertragung zu setzen. Betriebliche Mitbestimmung greift nicht bei diesem Akt der Technikgestaltung; hier werden heute die »Sachzwänge« produziert, die uns dann in fünf oder sechs Jahren in den Betrieben als brancheneinheitliche oder branchenübergreifende Systeme entgegentreten. Ich glaube, daß man diesen Bereich genauso wie die anderen hier genannten im Auge behalten und nach neuen Wegen suchen muß. Da reicht auch die vorgesehene Novellierung des Betriebsverfassungsgesetzes nicht mehr aus, um diese Ebene der Technikgestaltung zu beeinflussen.

Die »Netze« werden von der Bundespost errichtet, vertreten durch einen Minister, aber nicht kontrolliert durch das Parlament. Das Bundespostministerium ist in seinem inhaltlichen Handeln der parlamentarischen Kontrolle weitestgehend entzogen, und die Bundespost soll noch umfassender den privaten Kapitalinteressen geöffnet werden. Es gibt seit drei Jahren Vorschläge von Rechts- und Wirtschaftswissenschaftlern, wie rechtlich-organisatorisch eine stärkere Demokratisierung der Post aussehen könnte, auch deswegen, weil über die computerisierten Fernsprechvermittlungsstellen in Zukunft ein enormes Kontrollpotential aufgebaut wird. Also auch hier die Frage: Wie kann ordnungspolitisch ein Gegenkonzept zu den derzeitigen Deregulierungsplänen aussehen, damit auch in Zukunft diese wichtige Infrastruktur überhaupt noch sozial gestaltet werden kann? Jetzt gibt es solche Vorschläge, in der Vergangenheit war es etwas schwierig, darüber in den Gewerkschaften zu sprechen. Ich hoffe, daß diese Tagung dafür vielleicht eine neue Basis liefert.

Dieter Straßer, Siemens AG, München

Das HdA-Programm erhalten

Uns im Betriebsrat betrifft zur Zeit ein Thema besonders, nämlich das HdA-Programm. Wir haben in dem Betrieb, in dem ich beschäftigt bin, ein Projekt zur Bürokommunikation in Zusammenarbeit mit Mitarbeitern der Vorstandsverwaltung der IG Metall durchgeführt. Dabei haben wir als Betriebsratsmitglieder festgestellt, daß wir hoffnungslos überfordert gewesen wären ohne die Unterstützung der IG Metall. Mein Anliegen ist deshalb, dieses HdA-Team weiter bestehen zu lassen und eventuell sogar weiter auszubauen. Denn ich finde, die Bürokommunikation wird immer mehr vorangetrieben und ist ein wichtiges Zukunftsthema, vor allem im Hinblick auf die Angestelltenarbeit der IG Metall.

Prof. Dr. Frieder Naschold, Wissenschaftszentrum Berlin

Fallen für gewerkschaftliche Technologiepolitik

Franz Steinkühler hat meines Erachtens einen wichtigen, und aus meiner Sicht auch richtigen Beitrag zur Neufassung des Fortschrittsbegriffs gebracht, und er hat in diesem Zusammenhang auch einen sehr anspruchsvollen Zielkatalog formuliert. Genau in diesem Zielkatalog liegen nun einige Probleme begründet, die zusammenfassend das Vermittlungsproblem zwischen dem politisch-philosophischen Anspruch und der realen Entwicklung andeuten und damit das alte Dilemma zwischen Wort und Tat in der Arbeiterbewegung thematisieren. Ich möchte auf drei mögliche Fallen in der Argumentation hinweisen. Die eine könnte man bezeichnen als eine »moralische Falle«, nämlich daß ein sehr hoher Anspruch entwickelt wird, den man von den anderen einfordert, der aber a) praktisch gar nicht realisierbar ist und b) erst recht auch von der eigenen Organisation gar nicht zu verwirklichen ist. Dahinter steht die große Kluft, daß wir alle wissen oder alle glauben, der Technikdeterminismus sei überwunden, also Technik sei im Prinzip gestaltbar, wir aber nahezu alle daran verzweifeln, wie schwierig die Gestaltbarkeit in der Praxis ist. Deshalb habe ich allmählich Zweifel an der Formulierung allzu hochgesteckter Zielkataloge, weil sie Anspruchserwartungen in der eigenen Organisation und auch Feindbilder produzieren und projizieren, die nicht mehr mit Realitätsprinzipien in Einklang zu bringen sind.

Eine zweite Falle sehe ich in der Forderung nach »Alternativwissenschaft«. Ich gestehe sofort zu, daß wir einen überzogenen Glauben an Wissenschaft zu Recht verloren haben; vielleicht haben wir Wissenschaftler diesen Glauben am wenigsten gehabt. Zumindest, wer praktische Forschung getrieben hat, wußte immer, daß das auch nur ein Handwerk und nicht Wahrheitssuche im strengsten Sinne war. Jetzt wird nun umgekehrt die Schlußfolgerung gezogen, wir bräuchten eine »Alternativwissenschaft«. Ich würde der IG Metall raten, sich mit dem real existierenden Wissenschaftssystem auseinanderzusetzen und auch hier zu respektieren, daß ein Wissenschaftssystem seine eigenen Zeitrhythmen hat, wie jeder Arbeiter auch seine eigenen Zeitrhythmen und seine eigene Produktionslogik hat, und nicht durch ein instrumentelles Verhältnis von Gewerkschaft zur Wissenschaft geprägt ist. Beide Seiten haben Probleme miteinander, aber wir sind in den letzten 15 Jahren ein ganzes Stück zusammengekommen.

Das dritte Problem, das ich abschließend ansprechen möchte, ist die Kluft zwischen dem betrieblichen Ansatz, der zu Recht verfolgt wird, und dem Anspruch an die Staatspolitik. Hier erwächst meines Erachtens eine »strategische Lücke«. Denn die »technischen Sachzwänge«, die tatsächlich entstehen, werden strategisch nicht auf der betrieblichen Ebene produziert; erst recht entstehen sie nicht auf der Staatsebene, sondern in den Universitätslabors oder in Großlabors von Unternehmen. Und es entstehen nicht nur große strategische Einheiten, sondern in den Großunternehmen werden ja im Zuge der modernen Innovationsprozesse die Forschungs- und Entwicklungseinrichtungen quergeschaltet über alle Bereiche hinweg.

Hier entwickeln sich Potentiale, die weder von einem betriebsorientierten Ansatz, noch von einem staatszentrierten Ansatz her greifbar sind. Das ist leicht zu analysieren, doch ist die strategisch-taktische Folgerung daraus wiederum schwierig zu ziehen. Allerdings, auch hier gibt es Ansatzpunkte. Für mich war erstaunlich, wie hoch das Unzufriedenheitspotential von Entwicklungsingenieuren in den zentralen Forschungs- und Entwicklungsabteilungen der High-Tech-Firmen der Welt ist.

Subpolitiken und Gewerkschaftsstrukturen

Andreas Drinkuth, IG Metall Vorstandsverwaltung

Im Referat von Willy Bierter wurde der Begriff der »Subpolitiken« gebraucht. Wie können Subpolitiken im Konzert der internationalen Abhängigkeiten funktionieren? Wie können sie als regionale Politiken organisiert werden, unter den Bedingungen, daß Produkte in den Regionen als Endprodukte produziert werden, daß für 1992 der EG-Binnenmarkt angestrebt wird, daß es viele Regionen gibt und viele neue Abhängigkeiten entstehen?

Zum anderen wurde von Willy Bierter das Konzept einer demokratischen Technikkultur entwickelt. Das wirft die Frage nach dem Verhältnis von Autonomie und Macht auf. Autonomie im Sinne der Selbstbestimmung; Macht, die wir für die Durchsetzung unserer Ziele benötigen, durch Vereinheitlichung von Zielen und solidarischem Zusammenstehen. Wie müssen sich Gewerkschaften organisieren und strukturieren, um diesen zunächst einmal widersprüchlichen Anforderungen gerecht zu werden?

Ulrich Weitz, Kooperationsstelle Tübingen

Netzwerke schaffen

Diese Orientierung auf die Region, dort etwas aufzubauen, ist ein Ansatz, den ich sehr interessant finde. Wir müssen wegkommen von Haltungen wie »Da ist eine Katastrophe, jetzt flieg' ich mir einen Experten ein« und uns der Anforderung stellen, in der Region ein eigenes Netzwerk von Wissenschaftlern und Experten aufzubauen, das in solchen Fällen unterstützend tätig werden kann.

Wir haben in Baden-Württemberg mit der Kooperationsstelle Tübingen erste bescheidene Erfahrungen aufzuweisen. Daß wir natürlich nicht mit Lothar Späth und einem 500-Millionen-Programm und rund 150 Einrichtungen des Transfers Hochschule/Wirtschaft konkurrieren können, das ist klar. Aber es hat sich doch gezeigt, daß es wichtig ist, nicht nur zu reagieren, sondern daß auch eine eigene Perspektive formuliert werden kann. Die von uns initiierten Projekte zwischen Gewerkschaften und Hochschulen waren nicht attraktiv, weil die gleichen Millionensummen zur Verfügung standen, sondern weil die Betroffenen beteiligt waren, weil der Sachverstand der Praxis einbezogen werden konnte und weil es einen Prozeß gab, in dem auch die Wissenschaftler etwas gelernt haben.

Als zweites möchte ich dafür plädieren, Probleme auch gewerkschaftsübergreifend anzugehen. In der Region haben wir damit sehr positive Erfahrungen gemacht. Das gelang aber erst, als sich einzelne Gewerkschaften zusammengefunden haben. Insbesondere sind hier zu nennen die Postgewerkschaft, die ÖTV und die IG Metall. Wir haben uns überlegt: Wie können wir eine gemeinsame Strategie entwickeln, wie können wir betriebliche Erfahrungen austauschen? Aber wir haben uns nicht nur auf interne Diskussionen beschränkt, sondern auch nach gesellschaftlichen Bündnispartnern gesucht. So hatten wir beispielsweise ein Treffen mit den »Stuttgarter Informatikern für Frieden und gesellschaftlichen Fortschritt« zum Thema Kooperationsmöglichkeiten.

Wir müssen uns viel mehr überlegen, damit unsere Ideen materielle Gewalt werden, also in die Öffentlichkeit kommen. Die Frage der Zusammenarbeit mit den Medien muß viel entschiedener eingeplant werden. Wir dürfen uns nicht darauf beschränken, drei Jahre ein Projekt durchzuführen und dann ein Ergebnis zu präsentieren, vielmehr ist die Frage, wie wir durch Konferenzen, durch kleine Tagungen vor Ort, durch öffentliche Veranstaltungen, durch Pressearbeit, ein Klima schaffen, das unsere Forderungen über einen engeren Kreis hinaus bekannt werden läßt. Dann bekommen wir, glaube ich, etwas mehr »Fahrwasser«, um Technik gestalten zu können.

Prof. Dr. Heinz Erbe, Technische Universität Berlin

Modellwerkstätten in die Berufsfortbildungswerke

Ich arbeite an einem Institut für berufliche Bildung und bin mit Qualifikationsaufgaben sowohl für Facharbeiter wie für diejenigen, die Facharbeiter ausbilden wollen, beschäftigt. Dabei stehe ich immer vor dem Problem, daß mir gesagt wird: »Warum willst du uns eigentlich hier für moderne Fertigungskonzepte ausbilden, in fünf Jahren ist das sowieso vorbei.« Es wird uns ja auch von der »Fabrik der Zukunft« erzählt, in der Facharbeiter dann ohnehin keinen Stellenwert mehr haben.

Ich meine aber, in dieser rechnerintegrierten Fertigung ist es doch durchaus möglich, auch eine arbeitsorientierte Richtung zu verfolgen. Das hat dann Konsequenzen für die Ausbildung: Eine Qualifikation, die den Facharbeiter wieder herausfordert, macht Sinn, und diese Qualifikation kann dann auch auf der Werkstattebene abgefordert werden. Das gleiche trifft auch für die Weiterbildung zu. Eine Weiterbildung, die allein übergeordnet in den überbetrieblichen Ausbildungsstätten abläuft, reicht überhaupt nicht, weil die spezifischen Probleme, die gerade in den kleinen Betrieben von unterschiedlicher Natur sind, nicht gelöst werden. Man muß also kombinieren zwischen betrieblicher und außerbetrieblicher Weiterqualifizierung. Hier ist zum Beispiel die Gewerkschaft gefordert, speziell die IG Metall, über ihre Innovations- und Technologieberatungsstellen unterstützend und auch qualifikatorisch tätig zu werden. Ich bin der Meinung, daß man in den Berufsfortbildungswerken des DGB, wenn auch nicht in allen, Modell- und Versuchswerkstätten einrichten könnte, in denen gerade facharbeiterorientierte Richtungen, arbeitsorientierte Richtungen in der Produktionstechnik erprobt werden können, die für kleine und mittlere Betriebe von Interesse sind. Ich wünsche mir, daß von der staatlichen Seite her, also durch eine Forschungspolitik auf Bundesebene, eine viel größere Unterstützung erfolgen würde. Das wäre eine Aufgabe, die zum Beispiel auch eine Partei wie die SPD unterstützen könnte.

Dr. Inge Zeller, Berufsgenossenschaftlicher Arbeitsmedizinischer Dienst, Dortmund

Wir Arbeitsmediziner stehen mit unseren herkömmlichen Methoden bei der Einführung neuer Technologie immer mehr am Rand des betrieblichen Geschehens. Es gelingt uns immer weniger, die geänderte gesundheitliche Belastung am Bildschirmarbeitsplatz oder an der CNC-Werkzeugmaschine zu erfassen und entsprechend unserer Aufgabe als Betriebsärzte zu versuchen, sie abzumildern und zu verringern. Bekanntlich resultieren aus Überwachungstätigkeiten, erhöhter Konzentration und Verantwortung oder auch zunehmender Eintönigkeit die sogenannten Streßerkrankungen wie Bluthochdruck, Herzrhythmusstörungen, Nervosität und allgemeines Unwohlsein. Solche Beschwerden können nicht ohne Beteiligung des Arbeitnehmers selbst – besonders im Anfangsstadium – erfaßt werden. Deshalb ist es wichtig, sie als Betroffene mit in die Unterstützung einzubeziehen.

Abbau gesundheitlicher Belastungen durch die Betroffenen

Ich mache das durch meine betriebsepidemiologischen Untersuchungen mittels eines betriebsspezifischen Fragebogens. Hier führe ich die verschiedenen Belastungen auf, von denen ich als Betriebsärztin meine, daß sie auf die Beschäftigten einwirken, beginnend mit der Tätigkeit selbst: Ist sie einfach, kompliziert, verantwortungsvoll? In einem zweiten Fragenkomplex werden die sozialen Bedingungen erfaßt, unter denen diese Tätigkeit geleistet werden muß. Wie ist das Verhältnis zu Kollegen und Vorgesetzten, kann am Arbeitsplatz das erwünschte berufliche Fortkommen ermöglicht werden? Durch eine solche betriebsepidemiologische Befragung gelingt es, einen guten Einblick in die betriebliche und persönliche Belastungsstruktur zu erlangen, um dann gezielte Abänderungen aus betriebsärztlicher Sicht vorzuschlagen. Ein weiterer Effekt dieser Befragung liegt darin, daß sich die Beschäftigten selbst ihrer Belastung bewußt werden und auch versuchen, etwas am Arbeitsplatz zu verändern. Aber solche Maßnahmen sind kompliziert. Es bedarf großer Geduld, ehe einmal ein erster Anti-Streß-Effekt zu beobachten ist, nicht zuletzt deshalb, weil auch die bestehenden gesellschaftlichen Rahmenbedingungen auf die innerbetriebliche Belastungsstruktur miteinwirken.

Es müßte aber relativ schnell etwas zur Verringerung des Raubbaus an der Gesundheit der Beschäftigten getan werden. Denn neue Technologien kommen explosionsartig in die Büros und die Produktionsbetriebe. Die Gewerkschaften müßten deshalb den Kampf um die Arbeitszeitverkürzung noch beschleunigen. Während des großen Arbeitskampfes 1984 wurde als weiteres Argument für die 35-Stunden-Woche immer der Abbau der gesundheitlichen Belastungen angeführt, neben der Arbeitsplatzbeschaffung und dem Kampf gegen die Arbeitslosigkeit. Leider ist das gesundheitliche Argument kaum mehr artikuliert worden, obwohl der überwiegende Anteil der Arbeitnehmer unter der zunehmenden Belastung leidet. Es hat natürlich keinen Zweck, nach der Arbeitszeitverkürzung zu rufen, wenn nicht gleichzeitig auch die Überstunden beschränkt werden. Das eine hebt nämlich den Effekt und Belastungsabbau des anderen auf. Deshalb noch einmal hier mein Appell: Die Gewerkschaften sollten beim Ringen um Arbeitszeitverkürzung und Beschränkung der Überstunden keine Zeit verlieren – im Interesse der Gesundheit der Kolleginnen und Kollegen.

Prof. Dr. Alfred Oppolzer, Hochschule für Wissenschaft und Politik, Hamburg

Meine Frage bezieht sich auf das Referat von Rainer Hoffmann. Ich möchte anknüpfen an die Überlegung, ob und in welcher Form die Instrumente des »Arbeitskampfes im Arbeitsalltag«, also die unmittelbaren und praktischen, konkreten betrieblichen Auseinandersetzungen informeller Art über die Arbeits- und Leistungsbedingungen, oder zumindest Aspekte dieses Kampfes, fruchtbar und nutzbar gemacht werden könnten für die von der IG Metall verlangte soziale Gestaltung der Technik.

Arbeitskampf im Arbeitsalltag

Wir haben es offenbar einerseits damit zu tun, daß allein schon zur technisch optimalen Problemlösung die Beteiligung der Betroffenen immer stärker eine Notwendigkeit wird. Auf der anderen Seite haben wir es damit zu tun, daß in der Praxis in den Betrieben diese Beteiligung aber noch außerordentlich selten ist. Gibt es Möglichkeiten, diese Beteiligung der Arbeitnehmer bei der Technikentwicklung und -anwendung, sofern sie von den Unternehmern und von den Technikentwicklern und -anwendern nicht bereits immanent eröffnet wird, durch informelle Formen des Arbeitskampfes im Arbeitsalltag zu erzwingen oder zumindest dieser Forderung dadurch mehr Nachdruck zu verleihen?

Ich denke in diesem Zusammenhang etwa an die Ideen, die in anderen Schriften Rainer Hoffmanns ausgeführt sind. Es erscheint mir sicher, daß zum

Beispiel die Verweigerung einer innovativen, über das unbedingt erforderliche Maß kooperativer Mitarbeit im Arbeitsprozeß hinausgehenden Einsatzbereitschaft (»Dienst nach Vorschrift«), jede Realisierung neuer Technik zumindest empfindlich stören würde. Meine Frage ist deshalb: Durch welche »inoffiziellen« Formen des »Arbeitskampfes im Arbeitsalltag« (vor allem »verdeckte Leistungsregulation«) können die Arbeitnehmer ihrer Forderung nach einem menschengerechteren und sozialverträglicheren Technikeinsatz im Betrieb mehr Schubkraft verleihen? Könnten dadurch die technik- und tarifpolitischen Vorstellungen der IG Metall faktisch »von unten« wirksam unterstützt werden?

Peter Knauer, Planring-System, Friedrichshafen

Kompetenz der betrieblichen Akteure

Wir können ganz nüchtern feststellen, daß im Grunde genommen heute schon wesentlich mehr umsetzbar wäre im Sinne der Humanisierung der Arbeit, als tatsächlich abläuft. Man kann auch mit Fug und Recht behaupten, daß heute schon sehr viel mehr umsetzbar ist im Hinblick auf die strategische Absicherung unserer Wirtschaft und unserer Unternehmen. Sollten wir an einer solchen Stelle und in einer solchen Zeit aber nicht die Frage stellen: Warum findet das nur marginal statt? Ich kann aus meiner praktischen Tätigkeit dafür drei Gründe angeben: Der erste Grund ist die Wirtschaftlichkeit. Die meisten hoffnungsvollen Projekte scheitern auf halbem Weg oder überhaupt an dem Argument der Wirtschaftlichkeit. Eine Wirtschaftlichkeitsrechnung ist nach wie vor der honorigste Weg, ein Projekt zu fördern oder ein Projekt »kaputtzumachen«.

Die zweite Hemmschwelle ist das Bestehen unternehmensinterner Machtstrukturen. Die extreme Arbeitsteiligkeit, die wir uns durch getrennte Planung, Disposition, Ausführung, Kontrolle, Nutzung, Instandhaltung und Qualitätssicherung leisten, hat insofern machterhaltend gewirkt, als hier Sachzwänge entstanden sind. Ich sehe auch an dieser Stelle nicht den pragmatischen Ansatz der Arbeitnehmervertretungen in den Unternehmen, mit solchen Machtinstallationen fertig zu werden, denn der Aufbruch zu den neuen Technologien im positiven Sinne, im Sinne der Zielsetzung von übermorgen, heißt eben Infragestellung oder Aufhebung solcher »unumstößlicher« Sachzwänge.

Eine dritte Hemmschwelle, eher zunehmend als abnehmend in ihrer Wirkung, besteht in der Tatsache, daß die Unternehmensführungen vor allem im Produktionsbereich zunehmend destabilisiert sind. Es lohnt sich, zu hinterfragen, inwieweit nun der »Legislaturperiodeneffekt« bei den Unternehmensführungen zu einer Destabilisierung führt. Ich erlebe es in meiner täglichen Praxis, wie hoffnungsvolle Ansätze für Projekte zunichte gemacht oder zeitlich verzögert werden, mit dem allseits bekannten, aber nie ausgesprochenen Argument, es müßten kurzfristige Erfolge vorzuweisen sein, um wiedergewählt zu werden. Kein Vorstand, der in seiner Legislaturperiode vielleicht noch zwei Jahre vor sich hat, ist daran interessiert, ein Projekt zu starten, dessen Return-on-Investment bei fünf bis sieben Jahren liegt. Das ist eine ganz ernsthafte Frage, bei der die IG Metall über den Mitbestimmungshebel im Aufsichtsrat durchaus die Möglichkeit hätte, in zunehmendem Maße stabilisierend zu wirken.

Die Arbeitnehmervertretung muß bei den heute und morgen praktisch anstehenden Problemen kompetenter mitsprechen können. Es ist deshalb enorme Fachkompetenz bei den Arbeitnehmervertretern zu konzentrieren, damit sie auf den Gebieten Technik, Organisation, Betriebswirtschaft und Humanisierung mitreden können. Ich glaube, es würde sich lohnen, einmal darüber nachzudenken, wie solche wirkungsvollen Bildungseinrichtungen, Einrichtungen zur Höherqualifizierung von Arbeitnehmervertretungen sehr schnell geschaffen werden können, sonst scheitern all die gesetzten Ziele. Sie scheitern daran, daß schlicht und einfach die Gesprächspartner in den Unternehmen fehlen.

Eckart Hildebrandt, Wissenschaftszentrum Berlin

Anforderungen an gewerkschaftliche Betriebspolitik

Ich möchte einen Punkt aufgreifen, den ich »gewerkschaftliche Betriebspolitik« nenne. Franz Steinkühler hat von der Notwendigkeit und der Wichtigkeit von »Versuch und Irrtum« bei der Technikwahl und bei der Anpassung von Technik und Gesellschaft gesprochen. Wie sind auf der betrieblichen Ebene Lernprozesse in Richtung demokratische Technikgestaltung zu organisieren?

Der erste Punkt ist der, daß »Versuch und Irrtum« auf der Seite des Managements die gängige Strategie ist. Gerade bei den neuen Technologien, die man unter dem Begriff CIM zusammenfaßt, gibt es keine Identität von Plan und Realisierung, vielmehr ein Grobkonzept am Anfang und die Organisation eines Konzipierungs- und Detaillierungsprozesses. Die Innovationen sind kaum plandeterminiert, sondern maßgeblich von der Anpassung an die betrieblichen Bedingungen bestimmt.

Zweitens: Irrtum ist »Alltag« in den Betrieben, zum Beispiel bei PPS-Systemen sind in relativ kurzen Zeiträumen ganze Systeme abgeschafft worden, sind Projekte abgebrochen worden, nachdem eine halbe bis zwei Millionen Mark investiert worden waren, weil sich innerhalb weniger Jahre die Systemphilosophien vollständig verändert haben. Dies gilt nicht nur für kleine und mittlere Maschinenbauunternehmen ohne Planungsabteilung. Auch in den großen Automobilkonzernen sind bei ähnlich komplexen Innovationen große und schwere Irrtümer verbreitet. Eine ganz andere Sache ist, »Versuch und Irrtum« auch für Betriebsräte und Beschäftigte in Anspruch zu nehmen. Das, denke ich, ist eigentlich das Thema: Wie kommt man dahin, daß Betriebsräte und Beschäftigte selbstverständlich und aktiv an der Technikgestaltung beteiligt sind und sich dabei natürlich auch Irrtümer erlauben können? Das müßte für die Zukunft ermöglicht, zugelassen und organisiert werden.

Beginnen wir mit dem »Ermöglichen«. Meiner Meinung nach sind die Voraussetzungen dazu zur Zeit, selbst wenn wir für einen Moment die von den Unternehmensleitungen gesetzten Grenzen außer acht lassen, relativ schlecht. Erstens deshalb, weil nach unseren Erfahrungen Betriebsräte sich genuin nicht als Gestalter von Arbeitsorganisation verstehen. Das ist nicht das traditionelle Verständnis der Betriebsräte, und sie haben auch eine Menge anderer Sachen zu tun. Der zweite Punkt ist die Frage von Kompetenz und von Kapazität, beispielsweise im Maschinenbau, wo die Zahl der Betriebsräte pro Betrieb gering ist und auch nicht alle freigestellt sind wie in der Automobilindustrie. Hier gibt es für die neuen und zentralen Komplexe, wie etwa CAD/CAM, nicht einen einzigen Betriebsrat, der darauf spezialisiert ist. Wenn man sich das Zeitbudget von Betriebsräten ansieht, dann nimmt die Beschäftigung mit den neuen Technologien noch nicht einmal fünf Prozent in Anspruch. Und wenn man zusätzlich die qualifikatorischen Voraussetzungen bei normalen Betriebsräten einbezieht, sieht man, daß jedwede Voraussetzung fehlt, einen solchen Gestaltungsanspruch umzusetzen.

Daraus folgt drittens: Die Betriebsräte können nicht alles allein machen; sie brauchen Experten. Doch wo finden sie die? Es gibt, zugestanden, eine schmale Decke von gewerkschaftlicher Technologieberatung regional und zentral in Frankfurt. Aber wenn man allein die Anzahl der Maschinenbaubetriebe diesem Personenkreis gegenüberstellt, wird das extreme Mißverhältnis deutlich. Und die Voraussetzungen, Sachverständige auf Kosten des Unternehmens in Anspruch zu nehmen, sind denkbar schlecht und werden deshalb kaum genutzt.

Das Verhältnis Betriebsräte/Beschäftigte bildet den vierten Punkt: Ich glaube, daß man nicht die Augen davor verschließen kann, daß, je komplexer und anspruchsvoller Technologien und tarifpolitische Regelungen werden, um so mehr auch die Trennung zwischen Betriebsräten und Beschäftigten wächst. Die Betriebsräte haben es immer schwerer, bei diesen komplexen Systemfragen zu mobilisieren, ihre Meinung deutlich zu machen und dazu zu kommen, daß die Beschäftigten mitziehen. Daher halte ich den Ansatz »Qualifizierungs- und Mitbestimmungszeit in der Arbeitszeit« für entscheidend, um im Betrieb Raum zu schaffen, damit die Betriebsräte zusammen mit den Beschäftigten diesen Komplex kompetent erfassen können.

Als weitere Voraussetzung für »Versuch und Irrtum« habe ich das »Zulassen« genannt. Dies ist die Frage an die IG Metall, inwieweit betriebliche Gestaltungspolitik offen für betriebsspezifische Regelungen ist. Jeder Betriebsrat bildet sich seine Meinung, diskutiert im Betrieb und mit Experten, beteiligt sich an einer betrieblichen Lösung oder kämpft für seine Alternative. Die IG Metall unterstützt das und ist nicht sofort von dem Mißtrauen geprägt, daß ihre Betriebsräte nur überspielt werden könnten. Jeder Betriebsrat soll selbständig und aktiv regeln und abschließend die Ergebnisse bewerten. An diesen Formulierungen kann man schon sehen, daß dies eine Umkehrung bisheriger Verhältnisse verlangt. Bisher haben Betriebsräte auf Vorgaben gewartet, seien es tarifpolitische Regelungen, seien es Musterbetriebsvereinbarungen – oft vergeblich.

Diesen Prozeß vielfältiger, dezentraler Gestaltungsversuche müßte man schließlich »organisieren«. Die IG Metall kann ihn nicht einfach freigeben. Wie wäre es vorstellbar, exemplarische Anstöße für solche betrieblichen Regelungen zu geben? Wie könnte man die Erfahrungen, die jetzt betrieblich gemacht worden sind, zusammenbringen, diskutieren, auswerten und dann aufgrund dieser betrieblichen Erfahrungen – also umgekehrt als bisher vorgegangen wurde – einen gewerkschaftspolitischen Pfad festlegen und sagen: Das sind für uns die Mindestbedingungen – zum Beispiel für betrieblichen BDE-Einsatz. Aber die Betriebsräte sollten betrieblich eine ganze Menge selber machen, und das soll auch aktiv, eigenständig und eigenverantwortlich geschehen.

Die Freigabe und die Aktivierung dieses betrieblichen Politikfeldes ist eigentlich die einzige Chance für die Gewerkschaften, überhaupt mit diesem ungeheuren Komplex von technologischer Erneuerung und auch machtpolitischer Umwälzung Schritt zu halten.

Prof. Dr. Alexander Wittkowsky, Universität Bremen

Willy Bierter hat argumentiert, ein möglicher Zukunftsentwurf – die demokratische Technikkultur – sei durch Konsens über eine »Pluralität der Werte« zu erreichen. Dabei erinnere ich mich, daß wir die Auseinandersetzung über den Sinn, aber auch die Gefährlichkeit dieser pluralistischen Vorstellungen eigentlich noch vor wenigen Jahren sehr heftig geführt haben, und zwar aus der Einschätzung heraus, daß – heute zumindest – Pluralität meistens von jenen gefordert wird, die damit ihre wahren Absichten verschleiern wollen. Deswegen frage ich mich, wie wir die Pluralität der Werte im Sinne dessen, was Willy Bierter gesagt hat, umsetzen können, ohne zu einer neuerlichen Flexibilisierung des Kapitalismus, denn das wäre nämlich die naheliegende Wirkung, zu kommen, sondern zu einer alternativen demokratischen Technikkultur.

Experimentierklausel in der IG Metall

Wir müßten uns eigentlich einmal fragen, ob man deutschen Arbeitnehmern zumuten kann, folgenden Sachverhalt zu Ende zu denken: Wenn wir weitermachen wie bisher, dann gründet unser Wohlstand, ganz gleich, wie er jetzt verteilt ist, darauf, daß wir in einem intensiven Maße die Rohstoffe der Dritten Welt ausbeuten.

Wenn man in diesen Kreislauf zugunsten der Dritten Welt – und das wäre ein anderes Prinzip von Solidarität, über das wir heute gesprochen haben – eingreifen würde, müßte das zu ganz massiven Veränderungen des Konsumverhaltens in der Bundesrepublik führen. Ich möchte wissen, und dies scheint mir eine wichtige Bedingung zur Durchsetzung solcher Zukunftsprojekte oder -perspektiven zu sein, ob wir uns heute zutrauen, so etwas vor allem auch Arbeitnehmern zu vermitteln.

Es gibt eine Reihe von Versuchen, wenigstens ansatzweise zu Umstrukturierungen zu gelangen. Ich möchte an ein Beispiel aus Bremen erinnern. Es gibt dort die berühmte AN, eine »Pleitefirma«, die von der Belegschaft übernommen worden ist, eine kleine Maschinenfabrik, die nun verzweifelt seit vier Jahren versucht, auf die Beine zu kommen. Ich habe dort die Erfahrung gemacht, daß es aus der Gewerkschaft viel Sympathie für dieses Experiment gegeben hat, aber aus einer ganzen Reihe von Strukturgründen die Organisation sich mit dieser Sache nicht anfreunden kann. Und ich kann auch die Argumente gut nachvollziehen (etwa reicht es dort nur zu relativ niedrigen Löhnen).

Aber ich frage mich, ob es nicht möglich ist, bei allen Vorbehalten und Lernprozessen, die erst noch geleistet werden müssen, auch der IG Metall so etwas wie eine »Experimentierklausel« zu verordnen, um im Bereich der metallverarbeitenden Industrie, dort, wo eigentlich mit mehr oder minder konventionellen Methoden gearbeitet wird oder werden muß, zunächst Experimente zuzulassen.

Bedauerlicherweise eignen sich eben »Pleitebetriebe« ganz besonders dafür. Ich habe allerdings bei Untersuchungen feststellen müssen, daß der sogenannte Alternativsektor, der heute nach verschiedenen Schätzungen schon rund 100 000 Arbeitsplätze innehat, im metallverarbeitenden Bereich außerordentlich klein ist; interessanterweise, obwohl gerade in diesem Alternativsektor viel von Windenergie und Solarenergie geredet wird, also Techniken, in denen Metallverarbeitung eine nicht unwichtige Rolle spielt.

Zusammenfassung

Franz Steinkühler

Ich bin dankbar für die von *Frieder Naschold* geäußerte Kritik an schlampigen Formulierungen meinerseits, weil ich eigentlich ein Anhänger präziser Formulierungen bin. Wenn ich von Alternativwissenschaft gesprochen habe, meinte ich nicht Alternativkultur, sondern eine Wissenschaft, mit deren Hilfe Alternativen zu den im Betrieb entstehenden Zwängen aufgebaut werden könnten – ganz einfach gute normale Forschung. Wir wissen auch aus vielen Kontakten, daß Forschungs- und Entwicklungsingenieure in den Betrieben bei den vielen Zwängen, unter denen sie arbeiten, nicht gerade glücklich sind, daß sie oftmals geradezu dankbar sind, wenn ihnen bei uns Plattformen angeboten werden, auf denen sie an unseren Alternativen mitarbeiten können.

Ich darf dabei auf ein Problem hinweisen, das zunehmend relevant wird: Großbetriebe lagern ihre Forschungs- und Entwicklungstätigkeiten zunehmend in Betriebe aus, die unserem Organisationsbereich nicht mehr zugänglich sind, wie Hochschulen und Forschungseinrichtungen, etwa das Fraunhofer-Institut oder das Max-Planck-Institut. Es wäre für uns manchmal wesentlich hilfreicher, wenn sie in unserem Zuständigkeitsbereich lägen, weil wir dann auch die Chance hätten, den Arbeitnehmern, die dort arbeiten, die Ergebnisse ihrer Arbeit näher vor Augen zu führen. Aber dies ist ein Problem, das in der DGB-Struktur liegt. Wir müssen Wege finden, die Reibungsverluste, die da noch auftauchen, aufzuheben.

Eckart Hildebrandt hat das Wort aufgenommen von »Versuch und Irrtum«. Ich meinte mit diesem Begriff, daß es Technologien gibt, die den Irrtum schlicht nicht zulassen, weil er irreversibel wäre. Versuch und Irrtum ist auch gewerkschaftliche tägliche Praxis. In der Frage Arbeitszeitflexibilisierung und in der Frage Qualitätszirkel haben wir in der Tat ein paar Lernprozesse durchgemacht. Und manchmal verpaßt man ja auch gute Einwirkungsmöglichkeiten, wenn man sich zu lange gegen

Entwicklungen sperrt, anstatt früh genug zu formulieren, was denn seine eigenen Anforderungen, seine eigenen Ansprüche wären, um Maßstäbe für Entwicklungen setzen zu können.

Ein ganz anderer Punkt ist die Freigabe von betrieblichen Regelungen. Da darf ich darauf hinweisen, daß die Tarifpolitik der IG Metall in den letzten zehn Jahren nicht dem eigenen Triebe, doch oftmals der Not gehorchend, sich sehr gewandelt hat. Vor zehn Jahren noch sahen unsere Tarifverträge aus wie das Kursbuch der Bundesbahn, wo jeder ablesen konnte, wann, um wieviel Uhr, auf welchem Bahnsteig, in welcher Richtung der Zug abfährt.

Die Tarifverträge dieser Art verlieren zunehmend ihre Prägekraft auf Arbeitsbedingungen, ihre Prägekraft auf die individuelle Leistungshergabe. Das hat objektive Gründe: Die Laufzeit von Tarifverträgen, die Arbeitsbedingungen regeln, sind im allgemeinen länger als die Laufzeit von Lohntarifverträgen. Das könnte man ändern. Aber die Verhandlungsdauer von solchen Tarifverträgen ist weitaus langsamer als die Innovationsgeschwindigkeit, die die Arbeitsbedingungen verändert. Von daher sind die Gewerkschaften gezwungen, Tarifvertragsstrukturen zu entwickeln, die den Betriebsräten nicht nur ein hohes Maß von Gestaltungsmöglichkeiten einräumen, sondern – so wird es von Betriebsräten manchmal empfunden –, auch ein hohes Maß von Gestaltungszwängen auferlegen. Es gibt in unserer Organisation durchaus Diskussionen in der Richtung, daß die Qualität der Tarifverträge schlechter würde, weil Betriebsräte zunehmend alles im Betrieb regeln müssen. Aus diesem Konflikt kommen wir nicht heraus. Tarifverträge, die Arbeitsgestaltung und -organisation regeln, werden zunehmend den Charakter annehmen, daß Rahmenbedingungen geregelt werden, die dann in konkreten betrieblichen Verhandlungen unter Beachtung der höchst unterschiedlichen betrieblichen Bedingungen ausgestaltet werden müssen. Es müssen allerdings mehr als bislang Sicherungen eingebaut werden, mit denen die fehlende Einigung der Betriebsparteien dann nicht durch betriebsfremde Einigungsstellen ersetzt werden kann. Für den Fall der Nichteinigung müssen Tarifnormen gelten, die allgemeiner sind, als es den Notwendigkeiten im Betrieb entspricht.

Ich bin hin- und hergerissen von der Aussage, daß sich die IG Metall auch eine Experimentierphase in der Weise verordnen sollte, wie das mit dem Beispiel der »Pleitebetriebe« gezeigt worden ist. Ich möchte im Moment weder zustimmen noch widersprechen, sondern Gelegenheit haben, darüber nochmals nachzudenken. Ich glaube, daß es viel lohnender wäre, einen Ansatz zur Experimentierphase in dem Sinne, wie es dargestellt wurde, nicht in solchen »Pleitebetrieben« zu suchen, wo die Chancen fürs Experimentieren fehlen, sondern in gutgehenden Betrieben. Dort kann man, wenn man unsere Vorstellungen tragfähig machen könnte, in den Köpfen der Beschäftigten wesentlich erfolgversprechender experimentieren. Auf diesem Pfad bewegen wir uns, und es gab Diskussionsbeiträge, die deutlich gemacht haben: Dies geschieht nicht ohne Erfolg. Natürlich sind es noch keine Beispiele, die in der Breite sichtbar sind, aber es sind Einzelbeispiele, die exemplarisch zeigen, daß sie übertragbar sind. Sie können belegen, daß es Modelle gibt, für die es lohnt, sich einzusetzen.

Rheinhausen ist ein heißes Kapitel, und man wird noch eine Entspannungsphase brauchen, bis man mit weniger Emotionen darüber reden kann, was falsch und was richtig gemacht worden ist. Das Ergebnis der Auseinandersetzungen hätte vielleicht anders ausgesehen, wenn man, bevor Handlungsbedarf entstand, bereits mit Gestaltungsalternativen im Betrieb aufgetreten wäre. Das ist nur eine Annahme, die sicherlich angreifbar, dabei aber auch diskussionswürdig ist. Die Vorgänge in Rheinhausen und die Beiträge der IG Metall zur öffentlichen Diskussion in der Krisenbranche Stahlindustrie machen deutlich, daß sich in der IG Metall generell manche Strukturen der Politik ändern. Wir sind stets darauf angewiesen, daß unsere guten Ideen in den Köpfen derer, für die wir Ideen entwickeln, auch zum Tragen kommen. Wenn wir nicht in der Lage sind, mit unseren guten Ideen Massen zu bewegen, setzen wir sie nicht durch; da es manchmal sehr schwierig ist, rechtzeitig gute Ideen tragfähig zu machen, sind wir auch manchmal mit der praktischen Gestaltung etwas im Hintertreffen. Dazu kommt, daß die Struktur gewerkschaftlicher Handlungen in der Vergangenheit mehr als heute darauf angelegt war, auf von anderen gesetzte Fakten zu reagieren. Das war die Struktur der Gewerkschaftsbewegung generell. Wir müssen zunehmend dahin kommen, nicht nur zu reagieren, sondern mittels eigener Strategien dafür sorgen, daß die Arbeitgeber auf unsere gestalterischen Ideen zu reagieren haben.

II.
Technik und Arbeit

Bleibt der Mensch?
Die Zukunft der Arbeit aus der Sicht des Ingenieurs

Günter Seliger*

Thesen und Fragen zur Gestaltung von Arbeit und Technik

- Eine Grenze der Demokratie liegt in der Vermittelbarkeit.
- Arbeit soll menschliche Kompetenz und Kommunikationsfähigkeit entfalten.
- Arbeit ist Erwerbstätigkeit und Eigenarbeit.
- Es gibt körperliche und geistige Arbeit, und vielleicht sollte man das nicht sehr scharf trennen.
- Arbeitsteilung kann soziale Kompetenz beeinträchtigen.
- Kunst ist auch Arbeit.
- Handwerkliche Arbeit ist ganzheitlich und oft mengenmäßig nicht sehr produktiv.
- Produktionstechnische Mechanisierung hat Arbeitsteilung erhöht, um Produktivität zu steigern.
- Wären auch andere Pfade produktionstechnischer Mechanisierung möglich gewesen?
- Produktionstechnische Automatisierung baut ausführende Arbeit am Prozeß ab.
- Automatisierung erfordert ein ganzheitliches Prozeßverständnis.
- Investition in Qualifikation wird zur Unternehmensstrategie.

---

* Prof. Dr. Günter Seliger, unter Mitwirkung der Dipl.-Ing. Kai Martins, Burkhard Schallock und Wolfram Süssenguth, alle Fraunhofer-Institut für Produktionsanlagen und Konstruktionstechnik (IPK) der TU Berlin

- Es gibt viele unterschiedliche Pfade produktionstechnischer Automatisierung.
- Innovationen in Produkt, Prozeß und Organisation schaffen Freiräume für Gestaltung von Arbeit und Technik.
- Starre formale Strukturen in Unternehmen und Verbänden behindern, informelle Zusammenarbeit und Initiative unterstützen die allseitige Entfaltung menschlicher Fähigkeiten.
- Technische Potentiale dürfen nicht ungebremst, sondern müssen, an ihren Anwendungsmöglichkeiten und -risiken gemessen, entfaltet werden.
- Cooley bewertet Produktinnovation nach Energieeinsparung, Materialeinsparung und Entfaltung menschlicher Fähigkeiten.
- Der Handlungsraum des Ingenieurs ist oft durch Effizienz- und Kostenkriterien begrenzt.
- Marketingorientierte Unternehmensstrategien und staatliche Bürokratien tendieren dazu, Innovationen zu propagieren, ehe ihr Wert über Gebrauchserfahrungen vermittelt ist.
- Mündige Betriebsbürger erarbeiten ein lösungsneutrales Anforderungsprofil aus Benutzersicht, ehe sie eine Investitionsentscheidung fällen.
- Nur qualifizierte Mitarbeiter können den immer rascheren Innovationsprozeß bewältigen.
- Können alle Mitarbeiter Innovationsprozesse mitgestalten?
- Gewerkschaften sollten mehr Szenarien entwickeln, um Chancen und Risiken zu erkennen und zu vermitteln.
- Kann man vielfältige unternehmerische Initiativen mit gewerkschaftlicher Solidarität vereinbaren?
- Das Erwerbsarbeitsvolumen als Zielgröße der Vollbeschäftigung muß bei Besinnung auf die Nützlichkeit der hergestellten Produkte, die Ökologie der Ökonomie und die allseitige Entfaltung menschlicher Persönlichkeit in Frage gestellt werden.
- Kann CIM nicht Perestroika sein?

Einleitung

Produktionstechnische Entwicklung vollzieht sich im Spannungsfeld zwischen den Funktionsanforderungen industriell betriebener Produktionsprozesse und dem Gestaltungspotential sozialer und technologischer Innovationen. Die Güte der unternehmerischen Entscheidung wächst mit der Anzahl von relevanten Gestaltungsalternativen, die im Planungsprozeß berücksichtigt werden können.

Bei immer kürzeren Innovationszyklen von Produkten und Prozessen gewinnt die Stärkung von Kreativität und Kompetenz der Mitarbeiter zunehmende Bedeutung für die Arbeitsorganisation in den Unternehmen. Produktionssysteme sind als soziotechnische Systeme zu begreifen und zu planen (Bild 1).

Die Informationstechnik stellt ein Potential dar, neue Fabrikstrukturen zu planen, zu gestalten und zu steuern. Dabei erweisen sich traditionelle arbeitsteilige Organisationsstrukturen zunehmend als kontraproduktiv. Eine CIM-orientierte Unternehmensführung sollte deshalb die organisatorischen und qualifikatorischen Entwicklungsmöglichkeiten nutzen, um die informationstechnischen Potentiale zu erschließen.

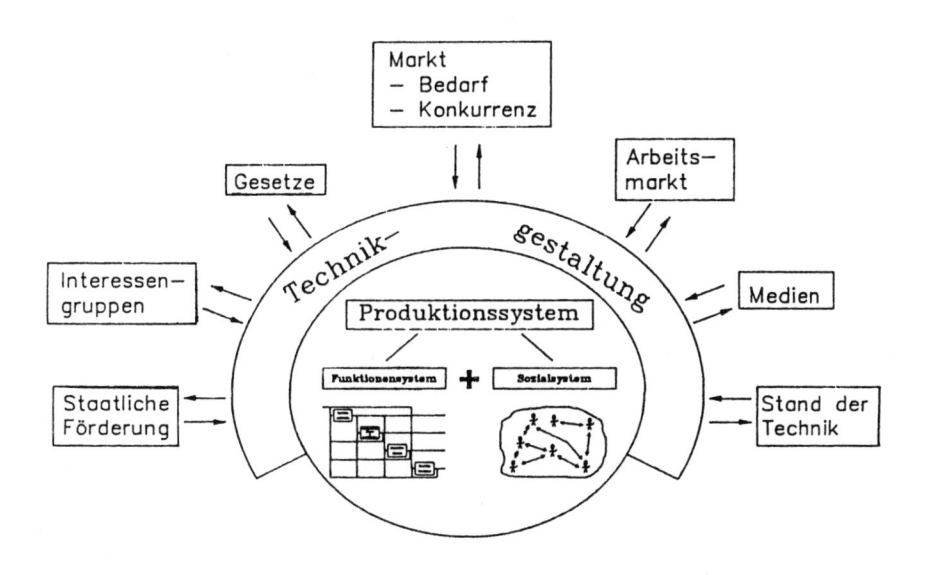

Bild 1: Gestaltungsrahmen von Produktionssystemen

Informationstechnische Potentiale

Die Basisinnovation der Informationstechnik hat die Produktivität erhöht und die Möglichkeiten, Betriebsmittel zu gestalten, erweitert. Komplexität und Kapitalintensität moderner Produktionssysteme erfordern, den Produktionsablauf vor seiner Ausführung und Produktionsanlagen vor ihrer Auslegung nach technischen, sozialen und wirtschaftlichen Gesichtspunkten zu planen. Dabei werden zunehmend rechnergestützte Verfahren benutzt, mit denen Struktur und Verhalten eines Produktionsabschnitts beschrieben, analysiert und modelliert werden können.

Traditionelle betriebliche Strukturen sind durch ein hohes Maß an Arbeitsteilung gekennzeichnet. Bild 2 zeigt, wie mit zunehmender Betriebsgröße Aufgaben in verschiedenen Abteilungen durchgeführt werden.

Die Arbeitsteilung führt einerseits zu einer hohen Effizienz bei der Durchführung der Teilfunktionen und andererseits zu vielen Schnittstellen, die den Ablauf hemmen können. Die informationstechnische Aufgabenintegration in den Unternehmen ermöglicht
- den Austausch von mehr Daten zwischen mehr Stellen,
- die frühestmögliche Berücksichtigung aller Einflußgrößen zur optimalen Funktionserfüllung,
- Die Verringerung der Organisationsfunktionen,
- die Verringerung der Kommunikationsschnittstellen und
- die Komplettbearbeitung von Information.

Zur Erfassung von betrieblichen Funktionsabläufen wurde am Produktionstechnischen Zentrum in Berlin ein funktionales Referenzmodell der industriellen Produktion entwickelt. Wesentliche Anforderung war eine weitgehende Unabhängigkeit des Modells von der Ausprägung verschiedener Betriebsmerkmale wie Anwenderbranche, Herstellerbranche, Fertigungsstückzahl und Produktkomplexität. Es wird eine Gliederung in sieben Hauptfunktionen gewählt (Bild 3):
- Vertrieb und Kundendienst,
- Produktionsprogrammplanung,
- Entwicklung und Konstruktion,
- Fertigungsplanung,
- Betriebsmittelerstellung,

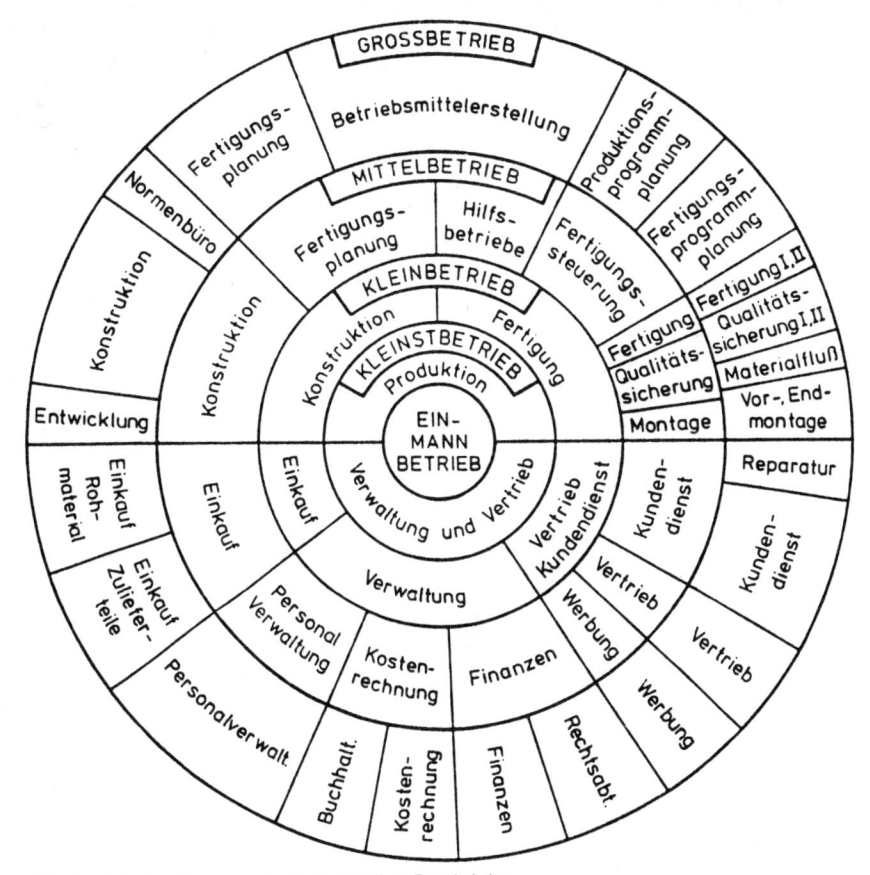

Bild 2: Arbeitsteilung in der industriellen Produktion

- Fertigungsprogrammplanung,
- Fertigung steuern und überwachen.

Funktionsbereiche, die heute schon mittels Software teilweise integriert werden, sind

- Produktionsplanung und -steuerung (PPS),
- Konstruktion und Arbeitsplanung (CAD/CAM),
- Betriebsdatenerfassung (BDE) und
- Werkstattprogrammierung von NC-Maschinen.

In Abhängigkeit von der jeweiligen Ausprägung des industriellen Her-

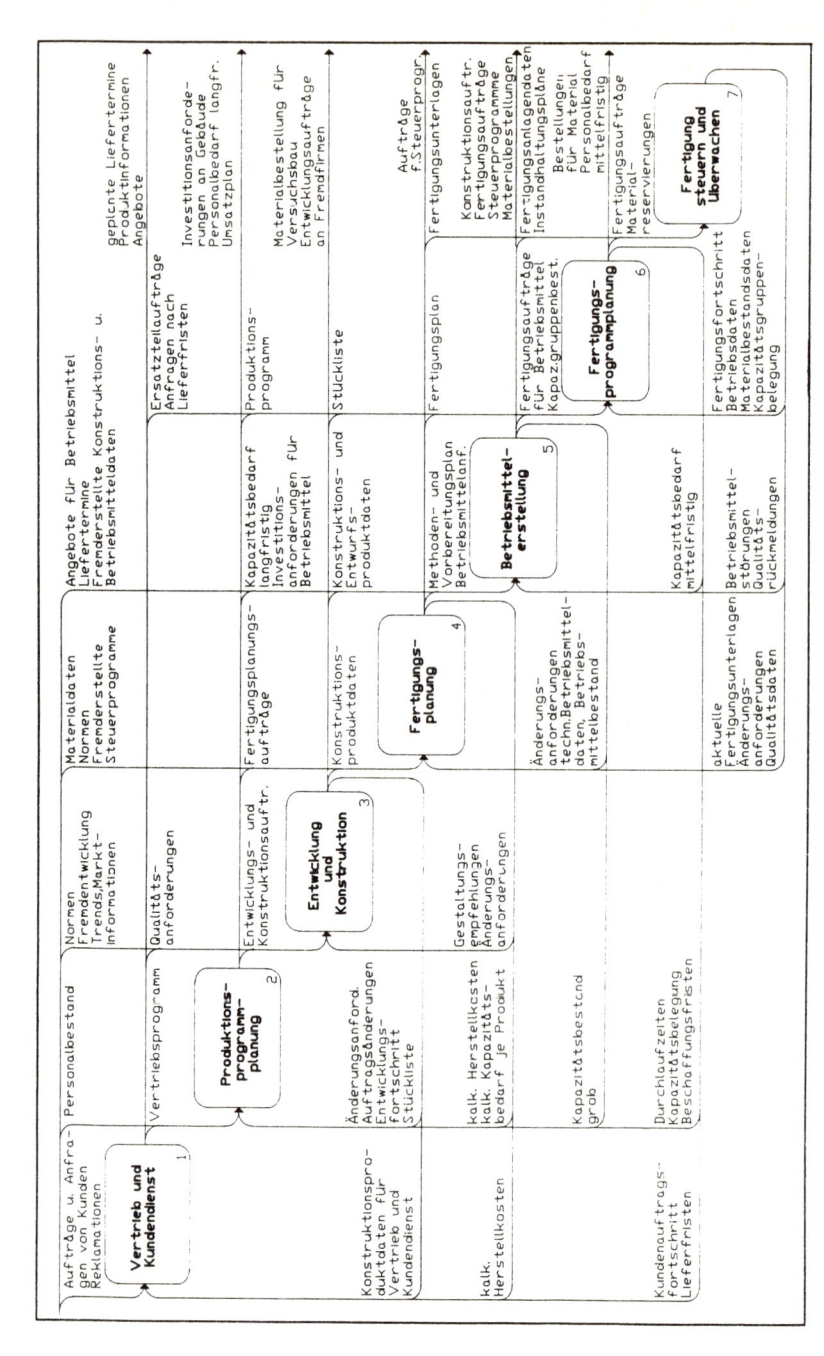

Bild 3: Funktionales Referenzmodell der industriellen Produktion

stellungsprozesses lassen sich Funktionsbereiche mit hohem Integrationspotential im Referenzmodell darstellen (Bild 4).

- Zur Verkürzung der Entwicklungszeiten neuer Produkte sind die fertigungsgünstige Konstruktion sowie die simultane Planung von Produkt und Betriebsmittel Ziele, die durch Intergration von Konstruktion, Fertigungsplanung und Betriebsmittelerstellung erreicht werden können.
- Die Verkürzung der Auftragsdurchlaufzeit kann durch eine Integration aller Systeme, die Mengen und Zeiten steuern, erreicht werden.

Die in einem Fabrikbetrieb verarbeiteten Daten sind heute den Datenhaltungssystemen der einzelnen EDV-Anwendungen zugeordnet. Eine integrierte Informationsverarbeitung erfordert jedoch eine objektbezogene Datenhaltung. Eine Analyse der Funktionen der industriellen Produktion liefert dafür Kriterien. Bild 5 ordnet die einzelnen Hauptfunktionen drei wesentlichen Aspekten der Produktion zu:

Was soll produziert werden? = Produktaspekt

Wann soll was in welcher
Menge produziert werden? = Zeit- und Mengenaspekt

Womit soll produziert werden? = Kapazitätsaspekt

So tragen die Funktionen Entwicklung und Konstruktion primär dem Produktaspekt Rechnung, dort wird das Produkt zunächst unabhängig von Zeit-, Mengen- und Kapazitätsgesichtspunkten gestaltet. Vertrieb und Kundendienst sowie die Fertigungsplanung üben zusätzlich einen gestaltenden Einfluß aus, während in der Fertigung die in Datenform gespeicherte Geometrie in ein reales Produkt umgesetzt wird.

In den Funktionen Produktionsprogramm- und Fertigungsprogrammplanung wird bestimmt, was zu welcher Zeit in welchen Stückzahlen produziert wird, der Vertrieb liefert dazu wichtige Eingangsgrößen, die Fertigung setzt die entstandenen Pläne um.

In der Betriebsmittelerstellung wird festgelegt, wie die Produktionsanlagen zu gestalten sind. Die Fertigungsplanung bestimmt, mit welchen technologischen Verfahren und auf welchen Anlagen produziert wird. Auf der Prozeßebene werden informationstechnische Systeme verwendet, um die Fertigung nach den dispositiven und technologischen Vorgaben operativ zu steuern und zu überwachen.

Die den drei Aspekten zuzuordnenden Daten und Funktionen können zunächst als voneinander unabhängig angesehen werden. Beispielsweise sind für die Fertigungssteuerung die Produktgestalt und die Be-

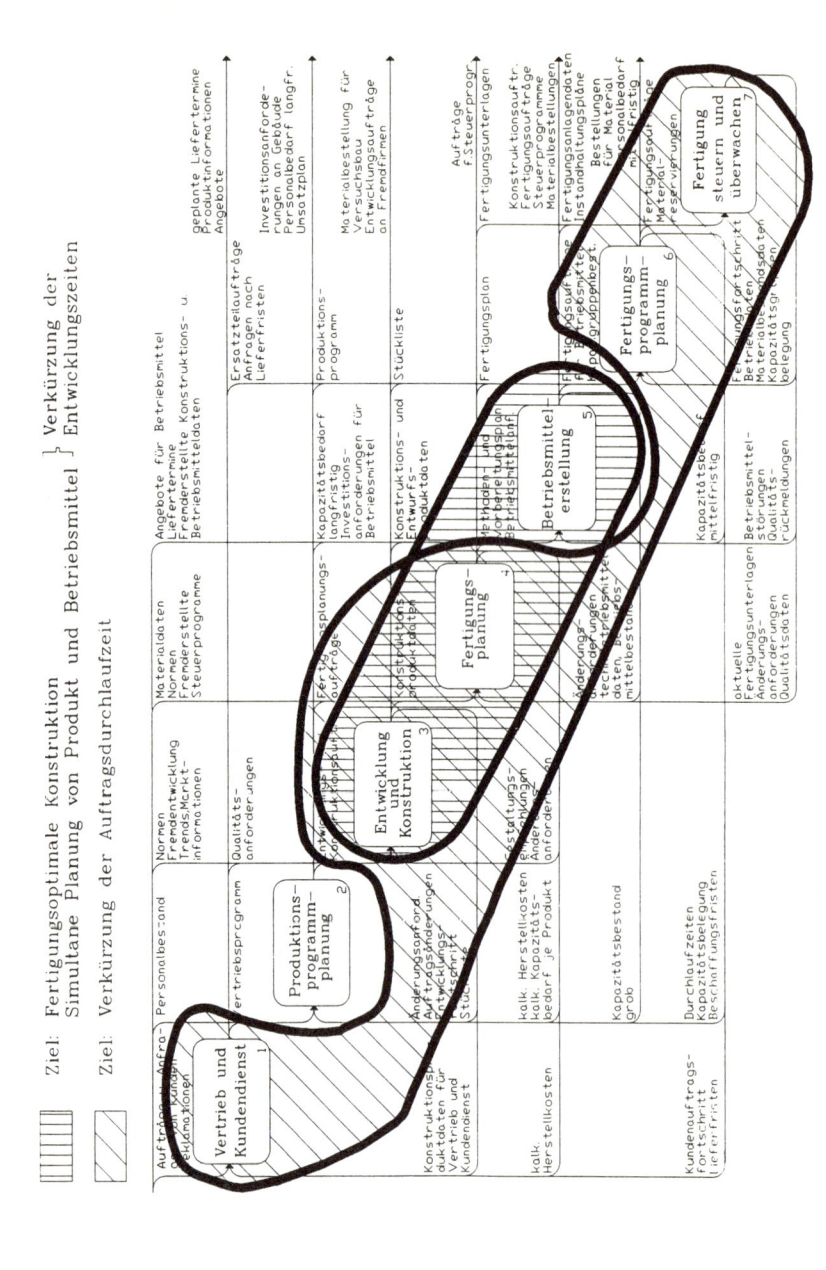

Bild 4: Funktionsbereiche mit hohem Integrationspotential

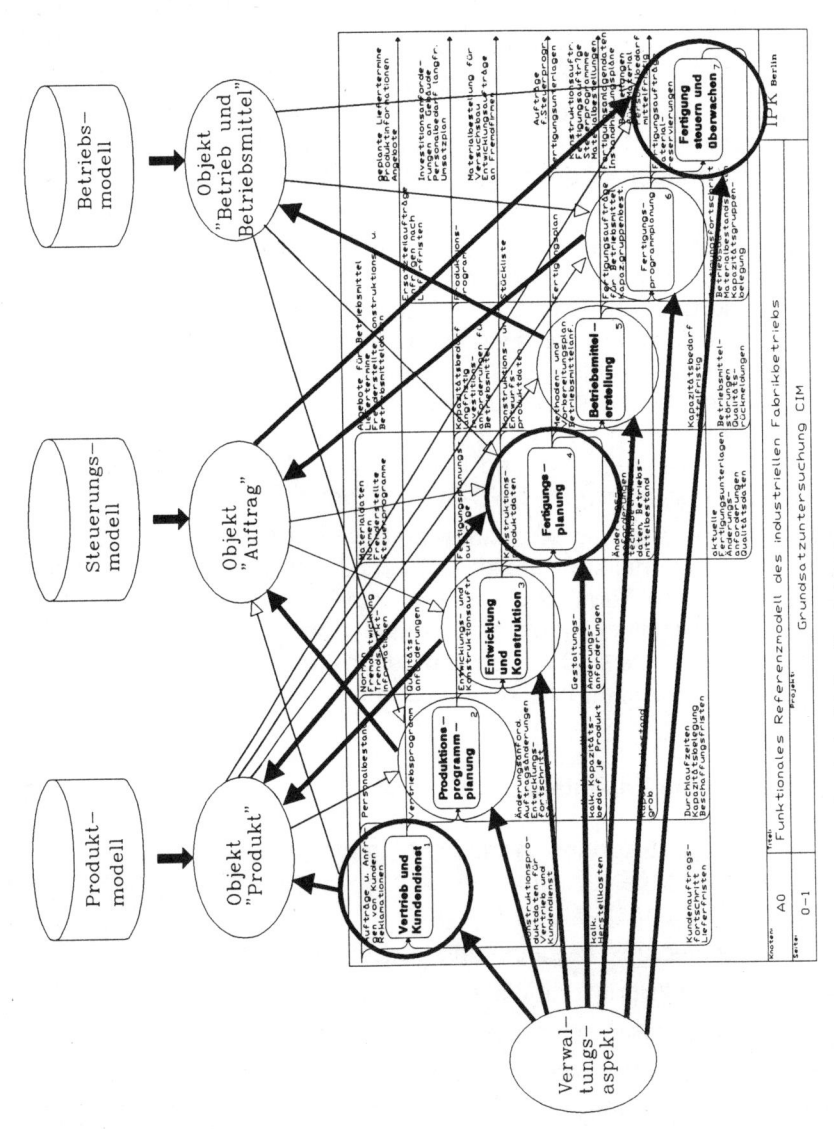

Bild 5: Datenverarbeitungsaspekte industrieller Produktion

triebsmittel feste Eingangsgrößen, umgekehrt erfolgt die Gestaltung von Produkten und Fertigungsanlagen häufig ohne konkrete Kenntnisse, wann was in welcher Menge produziert wird. Die Modelle werden als Produktmodell, Steuerungsmodell und Betriebsmodell bezeichnet.

Die parallele Ausführung der Funktionen durch viele verschiedene Funktionsträger und die Bewertung der Produktionsausführung, ihrer Hilfsmittel, der Rohstoffe, der Zwischen- und der Endprodukte in monetären Größen erfordert Verwaltungsmaßnahmen, die alle Hauptfunktionen durchdringen und hier durch einen Verwaltungsaspekt dargestellt sind.

Die funktionale Integration wird unterstützt durch CIM-Komponenten von Werkzeugmaschinen-, Rechner- und Steuerungsherstellern. Das Produktspektrum von Firmen aus diesen drei Gruppen erweitert sich zunehmend in Richtung der jeweils anderen Gruppe (Bild 6). Es werden Zellenrechner für flexible Fertigungssysteme angeboten, die Funktionen der Material- und Werkzeugverwaltung unterhalb der Werkstattsteuerung integrieren. Steuerungshersteller entwickeln Programmiergeräte mit CAD-Funktionen und Rechnerhersteller bieten neben NC-Programmiersystemen auch DNC-Systeme an.

Für den Anwender ist die wirtschaftliche Bewertung von CIM-Investitionen mit konventionellen Kriterien schwierig. Innovationszeiten, Qualitätsstandards und Termintreue müssen stark berücksichtigt und der Nutzen der Investition im Gesamtzusammenhang erfaßt werden. Als Ergebnis einer Studie sind Kosten und Zeiten konventioneller und rechnerintegrierter Produktentwicklung in Bild 7 dargestellt.

Qualifikatorische Potentiale

Komplexe Fragestellungen in industriell geprägten Volkswirtschaften lassen sich nicht mehr allein mit Antworten von Einzelwissenschaften lösen. Überdeckungen gibt es zwischen

– Produktionstechnik, Betriebs- und Wirtschaftswissenschaft,

– Informatik, Elektronik und Elektrotechnik sowie

– Grund-, Natur- und Humanwissenschaften.

Ein Synergieeffekt ist zu erwarten, wenn sich diese Wissenschaften gemeinsam der Stärkung von Produktivitätsfaktoren zuwenden oder durch Integration neue Wissensgebiete wie die Produktionsinformatik entstehen.

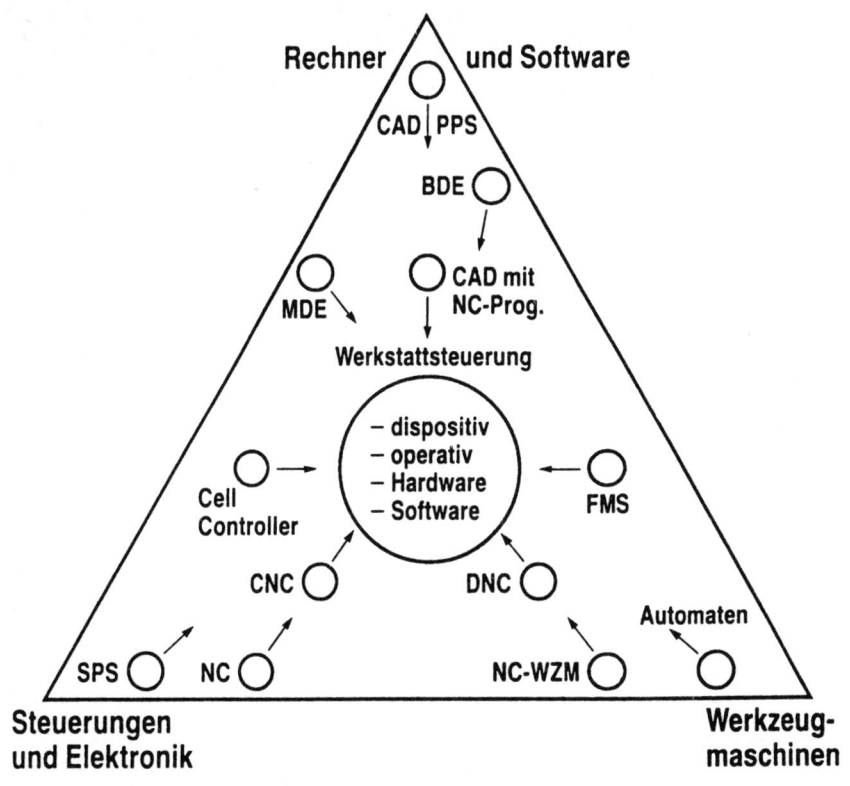

Bild 6: Entwicklung von CIM-Komponenten

Bei arbeitsteiligen Organisationsformen sind die Funktionen industrieller Produktion entsprechenden Abteilungen in den Unternehmen übertragen. Um die Potentiale rechnerintegrierter Produktion ausschöpfen zu können, ist eine ablauforientierte Funktionsintegration geboten. Interdisziplinäre Teams an Forschungseinrichtungen deuten an, wie die komplexen Aufgabenstellungen in der Fabrik der Zukunft bearbeitet werden können. In der produktionstechnischen Forschung ist die Integration von Maschinenbau-, Elektro-, Wirtschaftsingenieuren und Informatikern bereits erfolgt. Die Einbeziehung von Pädagogen und anderen Sozialwissenschaftlern wird in ersten Projekten erprobt. Es sollte gelingen, auf diesem Wege dem bisher weitgehend vernachlässigten Aspekt der Fabrik als Sozialsystem in Analyse und Gestaltung Rechnung zu tragen.

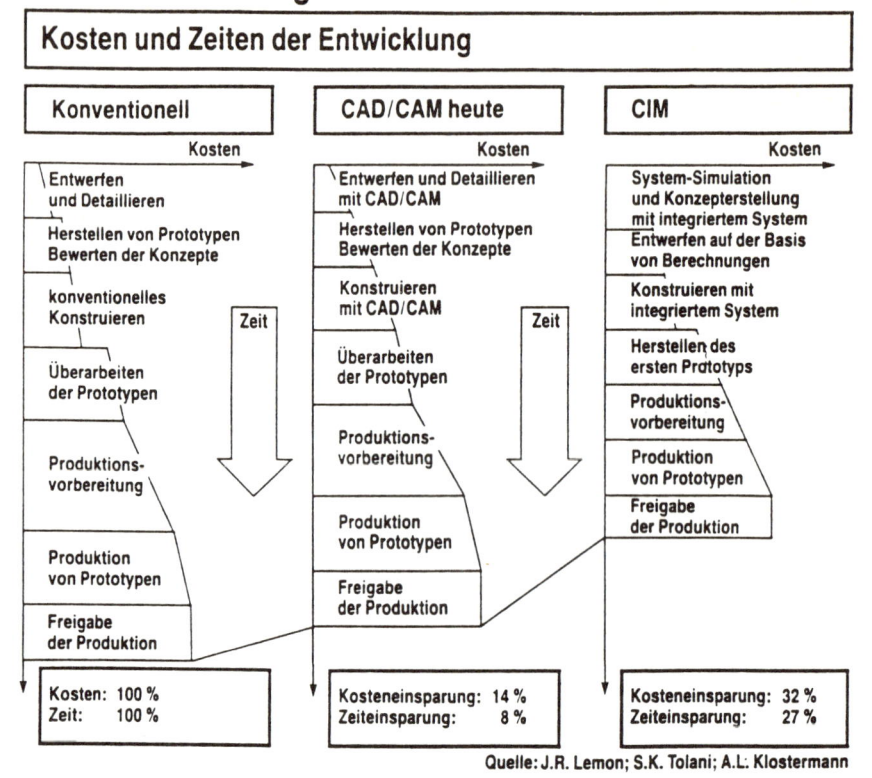

Vergleich konventioneller und rechnerintegrierter Produktentwicklung

Kosten und Zeiten der Entwicklung

Konventionell

Kosten →

- Entwerfen und Detaillieren
- Herstellen von Prototypen, Bewerten der Konzepte
- konventionelles Konstruieren
- Überarbeiten der Prototypen
- Produktionsvorbereitung
- Produktion von Prototypen
- Freigabe der Produktion

Zeit ↓

Kosten: 100 %
Zeit: 100 %

CAD/CAM heute

Kosten →

- Entwerfen und Detaillieren mit CAD/CAM
- Herstellen von Prototypen, Bewerten der Konzepte
- Konstruieren mit CAD/CAM
- Überarbeiten der Prototypen
- Produktionsvorbereitung
- Produktion von Prototypen
- Freigabe der Produktion

Zeit ↓

Kosteneinsparung: 14 %
Zeiteinsparung: 8 %

CIM

Kosten →

- System-Simulation und Konzepterstellung mit integriertem System
- Entwerfen auf der Basis von Berechnungen
- Konstruieren mit integriertem System
- Herstellen des ersten Prototyps
- Produktionsvorbereitung
- Produktion von Prototypen
- Freigabe der Produktion

Kosteneinsparung: 32 %
Zeiteinsparung: 27 %

Quelle: J.R. Lemon; S.K. Tolani; A.L. Klostermann

Bild 7: Vergleich konventioneller und rechnerintegrierter Produktentwicklung

Wie in der produktionstechnischen Forschung ist die Arbeitsteilung auch im Fabrikbetrieb in Frage zu stellen. Betrachtet man zum Beispiel die Arbeitselemente an automatisierten flexiblen Fertigungssystemen, so ergibt sich ein großer Gestaltungsspielraum bei der Zuordnung menschlicher Arbeitskraft. In Bild 8 ist der traditionellen arbeitsteiligen Organisation von Arbeitsfunktionen die Vorstellung der Arbeitsintegration durch eine *Systemmannschaft mit Universalqualifikation* gegenübergestellt. Eine solche Systemmannschaft hätte Dispositionsfreiheit im Rahmen des vorgegebenen Produktionsprogramms und wäre in ihrer Leistung als *Gruppe* am erzielten Produktionsergebnis zu bewerten. Durch Integration von Fertigungssteuerungs-, Arbeitsplanungs-, Rüst-,

Überwachungs- und Instandhaltungsfunktionen wird das Fertigungssystem zu einem dezentralen Verantwortungsbereich und Produktivitätszentrum innerhalb der Fabrik.

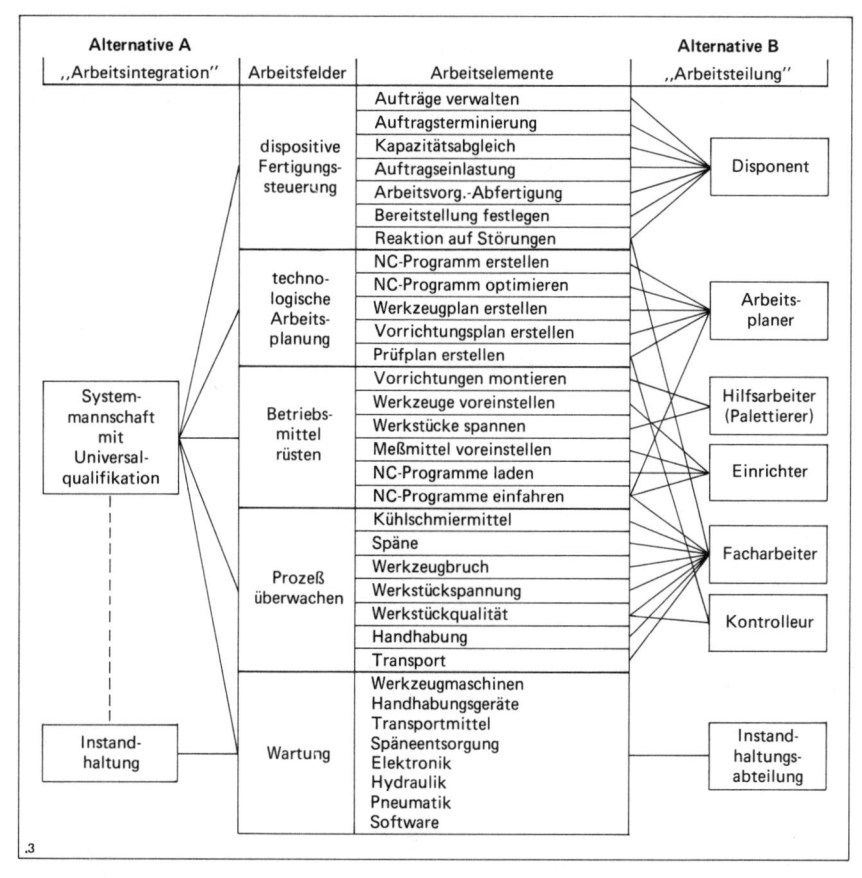

Alternative A "Arbeitsintegration"	Arbeitsfelder	Arbeitselemente	Alternative B "Arbeitsteilung"
Systemmannschaft mit Universalqualifikation	dispositive Fertigungssteuerung	Aufträge verwalten	Disponent
		Auftragsterminierung	
		Kapazitätsabgleich	
		Auftragseinlastung	
		Arbeitsvorg.-Abfertigung	
		Bereitstellung festlegen	
		Reaktion auf Störungen	
	technologische Arbeitsplanung	NC-Programm erstellen	Arbeitsplaner
		NC-Programm optimieren	
		Werkzeugplan erstellen	
		Vorrichtungsplan erstellen	
		Prüfplan erstellen	
	Betriebsmittel rüsten	Vorrichtungen montieren	Hilfsarbeiter (Palettierer)
		Werkzeuge voreinstellen	
		Werkstücke spannen	
		Meßmittel voreinstellen	Einrichter
		NC-Programme laden	
		NC-Programme einfahren	
	Prozeß überwachen	Kühlschmiermittel	Facharbeiter
		Späne	
		Werkzeugbruch	
		Werkstückspannung	
		Werkstückqualität	Kontrolleur
		Handhabung	
		Transport	
Instandhaltung	Wartung	Werkzeugmaschinen	Instandhaltungsabteilung
		Handhabungsgeräte	
		Transportmittel	
		Späneentsorgung	
		Elektronik	
		Hydraulik	
		Pneumatik	
		Software	

Bild 8: *Arbeitsorganisatorische Gestaltungsalternativen bei automatisierten flexiblen Fertigungssystemen*

Entwicklungstendenzen im internationalen Vergleich

Weltweit werden heute Funktionen im Fabrikbetrieb durch Informationstechnologie unterstützt. Eine Verfügbarkeit der Systeme ist in allen

Ländern gleichermaßen gegeben, jedoch in der Einführung, Anwendung und den dabei verfolgten Zielen bestehen Unterschiede zwischen USA, Japan und der Bundesrepublik (stellvertretend für die europäischen Länder).

In den USA kommen im Bereich der Produktentwicklung fast überall CAD-Systeme zur Anwendung, häufig sind es 2D-Systeme. Eine direkte Koppelung zu Arbeitsplanungssystemen (CAP) gibt es nur in bestimmten Branchen, so im Automobil- und Flugzeugbau. Die NC-Programmierung erfolgt nahezu ausschließlich zentral, Programmierung in der Werkstatt ist nicht üblich.

Dagegen ist die Werkstattprogrammierung in Japan weit verbreitet. Die CAD-Anwendung in Japan ist durch eine sehr geringe Systemvielfalt gekennzeichnet. Es kommen entweder 2D-Eigenentwicklungen der jeweiligen Firmen zum Einsatz oder ein System im Vertrieb eines großen Rechnerherstellers. Die CAD-Anwendung in der Bundesrepublik ist dagegen durch eine hohe Vielfalt an 2D- und 3D-Systemen gekennzeichnet; die NC-Programmierung erfolgt sowohl in der Werkstatt als auch zentral.

Im Bereich der Fertigungssteuerung ist wiederum in der Bundesrepublik die Systemvielfalt am größten, in Japan am geringsten; dort kommen überwiegend IBM-Produkte oder Modifikationen davon zum Einsatz. Auch die Berücksichtigung der Kapazitätssituation bei der Maschinenbelegung ist in der Bundesrepublik am weitesten fortgeschritten. In Japan stellt sich dieses Problem wegen häufig großzügig dimensionierter Kapazitäten nur selten. Eine Integration der PPS-Systeme zu anderen Systemen gibt es bislang auch in der Bundesrepublik nur vereinzelt.

Der Fertigungsbereich in den USA ist gekennzeichnet durch überdurchschnittlich viele flexible Transferstraßen, in Japan dagegen mehr durch flexible Fertigungssysteme und in der Bundesrepublik durch flexible Fertigungssysteme und Zellen besonders hoher Flexibilität. Auch ist in der Bundesrepublik die automatische Produktionsdatenerfassung relativ weit verbreitet. Hinsichtlich der Mitarbeiterqualifikation haben Japan und die Bundesrepublik im Gegensatz zu den USA ein hohes Niveau.

Im Büro- und administrativen Bereich ist die Automation in den USA am weitesten fortgeschritten, gefolgt von der Bundesrepublik. In Japan steht die Büroautomation aufgrund der vielen komplizierten Schriftzeichen erst am Anfang, auch die Arbeitsorganisation ist im Bürobereich häufig wenig effizient, so daß die Arbeitsproduktivität bezogen auf das Gesamtunternehmen niedriger als in der Bundesrepublik liegt.

Ausgehend vom unterschiedlichen Stand der Technik und dem unterschiedlichen Unternehmenszielen in den drei Ländern ergeben sich auch unterschiedliche Integrationsansätze. Steht als Unternehmensziel in der Bundesrepublik eine vergleichsweise langfristige Sicherung der Unternehmensgewinne im Vordergrund, so ist es in Japan das Ziel der Umsatzmaximierung und Marktbesetzung durch Stückzahlen, wobei auch kurzfristige Gewinneinbußen in Kauf genommen werden. In den USA steht die kurz- und mittelfristige Gewinnmaximierung im Vordergrund, woraus in der Regel kurzfristige Managementvorgaben abgeleitet werden.

Die Integrationsansätze in den USA liegen dementsprechend auch eher im planenden Bereich als im ausführenden Fertigungsbereich. Insbesondere die Gruppentechnologie als Planungs- und Integrationswerkzeug wird an vielen Stellen forciert.

Integrationsschwerpunkte in Japan liegen fast ausschließlich im Fertigungsbereich, daher wird dort auch häufiger von »Factory Automation« als von CIM gesprochen. Der Materialfluß zwischen diesen Teilsystemen der Fertigung erfolgt häufig automatisch. Eine Koppelung der hochautomatisierten Fertigungssysteme zu CAD- oder PPS-Systemen besteht nicht. Einzig die NC-Programmierung ist in Japan häufig in flexible Fertigungssysteme integriert.

In der Bundesrepublik wird eher der Fabrikbetrieb in seiner Gesamtheit als Gegenstand der Optimierung gesehen. Über eine das gesamte Unternehmen und seine Umgebung umfassende Top-Down-Analyse auf zunächst niedrigem Detaillierungsniveau lassen sich Integrationspotentiale erschließen und Vorstellungen über ein CIM-Globalkonzept entwickeln. Für ausgewählte, überschaubare Einzelprojekte kann dann Bottom-Up realisiert werden und parallel dazu das Gesamtkonzept unter Berücksichtigung der gemachten Erfahrungen weiterentwickelt werden.

Offene CIM-Architektur als Entwicklungsaufgabe

Das Konzept des Computer Integrated Manufacturing liegt in der informationstechnischen Integration aller Arbeitssysteme des Fabrikbetriebs. Neben einem funktionalen Modell als Basis für die Einführung einer rechnerintegrierten Produktion muß eine angemessene betriebliche Organisation entwickelt werden. Als informationstechnische Infrastruktur sind Netzwerke und Datenbanken zu implementieren, die einen redundanzfreien Datenaustausch der unterschiedlichen Anwendungsfunktionen ermöglichen. Es stellt sich die Entwicklungsaufgabe, informationstechnische Systeme so offen auszulegen, daß sie funktional, datentechnisch und physikalisch integrierbar sind. Anwender, Hersteller und Forschungsinstitute können durch Nutzung der Synergie-Effekte einer engen Zusammenarbeit gleichermaßen zur Lösung der Entwicklungsaufgaben beitragen.

Spaltung oder Solidarität?
Die Industrielandschaft im Jahr 2000

Volker Volkholz*

Vorbemerkung

In diesem Bericht werden zwei Zeitperspektiven ineinander geschoben: Einmal wird aus der Gegenwart in die Zukunft und zum anderen aus der Zukunft in die Gegenwart berichtet. Im Jahr 2050 ist eine Abhandlung der historischen Gewerkschaftskommission mit dem Titel erschienen: »Die Entwicklung der Industriegewerkschaft Metall von 1980 bis 2050 unter besonderer Berücksichtigung der Spaltungs- und Solidarisierungstendenzen der Arbeitnehmer im Übergang zum 21. Jahrhundert.« Aus diesem Bericht der historischen Gewerkschaftskommission wird wiederholt zitiert.

Eine wichtige Erfahrung bei dem Versuch, aus der Zukunft in die Gegenwart zu berichten, ist mitteilenswert: Wird in längeren Zeiträumen gedacht, so sind bei denselben unterstellten ökonomischen Entwicklungstendenzen, die ohnehin nur grob bekannt sein können, ganz unterschiedliche Entwicklungen der IG Metall vorstellbar – mit entsprechenden Rückwirkungen auf die soziale Situation der Arbeitnehmer.

Das liegt einfach daran, daß sowohl politische als auch subjektive Faktoren eine nicht zu unterschätzende Rolle spielen. Insofern gibt es mehrere Berichte aus der Zukunft in die Gegenwart. Deutlich wird dies an den unterschiedlich optimistischen Tonlagen der beiden Hauptabschnitte dieses Beitrags.

Thematisch erfolgt eine Konzentration auf das Verhältnis von Konkurrenz und Solidarität der Arbeitnehmer – wohl wissend, daß beide Sachverhalte wesentlich durch die Arbeitgeber und die Regierung mit strukturiert werden. Nur: Die Kritik an der anderen Seite ist die leichtere Übung. Erstaunlich schwierig hingegen ist, sich mit den eigenen

---

* Dr. Volkholz ist Geschäftsführer der Gesellschaft für Arbeitsschutz- und Humanisierungsforschung, Dortmund

Schwächen und Stärken realistisch auseinanderzusetzen. Auch dieser Beitrag ist nicht frei von diesem Problem.

Die Einsicht in die Notwendigkeit der Einheitsgewerkschaft hat wohl dazu beigetragen, daß die organisationspolitische Einheit mit der Einheit der Arbeitnehmer verwechselt worden ist. Die Solidarität der Arbeitnehmer aber ist keine selbstverständliche Verfügungsmasse – sie muß erarbeitet und erkämpft werden.

Der Bericht gliedert sich in zwei Hauptteile. Im ersten Teil wird dargestellt, was bei wahrscheinlicher Fortsetzung erkennbarer Entwicklungstendenzen passieren wird. Der zweite Teil erkundet neue, zusätzliche Potentiale der Solidarität der Arbeitnehmer und fragt nach den Bedingungen einer Nutzung. In einem kurzen Schlußkapitel werden die hieraus sich ergebenden Entwicklungsalternativen der IG Metall skizziert.

Argumentiert wird innerhalb der vorgegebenen Themenstellung, also in dem Dreieck von Industrielandschaft, Produktinnovation und Arbeitsplatzgestaltung. Das führt notwendigerweise zu Beschränkungen, die aber unvermeidlich sind. Schließlich sei noch an eine Selbstverständlichkeit erinnert: Aussagen über die Zukunft sind Hypothesen, also begründete Vermutungen. Sicherheit gibt es erst, wenn die Zukunft zur Vergangenheit geworden ist – nur gibt es dann auch keine Handlungs- und Beeinflussungsmöglichkeiten mehr.

Wahrscheinliche Strukturelemente der zukünftigen Industrielandschaft

Ausgangssituation: die pluralistische Industriestruktur der Bundesrepublik

Für die Bundesrepublik Deutschland ist eine pluralistische Industriestruktur charakteristisch; dies gilt insbesondere für die Metallwirtschaft. Hierunter ist zu verstehen:
- eine vielfältig differenzierte Produkt- und Branchenstruktur,
- die gleichzeitige Existenz von Groß-, Mittel- und Klein(st)serien bis zur Einzelfertigung,
- das Vorhandensein von Betrieben und Unternehmen unterschiedlichster Größenordnung,
- vielfältige Überlagerungen von Konkurrenz und Kooperation zwischen den verschiedensten Unternehmen,

– die Existenz unterschiedlicher, differenzierter Interessenlagen sowohl auf Arbeitgeber- als auch auf Arbeitnehmerseite.

Die vorgefundene Industriestruktur ist also mit einfachen Schlagworten nicht zu beschreiben: Für die Metallwirtschaft ist weder nur das Produktionskonzept der Massenproduktion noch das der Einzelfertigung charakteristisch; für sie ist weder nur die mittelständische Betriebsstruktur noch der Großbetrieb kennzeichnend.

Es treffen eben all diese Merkmale zu – und diese sind nicht beliebig austauschbar. In der sozialwissenschaftlichen Diskussion um neue Produktionskonzepte wird häufiger übersehen, daß diese unterschiedlichen Produktionsstrukturen in ihrer spezifischen Mischung auch voneinander abhängig sind. Was wird wohl aus der derzeit so hoch gelobten kleinbetrieblichen, flexibel und spezialisiert arbeitenden baden-württembergischen Industrie, wenn die Automobilindustrie dauerhaft schrumpfen sollte?

Bislang ist es gelungen, eine Ordnungspolitik der Koexistenz dieser Vielfalt durchzuhalten. Maßgeblichen Verdienst hieran haben auch die Tarifparteien, denen es gelang, in ihrem jeweiligen Lager unterschiedliche Interessenlagen auf einen hinreichend gemeinsamen Nenner zu bringen. Bedingung dieser *Binnenkoordinierung* von Interessen ist, daß beide Seiten an einem konsensfähigen Mindestmaß von einheitlichen Lösungen, insbesondere in Lohn-, Arbeitszeit- und Beschäftigungsfragen interessiert sind. Voraussetzung dieser Politik ist, daß beide Seiten aus einer Position der relativen Stärke verhandeln (können).

Diese pluralistische Industriestruktur wird nun – einschließlich ihres Ordnungsrahmens – zunehmend in Frage gestellt. Manchmal geschieht dies ziemlich gedankenlos: So machen viele Verfechter flexibler Lösungen sich nicht klar, daß Flexibilität ohne Ordnung notwendigerweise Chaos bedeutet. Entscheidender aber sind wohl die ökonomischen Entwicklungstendenzen. Einigen von ihnen ist im folgenden nachzugehen.

Die innovativen Branchen sind die Arbeitsplatzverlierer der Zukunft

Der Prognos AG sowie das Institut für Arbeitsmarkt- und Berufsforschung der Bundesanstalt für Arbeit[1] haben eine Studie zur Arbeitslandschaft 2000 vorgelegt. In insgesamt drei Varianten – basierend auf unterschiedlichen Annahmen über das zukünftige Wachstum und die erwartbare Arbeitszeitverkürzung – werden in bezug auf Branchen, Tätigkeiten, Technologie und Qualifikationen unterschiedliche Zukünfte

Übersicht 1:
**Entwicklung der Metallbranchen
Erwerbstätige in 1 000**

Branchen		1970	1980	1990	2000[1]
1.	Innovative Metallbranchen				
1.1	Maschinenbau	1 227	1 108	1 080	1 050
1.2	Büromaschinen, EDV	106	77	78	73
1.3	Straßenfahrzeugbau u. -reparatur	880	970	835	675
1.4	Elektrotechnik	1 204	1 124	1 031	1 026
1.5	Luft- und Raumfahrzeugbau	41	55	71	84
1.6	Feinmechanik, Optik etc.	212	241	240	266
1.7	Zwischensumme	3 670	3 575	3 335	3 174
2.	Altindustrielle Metallbranchen				
2.1	Eisenschaffende Industrie	376	309	252	215
2.2	NE-Metallerzeugung	107	77	57	44
2.3	Gießereien	159	125	108	106
2.4	Ziehereien, Stahlverformung	305	289	281	287
2.5	Stahlbau etc.	187	189	178	177
2.6	Schiffsbau	76	58	53	49
2.7	EBM-Industrie	407	348	310	288
2.8	Musikinstrumente etc.	106	96	82	77
2.9	Zwischensumme	1 723	1 491	1 321	1 243
3.	Metallindustrie ingesamt	5 393	5 066	4 656	4 417
4.	Verarbeitendes Gewerbe	10 658	9 005	8 013	7 516
5.	Erwerbstätige insgesamt	27 248	26 251	25 257	25 282
6.	Anteilswerte				
6.1	Anteil innovativer Metallbranchen an Metallindustrie gesamt	68,1	70,6	71,6	71,8
6.2	Anteil Metallindustrie am verarbeitenden Gewerbe	50,6	56,3	58,1	58,8
6.3	Anteil verarbeitendes Gewerbe an Erwerbstätigen insgesamt	39,1	34,3	31,7	29,7

Quelle: GfAH-Zusammenstellung nach Beitr. AB 42.7; S. 111, Nürnberg 1986

[1] mittlere Variante wirtschaftlichen Wachstums

der Arbeitslandschaft beschrieben. Für die mittlere Variante, die von einem jährlichen Wachstum von 2,5 Prozent ausgeht und die derzeit am wahrscheinlichsten einzustufen ist, ergeben sich für die Metallbranchen die in Übersicht 1 dargestellten Entwicklungstendenzen.

Von 1970 bis 2000 sinkt die Zahl der Erwerbstätigen in der Metallwirtschaft um knapp eine Million Arbeitnehmer, wobei die Arbeitsplatzverluste in den siebziger und achtziger Jahren stärker ausfallen, als sie in den neunziger Jahren erwartet werden. Beschäftigungsgewinne erzielen nur wenige Metallbranchen, und diese halten sich in engen Grenzen.

Weit verbreitet ist es, die Branchen nach innovativen und altindustriellen Wirtschaftszweigen zu unterteilen. Innovative Branchen sind gekennzeichnet durch einen verstärkten Einsatz an neuen Technologien. Allgemein erwartet und immer wieder beteuert wird, daß diese Branchen bessere Marktchancen haben und demzufolge größere Arbeitsplatzzuwächse bieten als die altindustriellen Wirtschaftszweige. Abgesehen davon, daß diese Charakterisierung unter technologischen Gesichtspunkten immer schon in bezug auf die sogenannten altindustriellen Branchen als diskriminierend einzustufen war, sind auch die geäußerten Beschäftigungserwartungen nicht aufrecht zu erhalten.

Übersicht 2:
Arbeitsplatzverluste in den innovativen und altindustriellen Metallbranchen

Zeitraum	gesamte Metallwirtschaft		innovative Branchen		altindustrielle Branchen	
	absolut	in %	absolut	in %	absolut	in %
1980–1970	− 327 000	100	− 95 000	32	− 232 000	68
1990–1980	− 410 000	100	− 240 000	59	− 170 000	41
2000–1990	− 239 000	100	− 161 000	67	− 78 000	33
2000–1970	− 976 000	100	− 496 000	51	− 480 000	49

Quelle: Auszug aus Übersicht 1

Der Anteil der innovativen Branchen an den Arbeitsplatzverlusten betrug zwischen 1970 und 1980 32 Prozent; im darauffolgenden Jahrzehnt stieg er auf 59 Prozent, zwischen 1990 und 2000 sogar auf 67 Prozent; entsprechend sinkt der Anteil der altindustriellen Branchen an den Arbeitsplatzverlusten der Metallwirtschaft.

Nach der IAB/Prognos-Studie sind die für die neunziger Jahre erwarteten Arbeitsplatzverluste der innovativen Branchen hauptsächlich der

Automobilindustrie geschuldet – bedingt durch abflachendes Wachstum und gesteigerte Produktivitätsraten.

Wird nun die Jahrtausendwende überschritten und von einer entfernteren Zukunft aus in die Gegenwart zurück berichtet, so ist bei Fortschreibung dieser Entwicklungstendenzen folgendes Szenario aus der Sicht etwa des Jahres 2050 vertretbar:

> »Heute, im Jahr 2050, hat die Metallwirtschaft weniger Beschäftigte als die IG Metall 1980 Mitglieder hatte. Am frühesten, noch im 20. Jahrhundert, hat die Eisen- und Stahlindustrie den Strukturwandel bewältigt; im Übergang zum 21. Jahrhundert folgte die Automobilindustrie, am Ende des 1. Viertels des 21. Jahrhunderts die Elektro-/Elektronik-Industrie. Begleitend zu den Anpassungsprozessen dieser großen Branchen schrumpfte der Maschinenbau, der sich zudem durch seine immer produktiveren Produkte gleichsam selbst den Boden seiner Existenz entzogen hat. All diese Entwicklungstendenzen waren am Ende des 20. Jahrhunderts bekannt. Die damals geläufige Unterscheidung zwischen innovativen und traditionellen Branchen hat aber maßgeblich dazu beigetragen, daß aus den Erfahrungen der Stahlindustrie nichts gelernt wurde – mit der Folge, daß die anderen Branchen sowie die Politik in den Jahrzehnten nach der Stahlkrise deren Entwicklung wiederholt haben. Die Folge: Industriepolitik wurde der bereits im 20. Jahrhundert gescheiterten Landwirtschaftspolitik immer ähnlicher. Wie im 20. Jahrhundert Butter verschenkt oder subventioniert worden ist, wurden am Ende des 1. Viertels des 20. Jahrhunderts Autos auf Halde produziert, um sie dann irgendwohin zu verschleudern.
>
> Durch diese Industriepolitik entstanden auch immer wieder neue regionale Krisengebiete einfach infolge der regionalen Verdichtung der verschiedenen Branchen. Aus der Sicht des Jahres 2050 muß von einer über Jahrzehnte sich erstreckenden Nord-Süd-Wanderung der regionalen Krisengebiete gesprochen werden.«[2]

Die derzeitigen regionalen Krisengebiete werden als altindustrielle Gebiete häufiger abgeschrieben. Wie dargelegt, ist gerade diese Orientierung gefährdet. Übersieht sie doch, daß ein erheblicher Teil der derzeitig als innovativ eingestuften Branchen gute Chancen hat, eines Tages derselben Stigmatisierung zu unterliegen. Von den Erfahrungen Aussätziger zu lernen, ist aber unbeliebt.

Alternativrechnungen bis zum Jahr 2000, in denen ein höheres wirtschaftliches Wachstum als in der zugrunde gelegten mittleren Variante unterstellt wird, zeigen, daß an dieser Richtung der industriellen Entwicklung sich nichts ändert – sie wird lediglich, und dies eher geringfügig, verlangsamt. Zu Recht fordern die Gewerkschaften die Aufgabe der bisherigen Wachstumsprodukte zugunsten einer Politik des qualitativen Wachstums.

In beiden Varianten ist eine fortlaufende Arbeitszeitverkürzung unterstellt, die allerdings größer als die in den vergangenen Jahren so mühsam erkämpften Arbeitszeitverkürzungen ist. Als gesichert kann gelten, daß die Massenarbeitslosigkeit in den neunziger Jahren fortbestehen wird. Wahrscheinlich ist, daß sie zu Beginn der neunziger Jahre einen neuen Höhepunkt erreicht, um dann – sozio-demographisch bedingt – zwar zurückzugehen, ohne daß bis zur Jahrtausendwende die Vollbeschäftigung wieder zu erlangen ist.

Aus der Stahlkrise lernen

Eisen- und Stahlindustrie sowie die Automobilindustrie gehören organisationspolitisch gesehen zu den Kernbranchen der IG Metall (vergl. Übersicht 3). Trotz der Stärke der IG Metall in der Montanindustrie hat sie aber einen annehmbaren Strukturwandel in der Stahlindustrie nicht durchsetzen können. Die Konkurrenz der Konzerne und Betriebe war stärker; das heißt aber immer auch die Konkurrenz der Belegschaften und Betriebsräte. Für die Entwicklung in der Automobilindustrie wird es also darauf ankommen, diese Erfahrungen zu verarbeiten. Das Thema »Solidarität und Konkurrenz« bleibt in den organisationspolitisch zentralen Branchen aktuell.

Noch dramatischer stellt es sich in den anderen, schwächer organisierten Branchen, insbesondere in der Elektro-Industrie sowie den eher kleinbetrieblich strukturierten Branchen dar. Vor allem aber alarmierend ist der geringe Organisationsgrad unter den Angestellten. Beide Sachverhalte, die schwachorganisierten Angestellten sowie die schwachorganisierten kleineren Betriebe, lassen eine ernsthafte Schwächung der Industriegewerkschaft Metall in der Zukunft befürchten – wenn es nicht gelingt, hier Abhilfe zu schaffen. In Frage gestellt sind damit die Chancen der Solidarität der Metallarbeitnehmer.

Die Betriebe werden kleiner – die Unternehmen größer

Der Schwerpunkt gewerkschaftlicher Stärke liegt bislang in den Großbetrieben. Je kleiner die Betriebe sind, desto größer ist der Anteil der

Übersicht 3:
Veränderung der Beschäftigten in den Metallbranchen 1980–2000 und gewerkschaftlicher Organisationsgrad (1984)

Branchen	Veränderung der Beschäftigten 1980–2000	Organisationsgrad der Arbeiter	Organisationsgrad der Angestellten	Vertrauensleute je beschäftigtem Arbeiter (1985)	Vertrauensleute je beschäftigtem Angestellten (1985)
»Innovative Branchen«					
1. Maschinenbau	− 58 000	69	24	1:22	1:57
2. Büromaschinenbau, EDV	− 4 000				
3. Straßenfahrzeugbau und -reparatur	− 295 000	83	42	1:27	1:54
4. Elektrotechnik	− 98 000	52	15	1:29	1:79
5. Luft- und Raumfahrzeugbau	+ 29 000	66	19	1:28	1:76
6. Feinmechanik/Optik	+ 25 000	57	20	1:26	1:68
»Altindustrielle Branchen«					
1. Eisenschaffende Industrie	− 94 000	91	59	1:18	1:28
2. NE-Metallerzeugung	− 33 000	70	29	1:21	1:51
3. Gießereien	− 19 000	72	33	1:23	1:50
4. Ziehereien etc.	− 2 000	66	25	1:24	1:67
5. Stahlbau	− 12 000	63	24	1:26	1:67
6. Schiffsbau	− 9 000	79	32	1:19	1:55
7. EBM-Industrie	− 60 000	56	20	1:18	1:75
8. Musikinstrumente	− 19 000	47	16	1:29	1:95

Anmerkung: Organisationsgrad des Büromaschinen-Sektors in elektronischer Industrie enthalten; der Straßenfahrzeugbau beinhaltet auch Handwerksbetriebe, die bekanntlich einen niedrigeren Organisationsgrad ausweisen.

Quelle: Auszug aus Übersicht 1 und S. Bleicher: Situation und Perspektiven der Angestelltenarbeit, Frankfurt 1987, S. 67

nicht-organisierten Betriebe, desto geringer ist der Organisationsgrad in den organisierten Betrieben.

Nun ist es aber so, daß die Großbetriebe schrumpfen; die Übersicht 4 belegt dies. Lediglich in der Automobilindustrie sind in den vergangenen Jahren noch wachsende Beschäftigungszahlen in den größeren Betrieben zu verzeichnen gewesen: das wird sich in den 90er Jahren ändern.

Es ist davon auszugehen, daß das Kleinerwerden der Großbetriebe ein unwiderruflicher Prozeß ist, der sowohl in der Produktivitätsentwicklung als auch der Tendenz, Betriebsteile auszulagern, begründet liegt. Gleichzeitig wachsen die Klein(st)betriebe (vergl. Übersicht 4).

Wird wieder die etwas entferntere Perspektive aus dem Jahr 2050 bemüht, so ergibt sich:

> »Auch innerhalb der einzelnen Metallbranchen haben sich deutliche Veränderungen ergeben, die u. a. an der veränderten Betriebsgrößenstruktur abzulesen sind. Großbetriebe mit über 5 000 Beschäftigten gibt es kaum noch. Betriebe mit mehr als 1 000 Beschäftigten sind selten geworden. Zugleich hat die Anzahl der Klein- und Kleinstbetriebe (mit weniger als 100 bzw. unter 20 Beschäftigten) sehr deutlich zugenommen. Die kombinierte Wirkung von schrumpfenden Branchen und (!) veränderten Betriebsgrößen hat zu einer Abnahme der Betriebsratsmitglieder um über 60 Prozent geführt; die Zahl der freigestellten Betriebsratsmitglieder ist noch stärker gesunken. Versuche der IG Metall, dieser Entwicklung durch eine Veränderung des Betriebsverfassungsgesetzes entgegenzuwirken, sind gescheitert. Auch ist zu berichten, daß in der Zeit von 1980–2050 der nichtgewerkschaftlich-organisierte industrielle Sektor deutlich zugenommen hat.«[3]

Schnellere Kapitalkonzentration durch flexible Automatisierung

In der tagespolitischen Diskussion wird häufiger von der besonderen Stabilität der mittelständischen Industrie gesprochen. Das ist ein etwas trügerisches Bild. Abgesehen davon, daß es sich bei vielen dieser Betriebe um konzernabhängige Betriebe handelt, gilt: Die mittelständischen Betriebe erfahren eine ständige Zufuhr durch kleiner gewordene Großbetriebe und größer gewordene Kleinbetriebe. Diese Zufuhr verdeckt das Sterben vieler sogenannter mittelständischer Betriebe.

Verstärkt werden wird die Aufgabe sogenannter mittelständischer Betriebe durch das Vordringen der flexiblen Automatisierung. Erlaubt es

Übersicht 4:
Beschäftigungsveränderungen zwischen 1977 und 1985 nach Metallbranchen und Betriebsgrößen

Branchen	Beschäftigtenstand (30. 6. 1985)	Beschäftigungsveränderungen nach Betriebsgröße			
		über 500 Beschäftigte	100–499 Beschäftigte	20–99 Beschäftigte	weniger als 20 Beschäftigte
Eisen- und Stahlerzeugung	266 134	− 99 600 − 30 Prozent			
NE-Metallerzeugung	371 330	− 26 500 − 19 Prozent	− 9 500 − 8 Prozent		+ 10 500 + 16 Prozent
Gießereien, Ziehereien, Stahlverformung etc.	327 654		− 14 700 − 16 Prozent		+ 14 700 + 21 Prozent
Stahl- und Leichtmetallbau	958 936	− 58 100 − 11,9 Prozent			
Maschinenbau	945 141	+ 57 900 + 11 Prozent			+ 23 000 + 20 Prozent
Straßenfahrzeugbau u. -reparatur	47 191	− 20 000			
Schiffbau	52 994	− 37 Prozent			
Luftfahrzeugbau	78 351				
EDV-Anlagen, Büromaschinen	996 982	− 45 600 − 7 Prozent			+ 9 500 + 20 Prozent
Elektrotechnik	204 039	− 10 400 − 15 Prozent			+ 11 900 + 32 Prozent
Feinmechanik etc.	363 831	− 17 000 − 14 Prozent	− 9 800 − 6,4 Prozent		
EBM-Waren	50 664				
Schmuck-, Musikindustrie					

Quelle: GfAH-Zusammenstellung nach MittAB 1/87, S. 19–28
Anmerkung: leere Felder = Beschäftigungsveränderungen kleiner als ca. −/+ 9 000 Beschäftigte

doch diese, auch Mittelserien zu Bedingungen der Großserie wirtschaftlich zu produzieren. Das ist die eine Eigenschaft flexibel automatisierter Anlagen, eine andere besteht darin, daß diese Anlagen vergleichsweise teuer sind (in der Regel teurer als klassische hochmechanisierte aber produktspezialisierte Anlagen), so daß sie wirtschaftlich nur bei erhöhter Kapazität und (!) deren Auslastung sind. Die so hoch gelobte flexible Automatisierung – gelobt wegen ihrer Kundennähe und Produktqualität – erweist sich damit als Konzentrationsbeschleuniger.

Noch beklemmender wird die Angelegenheit, wenn der derzeitige Übergang zu CIM-Lösungen einbezogen wird. CIM-Lösungen können als Kombination von automatisierter Fertigung, Handhabung, Transport und Informationsverarbeitung beschrieben werden.

Bei dieser Konzeption ist aber sicher, daß sie nur für Teilbereiche des Produktspektrums realisierbar ist. Mit der Folge, daß zunehmend zwischen CIM-fähigen und nicht-CIM-fähigen Betriebsteilen unterschieden werden wird. Ersteren gilt die gesamte unternehmerische Fürsorge – letztere werden notfalls ausgegliedert.

Zitieren wir aus dem Bericht der historischen Gewerkschaftskommission des Jahres 2050:

»Nichts charakterisiert die Torheit des ausgehenden Jahrtausends besser als die damals entstandene und weit bis ins 21. Jahrhundert hinein verfolgte Idee der flexibel automatisierten Fabrik. Sie hat nicht unerheblich zur Zerstörung der pluralistischen Industriestruktur der Bundesrepublik Deutschland beigetragen, indem sie die damalige Vielfalt praktisch auf zwei Industriesektoren reduzierte:

– den CIM-fähigen Industriesektor und

– den nicht-CIM-fähigen, also maschinellen-manuellen Industriesektor.

Die versprochene Flexibilität versank in den zwangsweisen Koordinationen von Zulieferer-Betrieben; es entstanden Überkapazitäten bar jeglicher volkswirtschaftlicher Vernunft. Erklärbar ist diese Entwicklung durch das Bündnis von phantasielosen Ingenieuren, die nur noch in Kategorien toter Arbeit, das heißt maschinell vergegenständlichter Arbeit denken konnten und einer Managerschicht, die in panischer Angst vor der Zukunft – sprich Erhalt der Konkurrenzfähigkeit – diese nur noch mehr verspielte.«[4]

Auseinanderfallen strategischer und operativer Unternehmensentscheidungen
Gleichzeitig zu diesen betrieblichen Veränderungen vollziehen sich Umschichtungen der Unternehmen, die durch folgende Merkmale zu kennzeichnen sind:
- der Umsatz wächst, teilweise durch Zukauf überproportional;
- die Unternehmen wandern aus ihren angestammten Branchen aus, sie werden Technologie-Konzerne, die erfolgreicheren unter ihnen werden in Zukunft eher als Finanzkonzerne zu bezeichnen sein;
- die Produktion erfolgt zunehmend strikt produktorientiert, alles, was nicht unmittelbar zur Fertigung bzw. Montage benötigt wird, wird ausgelagert;
- über juristische und ökonomische, logistisch ausgetäfelte Vernetzungen ist eine enorm abhängige Zuliefererindustrie, die sich wieder ihre eigenen Zulieferer hält, entstanden bzw. sie wird so entstehen;
- noch um vieles stärker als im 20. Jahrhundert agieren die Unternehmen in internationalen Zusammenhängen.

Mit der vielfältigen Zersplitterung und Auffächerung der Betriebe eines Unternehmens fallen *strategische* und *operative* Unternehmensentscheidungen räumlich, zeitlich und personell zunehmend auseinander.

Im Ruhrgebiet beispielsweise sind 92 Prozent der Metallarbeitnehmer konzernabhängig beschäftigt. Angesichts dieser Größenverhältnisse wäre der wichtigste gewerkschaftliche regionalpolitische Beitrag die Ergänzung der Betriebspolitik durch eine auch regional verpflichtete Unternehmenspolitik. Allerdings kann auch die Hypothese formuliert werden: Die IG Metall hat die Regionalpolitik entdeckt, weil sie keine greifbare Konzeption der Beeinflussung von Unternehmen hat.

Die Arbeiter werden zur Minderheit unter den Beschäftigten
Die bislang beschriebenen ökonomischen Entwicklungstendenzen bedürfen der Ergänzung durch die Beschreibung der Umschichtung der Tätigkeiten in den Betrieben und Branchen. So vielfältig diese Umschichtungsprozesse vonstatten gehen, so lassen sie sich immer noch in einer ersten Annäherung durch die Zunahme der Angestellten beschreiben. Zu den vielen Trendwenden der achtziger Jahre wird auch gehören, daß die Anzahl der Angestellten die der Arbeiter übersteigt; irgendwann in der zweiten Hälfte der achtziger Jahre wird sich dies

ereignen. Zehn Jahre zuvor – also zwischen 1975 und 1980 – haben Angestellte und Beamte erstmals die Zahl der Arbeiter überholt.

Übersicht 5:
Struktur und Entwicklung der abhängig Erwerbstätigen nach Status (in %)

	1950	1960	1965	1970	1975	1980	1985
Arbeiter	70,9	62,4	59,4	56,2	50,1	48,1	45,2
Angestellte	23,0	30,4	32,0	35,1	39,1	41,8	44,0
Beamte	6,1	7,2	8,2	8,7	10,0	10,0	10,8
insgesamt	100,0	100,0	100,0	100,0	100,0	100,0	100,0

Quelle: Michael Kittner (Hrsg.), Gewerkschaftsjahrbuch, Köln 1987, S. 52

Noch in den fünfziger Jahren halten die Arbeiter unter den abhängig Erwerbstätigen eine Zweidrittelmehrheit. Im Durchschnitt der Metallwirtschaft ist diese Entwicklung noch nicht so weit; sie weist aber in dieselbe Richtung und spätestens zum Ende des ersten Viertels des 21. Jahrhunderts werden auch in der Metallwirtschaft die Angestellten die Mehrheit der Arbeitnehmer stellen.

Bereits heute gibt es in der IG Metall Verwaltungsstellen, in denen die Angestellten die Mehrheit der Beschäftigten in der Metallwirtschaft stellen, wie zum Beispiel Erlangen mit 63 Prozent, München mit 55 Prozent und Frankfurt mit 50 Prozent.[5] Hamburg, Düsseldorf, Essen, Dortmund und andere Verwaltungsstellen werden in den nächsten Jahren folgen; von Jahrfünft zu Jahrfünft wird sich die Zahl dieser Verwaltungsstellen erhöhen. In diesen Verwaltungsstellen kann die IG Metall ihre Angestelltenausschüsse auflösen und Arbeiterausschüsse für die neue Minderheit einrichten.

Zugleich zeigen die in der Übersicht 3 mitgeteilten Daten zum Organisationsverhältnis der Angestellten, wie gering der Organisationsgrad dieses Beschäftigtensektors ist. Gäbe es nicht die gewerkschaftlichen Kernsektoren – Automobil- und Eisen- und Stahlindustrie – und den Arbeiteraufstieg zum Angestellten, wobei das Gewerkschaftsbuch häufig beibehalten wird (vgl. den erhöhten Organisationsgrad der Meister in Übersicht 6), so dürfte der gegenwärtige Organisationsgrad der Angestellten in der Metallwirtschaft von 23 Prozent deutlich unter 20 Prozent liegen. Mit anderen Worten, die gewerkschaftliche Angestelltenarbeit zehrt von der Tradition der IG Metall und nicht von ihren eigenen Leistungen.

Zugleich aber ist die IG Metall ganz überwiegend (zu 85 Prozent) eine Arbeitergewerkschaft (vgl. Übersicht 6). Aus diesen wenigen Zahlen

Übersicht 6:
Zusammensetzung der IG-Metall-Mitglieder 1989 (in %)

	Männer	Frauen	insgesamt
Angestellte	11,6	3,8	15,4
Arbeiter	74,0	10,7	84,7
insgesamt	85,6	14,5	100 (d. h. 2,5 Mill.)

wird die zu bewältigende Spannung, die Herausforderung der Zukunft deutlich: Zukünftig werden die Angestellten die Mehrheit der IG Metall-Mitglieder stellen müssen, soll die Existenz einer starken Einheitsgewerkschaft als notwendige Bedingung der Solidarität aller Metallarbeitnehmer erhalten bleiben; gegenwärtig aber sind die Arbeiter die überwiegende Mehrheit in der IG Metall: Sie bezahlen die Organisation, sie streiken überwiegend, falls erforderlich, und sie stellen unter den betrieblichen und hauptamtlichen gewerkschaftlichen Verantwortungsträgern die Mehrheit.

In vielen Analysen werden die Angleichungstendenzen zwischen Arbeitern und Angestellten beschrieben – einschließlich der Differenzierungsprozesse sowohl unter Angestellten als auch Arbeitern. Das ist richtig; beweist aber höchstens, daß ein Brückenschlag zwischen diesen beiden Arbeitnehmergruppen nicht ausgeschlossen ist. Die alltägliche betriebliche Praxis aber belegt immer noch, welche Welten zwischen diesen Gruppen liegen (können).

Die Industriegewerkschaft Metall steht vor einem Problem, das die Sozialdemokratische Partei Deutschlands in den frühen siebziger Jahren erlitten hat: den Zustrom neuer Mitgliederschichten nicht nur zu wollen, sondern auch verarbeiten zu müssen. Der SPD ist dies damals nicht so gut gelungen, so daß für viele Arbeiter die Industriegewerkschaften ihr letztes organisationspolitisches Zuhause darstellen – danach gibt es dann nur noch den Schrebergarten-Verein. Ein Teil der derzeitig gereizten Stimmung zwischen Gewerkschaften und SPD beruht auf dieser beschriebenen Ungleichzeitigkeit historischer Umwälzungen. In dem Bericht der historischen Gewerkschaftskommission aus dem Jahre 2050 ist zu lesen:

»Zum Ende des 20. Jahrhunderts wurde die Industriegewerkschaft Metall sich bewußt, daß die Beschäftigten- und Mitgliederstrukturen sich immer weiter auseinander entwickelten; das heißt, die Gefahr bestand, daß die IG Metall ihre Mehrheitsfähigkeit unter den Arbeitnehmern der Metallwirtschaft verlor. Sie aktivierte daraufhin ihre An-

gestelltenpolitik. Erste Analysen zeigten sehr schnell, daß die Organisationsschwäche unter den Angestellten zumindest aus mehreren einander überlappenden Problemkreisen bestand:
- zum einen die unterschiedliche, teilweise ökonomisch bedingte Werteorientierung der beiden Arbeitnehmergruppen – vereinfacht ausgedrückt: die Gegenüberstellung von individualistischer und kollektiver Orientierung;
- zum anderen die generelle unterschiedliche gewerkschaftliche Durchdringung der Metallbranchen. So ist in der elektrotechnischen Industrie der Organisationsgrad der Arbeiter niedriger als der der Angestellten in der Stahlindustrie;
- weiter die Entwicklung neuer Produktionskonzepte, die in ihrem Ergebnis wenige Arbeiter begünstigte und sie tendenziell zu Angestellten machte – dieses um so stärker, je mehr Dispositionsspielräume sie den Arbeitern einräumte;
- und schließlich die innergewerkschaftliche Wirklichkeit, die bei örtlichen Angestelltenausschüssen häufig zu einer Ghettomentalität führte, was ihre schwache Stellung nochmals schwächte.

Trotz dieser mehrfachen Problemüberschichtung wurde die neue Angestelltenpolitik organisationspolitisch als Personengruppenpolitik geführt. Dieses behinderte die Entfaltung der Mitgliederwerbung und Aktivierung von Angestellten – denn diese sahen nicht ein, warum sie Anhängsel einer historisch zwar verdienstvollen, aber doch auf verlorenem Boden stehenden Arbeitnehmergruppe sein sollten. Gleichzeitig aber konnten hierdurch zunehmende innergewerkschaftliche Spannungen zwischen Arbeiter- und Angestellten-Mitgliedern nicht verhindert werden. Erst nach mehrjährigen, bitteren Erfahrungen gelang es, eine tragfähige Gewerkschaftspolitik für alle Arbeitnehmer zu entwerfen.«[6]

Ohne über die dann historisch bedingte Weisheit des Jahres 2050 zu verfügen, bleibt die Frage, wie mit den vielfältigen Problemen einer zukünftigen Industrielandschaft heute umgegangen werden kann.

Produkt- und Prozeßinnovationen – neue Chancen der Solidarität

Neue Technologien als Potential für Arbeitnehmersolidarität
Die bislang beschriebenen ökonomischen Entwicklungstendenzen betonen die Konkurrenz der Arbeitnehmer; deren Vergleich mit dem ge-

werkschaftlichen Organisationsgrad – als Indikator für die Möglichkeiten von Solidarität – weckt Zweifel an der Bewältigbarkeit der gestellten Aufgabe: einer solidarischen Zukunftsgestaltung der Industriegesellschaft.

Nun sind ökonomische Entwicklungstendenzen – vorsichtig ausgedrückt – beeinflußbar. Es kommt eben auch auf die gewerkschaftliche Politik und das Bewußtsein der Arbeitnehmer an. Und hier entstehen zusätzlich zu dem Tatbestand der abhängigen Beschäftigung mit den neuen Technologien auch objektive Grundlagen, die als Potential für Solidarität bislang zu wenig durchdacht worden sind.

In dem Bericht der historischen Gewerkschaftskommission aus dem Jahre 2050 heißt es hierzu:

»Nach der Phase der Piloterprobung der neuen, auf Mikroelektronik basierenden Technologien vollzog sich seit den 80er Jahren deren beschleunigte Diffusion (Verbreitung) – und dies in einer erstaunlichen Vielfalt; in verschiedenen empirischen Untersuchungen der damaligen Zeit sind bis zu 100 verschiedene dieser mikroelektronisch gesteuerten Technologien erhoben worden. Die genaue Zahl, u. a. die der definitionsabhängigen, war und ist unbekannt. Die damals lebhafte Diskussion um Chancen und Risiken dieser neuen Technologien betonte insbesondere auf seiten der Gewerkschaften deren Risikogehalt – wie die spätere Entwicklung zeigte, nicht zu Unrecht. Eigenartigerweise ist aber lange Zeit übersehen worden, daß mit der Verbreitung dieser neuen Technologien auch völlig neue Chancen der Solidarität der Arbeitnehmer verbunden waren.

Die Industriegesellschaft der Bundesrepublik Deutschland hatte zum Ende des 20. Jahrhunderts eine Mehrzahl von Produktionskonzepten entwickelt, die von der Massenfertigung bis zur flexiblen Einzelfertigung reichten. Zusätzlich galt damals ein ungewöhnlich breites Produktspektrum mit der Folge vielfältig differenzierter Herstellungsprozesse als charakteristisch für die westdeutsche Industriestruktur. Die Folge hiervon war, daß es unter den Arbeitnehmern – von wenigen Themen wie Arbeitszeit und Lohn abgesehen – nur bescheidene gemeinsame Themen gab. Ein Montagearbeiter und ein Werkzeugmacher, ein Schmied und ein kaufmännischer Angestellter hatten sich über ihre Arbeit(sinhalte) nicht viel zu erzählen.

Dies änderte sich mit den neuen Technologien in doppelter Weise:

– Bei aller Verschiedenheit der einzelnen Arbeitsaufgaben bedienten sie sich zunehmend derselben Basistechnologie, konnten sich also über deren Eigenschaften, Risiken und Chancen verständigen.

– Zugleich ist diesen Technologien bekanntlich ein systematischer, vernetzender Zug eigen, das heißt, es wurde die wechselseitige Abhängigkeit bewußter.«[7]

Solidaritätspotential durch ganzheitliche Sichtweise des Produktionsprozesses

Das Potential an Solidarität, das auch durch die neuen Technologien geschaffen wird, besteht in der Schaffung einer – zusätzlichen – gemeinsamen Sprache, der Verallgemeinerbarkeit von Erfahrungen. In einer Industriegesellschaft, die eine Vielzahl unterschiedlicher Produktionsprozesse kennt und demzufolge dazu tendiert, in eine Vielzahl von Erfahrungs- und Expertengruppen zu zerfallen, bedeutet dieser Sachverhalt eine neue Qualität: Der Produktionsprozeß wird zusätzlich zu seiner Eigenschaft als Verwertungsprozeß (Lohn, Leistung, Arbeitszeit) auch als Arbeitsprozeß gemeinsames Thema der Arbeitnehmer. In Verbindung mit anderen Tatbeständen, wie Massenarbeitslosigkeit und Umweltschäden, wird der Gebrauchswert der Arbeit und damit die Nützlichkeit des Produktes zu einer politischen Frage.

Es gehört zu den unstrittigen und bedeutsamen Leistungen des IG Metall-Aktionsprogramms »Arbeit und Technik: der Mensch muß bleiben!«, auf die Bedeutung des betrieblichen Gesamtarbeiters für die alltägliche Betriebsrats- und Gewerkschaftsarbeit hingewiesen zu haben. Unter Gesamtarbeiter sei die Kooperation arbeitsteilig tätiger Arbeitnehmer verstanden.

Zunehmend erzwingen die neuen Technologien den Betriebsrat dazu, sich wieder verstärkt um den gesamten Produktionsprozeß zu kümmern. Das Denken in Aufgabenressorts und in zu betreuenden Abteilungen bleibt notwendig, ist aber nicht mehr ausreichend. Die Betreuung der Kollegen, die an CNC-Maschinen arbeiten, gebietet eine Betreuung der Beschäftigten in der Arbeitsvorbereitung und eben eine Verständigung zwischen beiden Gruppen.

Wahrscheinlich sind durch die Entwicklung der neuen Technologien und das IG Metall-Aktionsprogramm mehr Betriebsräte auf Angestellte zugegangen, als in Jahrzehnten gewerkschaftlicher Angestelltenarbeit zuvor. Rein quantitativ gesehen ist diese Aussage sicherlich eine Übertreibung, in qualitativer Hinsicht verdeutlicht sie jedoch zu Recht ein neues Moment innerbetrieblicher Kooperation unter Arbeitnehmern.

Nun zeigen die Erfahrungen des Aktionsprogramms »Arbeit und Technik«, daß diese Abstimmungs- und Kooperationsprozesse alles andere als konfliktfrei, daß sie also langwierig und auch schmerzhaft sind.
Im Vollzug der Überwindung von Berührungsängsten mit den neuen Technologien wird klar, daß es zum großen Teil auch um nicht-technische Sachverhalte geht: Wer hat Zugang zu den neuen Arbeitsmitteln? Welche Qualifikationen, welche zusätzlichen Belastungen sind damit verbunden? Welche Kompetenzverteilung findet statt, wer gewinnt, wer verliert? Warum werden bestimmte, sachfremde Positionen beibehalten? Warum wird untereinander gestritten und nicht zusammengehalten?
Einfluß und Prestige, Anerkennung und Mißachtung, Kooperation und Isolation: Das ganze Spektrum der sozialen Beziehungen, die betrieblich strukturiert sind, steht zur Diskussion – sei es direkt oder in verdeckter Form.
Betriebliche Sozialstrukturen entziehen sich häufig der sachlichen Erörterung, sie werden dann entweder personalisiert, technologisiert oder mit Themen belegt, mit denen sie eigentlich nichts zu tun haben. Das heißt, die Chance vieler neuer Technologien, die eigentlich auf die Diskussion betrieblicher Strukturen drängen, wird allzu häufig auch vertan.
Es ist also keine Euphorie angebracht, deshalb ist auch bewußt nur von einem Potential an Solidarität gesprochen worden, das einmal in einer größeren gemeinsamen Sprache und zum anderen im Bewußtwerden der gegenseitigen Abhängigkeit besteht.
Angesichts der erkennbaren Skepsis diesen Ausführungen gegenüber sei der Kommissionsbericht von 2050 bemüht:
»Verschiedene empirische Untersuchungen der damaligen Zeit lassen sich wie folgt zusammenfassen:

- Die Sensibilität neuer Technologien in bezug auf Arbeitsplatzgefahren, in bezug auf verstärkte Persönlichkeitskontrolle ist unter den Berufstätigen weit verbreitet.
- Zugleich werden die neuen Technologien nahezu bedingungslos akzeptiert, wenn sie dem Erhalt der internationalen Konkurrenzfähigkeit dienen.
- Es erwarten sich die meisten Arbeitnehmer von ihnen für ihren Arbeitsplatz Vorteile, auch wenn die Ansicht weit verbreitet ist, daß hierdurch die Arbeitsanforderungen steigen.

— In jedem Fall aber wollen sie bei der Einführung neuer Technologien gefragt, beteiligt werden.

Dieses Orientierungsmuster der Berufstätigen ist rationaler und komplexer als das vieler Gewerkschaftsfunktionäre. Einig sind sich beide Gruppe im Risikobewußtsein neuer Technologien, nur sehen die Arbeitnehmer offensichtlich noch weitere Gesichtspunkte; nämlich den individuellen Konkurrenzvorteil, den Gestaltungs- und Beteiligungsbedarf und den internationalen Wettbewerbserhalt.«[8]

Der Gestaltungs- und Beteiligungsbedarf wird gewerkschaftlicherseits thematisiert; das Problem des individuellen Konkurrenzvorteils muß thematisiert werden, und dies nicht nur in betrieblichen Gestaltungsprojekten, sondern grundsätzlich. Ein besonderes – hier wegen der Themenbeschränkung –, nicht weiter verfolgbares Problem ist die Frage »neue Technologien und internationale Konkurrenzfähigkeit«. In der Bundesrepublik Deutschland gibt es eine – auch unter Gewerkschaftern – weit verbreitete Einstellung, die als nationalistischer Internationalismus bezeichnet werden kann: Wir sind international, europäisch, weil es unserem Export nutzt. Andere Orientierungsmuster, wie das der internationalen Solidarität, haben wenig Gewicht. Halten wir fest: die Arbeitnehmer sehen das Thema »neue Technologien« in einem mehrfachen Bezug von hoher Sensibilität gegenüber den Risiken, individuellem Konkurrenzvorteil, Gestaltungs- und Beteiligungsbedarf und Erhalt der Wettbewerbsfähigkeit.

Soll das beschriebene Solidaritätspotential neuer Technologien genutzt werden, so müssen Antworten auf sämtliche dieser Themenbezüge gefunden werden. Die Risikobeschreibung allein reicht nicht. Ohne Antworten auf die anderen Probleme wird sie langweilig. Damit sind die Hauptfragen einer gewerkschaftlichen Technologiepolitik beschrieben. Eine Teilantwort hierauf wird in den nächsten Abschnitten versucht.

Jeder Arbeitnehmer hat ein Recht auf moderne Arbeitsmittel

Im folgenden sei versucht, eine Position zu skizzieren, die Technikanforderungen aus dem Interessenhorizont von Arbeitnehmern entwirft. Vorgeschlagen und diskutiert wird die Leitlinie »Jeder Arbeitnehmer hat ein Recht auf moderne Arbeitsmittel«. Modern soll heißen: produktiv, gesundheits- und qualifikationsförderlich sowie den Datenschutz respektierend. Als produktiv wollen wir ein Arbeitsmittel anerkennen, das bei einschichtiger Produktion wirtschaftlich einsetzbar ist. Es muß also auch hinreichend billig sein. Abgesehen von der hierdurch möglichen Vermeidbarkeit von Schichtarbeit bedeutet die Realisierung dieser Forderung auch, daß viele Klein- und Mittelbetriebe eine Überlebenschance erhalten.

Gesundheitsförderlich sind Arbeitsmittel, die schadstofffrei, ergonomisch gestaltet, taktfrei, reparatur- und reinigungsfreundlich und kommunikationsförderlich sind (keine isolierten Arbeitsplätze). Qualifikationsförderlich sind Arbeitsmittel, zu deren Beherrschung Sachkunde erforderlich und anwendbar ist; die den Arbeitnehmer informieren und nicht einfach kommandieren.

Wird die Wirklichkeit mit dieser Leitlinie verglichen, so fällt verschiedenes auf:

Zunächst ergibt sich, daß viele Arbeitnehmer von solchen Arbeitsmitteln ausgeschlossen sind. Erhebungen – auch solche der IG Metall – haben immer wieder gezeigt, wie viele Arbeitnehmer mit Schadstoffen, Lärm und unter körperdeformierenden Bedingungen arbeiten müssen; wie viele Arbeitnehmer immer noch mit grausam kleinen Taktzeiten, mit unzureichenden Informationen, mit Schichtarbeit zu tun haben. Diese Gruppe der unzulänglichen Arbeitsmittel läßt sich unterteilen: zum einen in solche, die schlicht veraltet sind; ein nach diesen Kriterien entworfenes Investitionsprogramm dürfte sehr viele Arbeitsplätze schaffen; zum anderen gibt es moderne Arbeitsmittel, die schlicht unzulänglich konstruiert sind.

Die riesigen Investitionsmengen, die heute für sekundäre Schutzmaßnahmen zur Ver- und Entsorgung, für den Arbeitsschutz und Umweltschutz ausgegeben werden müssen, sind ein einziges Armutszeugnis für die so hoch gelobte Ingenieurkunst. Unsere Ingenieure sind zwar in der Lage, die flexibel automatisierte Fabrik zu träumen; aber schadstofffreie Produktionsprozesse zu entwerfen, überfordert sie anscheinend intellektuell und moralisch.

Gäbe es einen besseren Überblick über diese beiden Gruppen von Arbeitsmitteln, so würde zweierlei folgen: einmal ein definierter Umsetzungs- und Investitionsbedarf, zum anderen ein Forschungs- und Entwicklungsbedarf, für den Geld auszugeben bedeuten würde, daß auch die Arbeitnehmer am Erfolg partizipieren.

Fordern die Gewerkschaften eine demokratische Technologiepolitik, so haben sie die konkretisierenden Inhalte dieser Förderung mit zu definieren. Die aufgestellte Leitlinie: Jeder Arbeitnehmer hat ein Recht auf moderne Arbeitsmittel, enthält jedoch noch andere Überraschungen:

Dort, wo moderne Arbeitsmittel eingesetzt werden, stellt sich nicht selten das Problem zu *knapp* bemessener Arbeitsmittel. Daraus folgt, daß die Arbeitszeiten flexibilisiert werden (zwangsweises Gleiten, eineinhalb Schichten, Samstagsarbeit); es gibt einen Kampf um Zeitanteile am Arbeitsplatz. Zwecks Konkurrenzentlastung werden etliche dieser Arbeitnehmer auf ihre speziellen manuellen Qualifikationen verwiesen und damit für die nächste Kündigungsrunde freigegeben; Gruppenarbeit leidet und arbeitsorganisatorische Gestaltung kommt zu kurz; Qualifizierungsmaßnahmen müssen wegen der zu knappen Arbeitsmittel halbherzig sein, womit die Technologie selbst dann nicht wieder zureichend genutzt werden kann.

Die relative Knappheit moderner Arbeitsmittel erzwingt die Konkurrenz der Arbeitnehmer. Jede produktive und sozialverträgliche Arbeit verlangt einen gewissen Überfluß an Arbeitsmitteln.

Neue Technologien entwickeln eine chronische Neigung zur Vernetzung. Mit den Vernetzungstendenzen werden jedoch auch Einfluß-, Kompetenzchancen neu verteilt. Wenn nun jeder Arbeitnehmer das Recht auf moderne Arbeitsmittel hat, so ist offensichtlich ein Abstimmungsprozeß, wahrscheinlich auch ein Interessenausgleichsprozeß erforderlich. Diese Leitlinie erfordert also, daß der eine Kollege, die eine Abteilung über den Bedarf des anderen Kollegen, der anderen Abteilung nachdenkt, wobei der andere durchaus häufiger räumlich weiter entfernt sein kann.

Wird diesem erforderlichen Abstimmungsprozeß nachgegangen, so zeigt sich schnell, daß in einem arbeitsteiligen Betrieb jedes einzelne Arbeitsmittel wie auch jeder einzelne Arbeitnehmer einen notwendigen, aber begrenzten Stellenwert hat: Es kommt auf die Beherrschung des gesamten Produktionsprozesses an. Letztendlich hat dieser den aufgestellten Kriterien der Modernität zu genügen.

Wird schließlich die Leitlinie »Jeder Arbeitnehmer hat das Recht auf moderne Arbeitsmittel« zu Ende gedacht, so wird deutlich, daß es überhaupt nur teilweise um Technik geht: In vielerlei Hinsicht wird die Technik-Diskussion durch tradierte Denkgewohnheiten und die gesellschaftlichen Rahmenbedingungen strukturiert: Landauf, landab wird propagiert, die moderne Technik sei flexibel. Ernstgemeinte Flexibilität hat einen Überschuß an Arbeitsmitteln, an Qualifikationen und auch an Arbeitnehmern zwingend zur Voraussetzung, weil eben nur so, situativ angemessen, auf neue Anforderungen flexibel reagiert werden kann. Die flexible Automatisierung, die Manager und Ingenieure vorschlagen, setzt eine störungsfreie Umwelt voraus, die dann notfalls erzwungen wird, wie die Auseinandersetzung um den § 116 AFG gezeigt hat.

»Werden die Polizeikräfte und die innerbetrieblichen Sicherheitsorgane sowie die zahlreichen freiberuflichen Detektivbüros zusammengerechnet, so kann – bei allem Vorbehalt mangelhafter Zahlen – wohl gesagt werden, daß die Branche ›Ordnung und Sicherheit‹ zum Ende des ausgehenden Jahrtausends die größte Einzelbranche geworden ist. Maßgeblichen Anteil hieran hatte die EDV-Entwicklung; es gelang nicht, diese Technologie kriminalitätssicher zu entwickeln.«[9]

Und noch ein Aspekt ist bedenkenswert: Gelänge es, angstfrei über sozialverträgliche Produktivität nachzudenken, so ist die These erlaubt, daß das gegenwärtige System der Massenarbeitslosigkeit, der unsicheren Renten, der Umweltverschmutzung, der Verdrängungskonkurrenz weder volks- noch betriebswirtschaftlich optimal ist. Eine Technologiepolitik, die sich der Leitlinie: »Jeder Arbeitnehmer hat ein Recht auf moderne Arbeitsmittel« bedient, wird somit notwendigerweise zur Gesellschaftspolitik.

Zur Zeit aber steht die gewerkschaftliche Technologiepolitik (noch) auf etwas tönernen Füßen. Es ist in den letzten Jahren zunehmend gelungen, Zielkriterien der Human-, Sozial- und Umweltverträglichkeit zu formulieren. Es ist aber nicht gelungen, hieraus ein massenhaft verankertes betriebliches Modernisierungsprogramm zu machen; obwohl

— in nicht wenigen Betrieben die Marktmacht der Betriebsräte einen hinreichenden Einfluß auf das Beschaffungswesen ausüben kann;
— gewerkschaftlich genügend Ausbilder organisiert sind, um die vielen Möglichkeiten des alltäglichen betrieblichen Umweltschutzes in der Ausbildung zu verankern;
— die IG Metall aufgrund ihres großen Organisationsgebietes alle Möglichkeiten hat, unter ihren Mitgliedern einen arbeitsmittel-/produktbezogenen Erfahrungsaustausch zwischen Herstellern und Anwendern zu organisieren;
— viele gewerkschaftliche Einzelaktionen zeigen, daß sowohl Arbeiter als auch Angestellte sehr wohl in der Lage sind, einen Gestaltungsbedarf zu artikulieren.

Und weil diese Defizite bekannt sind, werden sie in »umgelenkter« Form artikuliert: als Forderungen an den Staat, den Gesetzgeber und die Unternehmen und nur in bescheidenem Umfang als Forderung an sich selbst, so wie es im Aktionsprogramm »Arbeit und Technik« immerhin geschieht. Ein bereits angesprochener Sachverhalt sei nochmals verdeutlicht, indem aus dem Bericht der historischen Gewerkschaftskommission des Jahres 2050 zitiert wird:

> »Werden viele Einzelbefunde zusammengetragen, so wird deutlich, daß die Gewerkschaften, sowohl die Funktionäre als auch die Mitglieder, die Produktionsprozesse, in denen gearbeitet wird, ganzheitlich nicht mehr verstanden haben. Jeder kannte sich an seinem Arbeitsplatz aus, über die Gesamtzusammenhänge wußte man aber nur unzureichend Bescheid: Der *Taylorismus der Produktion* ist zu einem *Taylorismus des Denkens und Begreifens* geworden. Es ist das Verdienst der neuen Technologien, diese Defizite der gedanklichen Verarbeitung wieder bewußt gemacht zu haben. Dieser Mangel an Produktionsbeherrschung zeigte sich auf allen Ebenen. Zunächst in den Mitbestimmungsorganen, wo sich die unglückselige Arbeitsteilung durchsetzte, daß die Arbeitnehmerseite für personellsoziale Belange und die Arbeitgeberseite für investive Entscheidungen zuständig war. Dieser Mangel zeigte sich bei Betriebsratsmitgliedern, die zwar die Arbeitnehmer, die sie gewählt hatten, redlich betreuten, aber ebenso die Gesamtzusammenhänge der Produktion aus den Augen verloren hatten. Dieser Mangel setzte sich in der gewerkschaftlichen Technologiepolitik fort, die über die Aufstellung allgemeiner Zielkriterien nur schwer hinaus kam. Der Produktionsprozeß ist immer Arbeits- *und* Verwertungsprozeß. Freiwillig, also ohne erkennbare Not, hatten die Gewerkschaften den Arbeitsprozeß – trotz aller Mitsprachemöglichkeiten – den Arbeitgebern überlassen und wunderten sich nun, daß ihr Einfluß auf die Verwertung der Arbeit bedroht wurde. Natürlich handelt es sich hierbei um verallgemeinernde, typisierende Ausführungen. Solche Aussagen lassen vielen Einzelfällen keine Gerechtigkeit widerfahren – sie beschreiben die hauptsächliche Tendenz.«[10]

Das Recht eines jeden Arbeitnehmers auf moderne Arbeitsmittel bedarf eben auch der Aneignung des Produktionsprozesses. Auf diesem Weg gibt es zahlreiche Möglichkeiten solidaritätsfördernder Aktionen zum Nutzen der Arbeitnehmer, der Gewerkschaft und der bundesdeutschen Wirtschaft, deren phantasievolle Gestaltungskraft durch die Massenarbeitslosigkeit erheblich Schaden genommen hat. Der Sorge der Arbeitnehmer entspricht eine weitverbreitete Zukunftsangst der Manager. Und Angst ist eben kein guter Ratgeber.

Tarifkampf und betriebliche Gestaltungsfähigkeit

Die Entwicklung einer erweiterten betrieblichen Gestaltungsfähigkeit seitens der IG Metall wird als *zusätzliche* Chance zur Solidarität der Arbeitnehmer begriffen, als eine *weitere* Möglichkeit, den zuvor beschriebenen Spaltungstendenzen entgegen zu wirken.

Für jegliche Überlegungen dieser Art ist jedoch zwingende Voraussetzung, daß die Tarifkampffähigkeit keinen Schaden nimmt. Die beiden zentralen Aktionsfelder der IG Metall sind Betriebs- und Tarifpolitik: Sie sind beide extrem voneinander abhängig und doch zueinander keineswegs widerspruchsfrei.

Erlaubt sei jedoch, darauf zu verweisen, daß beide, Betriebs- und Tarifpolitik, sich den Luxus der Fortführung eines historischen Sündenfalls leisten; gemeint ist die summarische bzw. analytische Leistungsbewertung. Beide Verfahren bewerten Arbeitsbelastungen, übersetzen sie in Punktwerte und multiplizieren sie mit einem Geldfaktor. Gefestigt wird damit das Interesse der Arbeitnehmer an miserablen Arbeitsbedingungen. Ehrliche Diskussionen zur Humanisierung der Arbeitswelt müßten deshalb unter der Überschrift stehen: Die berechtigte Angst der Arbeiter vor der Humanisierung.

Bei den gegebenen Verfahren würde der Wegfall von Arbeitsbelastungen für sehr viele Arbeiter den Wechsel in eine niedrigere Lohngruppe bedeuten. Für nicht wenige würde der Lohn in die Nähe des Sozialhilfesatzes rutschen. Dringend empfohlen wird, sich diese Beispiele zu verdeutlichen.

Warum spielen diese Arbeitsbelastungen in der Leistungsbewertung eine so große Rolle? Weil eben die Einstufungen auf den anderen Bewertungsstufen so niedrig ausfallen. Und diese fallen so niedrig aus, weil insbesondere die Qualifikationsabstufungen an einem industriell-handwerklichen Begriff von Facharbeiterqualifikation gemessen werden. Die Arbeitsbelastungen spielen in der Leistungsbewertung deshalb eine so große Rolle, weil es Probleme der Qualifikationsbewertung gibt. Die Folgen dieses Problemfeldes der Leistungsbewertung sind erkennbar:

– Die betriebliche Praxis ist gezwungen, eigene pragmatische Lösungen zu finden. Die Vielfalt betrieblicher Regelungen dürfte nahezu unüberschaubar sein.

– Die gewerkschaftliche Gestaltungs-, Gesundheits-, Arbeitsschutz- und Technologiepolitik muß bei den eigenen Mitgliedern wegen des ungeklärten Problems der Leistungsbewertung zwiespältig aufgenommen werden, immer dann jedenfalls, wenn sie konkret wird.

– Und wahrscheinlich ist es richtig, festzustellen, daß diese Verunsicherung der Leistungsbewertung im Arbeiterbereich auch die Diskussion um Gehalt und Leistung im Angestelltenbereich bestimmen wird.

Die aufgeführten Probleme sind nun wirklich nicht neu. Bemerkenswert ist aber doch, wie diese Fragen immer wieder an den Rand der Aufmerksamkeit verdrängt, also an Expertenzirkel verwiesen werden.

Aus der Sicht des Jahres 2050 liest sich das so:

»Zum Ende des 20. Jahrhunderts wurde immer deutlicher, daß die Abstimmung von Betriebs- und Tarifpolitik, die Nutzung des Solidaritätspotentials der neuen Technologien, die betriebliche Verstärkung und Verankerung einer Diskussion um qualitatives Wachstum, d. h. die Entwicklung neuer Produkte unter Arbeitnehmerbeteiligung, daß all diese zukunftsweisenden Politiken durch das ungelöste Problem der *Leistungsbewertung* zunehmend behindert wurden. Zwar gab es hierzu Vorstellungen unter den Gewerkschaften, aber es gab keine breite Diskussion hierzu; die Mitglieder, insbesondere die Betriebsräte hatten sich an pragmatische Lösungen gewöhnt, und die hauptamtlichen Funktionäre wunderten sich, warum der betriebliche Eigensinn zunahm.«[11]

Eine gewerkschaftliche Technologie-Gestaltungspolitik, mit der nicht eine abgestimmte und allgemein verständliche Leistungsbewertungspolitik einhergeht, kann langfristig nicht erfolgreich sein. Und so lange dieses Problem besteht, besteht auch die Gefahr, daß entgegen allen gegenteiligen Beteuerungen Gestaltungs- und Tarifpolitik, Arbeiter- und Angestelltenpolitik (bei letzteren spielt das individuelle Moment der Gehaltsveränderung eine größere Rolle als bei Arbeitern) sich zu feindlichen Brüdern entwickeln. Diese Gefahr wird noch durch ein anderes organisationsbedingtes Moment verstärkt: Es gibt entscheidungsbedürftige und offene Diskussionen.

Koexistenz unterschiedlicher Methoden, Diskussions- und Arbeitskulturen

Tarifauseinandersetzungen verlaufen auf Gewerkschaftsseite immer nach dem Grundsatz: Diskutieren, Entscheiden, Handeln. Diese auf Kollektivität und Solidarität ausgerichteten Verfahrensweisen haben sich bewährt – sie zu ändern besteht kein Anlaß.

Nur sind diese Regeln in der Gestaltungspolitik, in der Politik um Produktinnovationen nicht ohne weiteres übernehmbar. Die betriebliche Besonderheit spielt eine wesentlich größere Rolle, ebenso das Probieren, auch das Zurücknehmen von Entscheidungen zugunsten neuer. Und schließlich sind diese Themen zwar ihrem Grundsatz nach, aber nur selten im Einzelfall zentral entscheidbar.

Hieraus nun zu schließen, daß zentral nicht entscheidbare Themen uneffektive, also nutzlose Themen sind, ist sicherlich falsch: Die Mechanismen der Effektivität sind andere; hierzu gehören Vergleiche, Erfahrungen austauschen, Wettbewerb, Belobigung und Tadel, vor allem intensive, offene Lern- und Diskussionsprozesse, in denen sich mit der Zeit die geeigneten Lösungen herauskristallisieren können.

Tarifpolitik ist an Termine gebunden, und sie kennt nur eine Lösung (sprich Forderungspaket); Gestaltungspolitik ist in vielen Betrieben weniger terminfixiert, und sie kennt im Regelfall mehrere Lösungen, schon wegen der Betriebsvielfalt. Verschiedene Politikfelder der IG Metall können sich also auch wegen unterschiedlicher Vorgehensweisen, wenn sie in ihrem jeweiligen begrenzten Recht nicht verstanden werden, zu feindlichen Schwestern entwickeln.

»Mit der verstärkten Aufnahme qualitativer Politikthemen – vom Umweltschutz bis hin zur Technologiegestaltung und bis zur Betonung neu zu werbender Personengruppen – entwickelten sich in der IG Metall unterschiedliche Diskussions- und Entscheidungsstrukturen, die eine Zeitlang durchaus der babylonischen Sprachverwirrung glichen.

Die Tariffachleute und viele Arbeiter dachten, sie sollten jetzt nach akademischen Spielregeln Tarifkämpfe führen, und viele Ingenieure, Betriebsräte und engagierte Facharbeiter fühlten sich in ihrem Interesse an Arbeitsgestaltung und schadstoffarmen Produkten behindert, weil sie annahmen, jede Aktivität sei genehmigungspflichtig.

Es hat sehr lange gedauert, bis begriffen wurde, daß Diskussions- und Arbeitsregeln sich nach ihren Aufgaben zu richten haben, daß unterschiedliche Vorgehensweisen ja ihre spezifische Effektivität haben, daß also in einer Gewerkschaft und in einem Gewerkschaftsmitglied durchaus unterschiedliche Diskussions- und Arbeitskulturen koexistieren können.«[12]

Trifft der zitierte Bericht aus dem Jahr 2050 zu, so wird die IG Metall mit diesen Problemen unnötig viel Zeit verlieren – auch wird die Integration verschiedener Arbeitnehmergruppen in einer Gewerkschaft leiden.

Manchmal entscheiden eben auch Organisationsstrukturen darüber, welches der beiden Momente von Konkurrenz (Spaltung) und Solidarität sich verstärkt durchsetzen wird.

Festzuhalten ist: Eine Gewerkschaft, die begonnen hat, eine andere Zukunft zu denken, auszuformulieren und zu fordern, wird diese selbstgestellte Aufgabe tief in ihren eigenen Politikfeldern und Organisationsstrukturen einarbeiten müssen, um Erfolg zu haben.

Entwicklungsalternativen der IG Metall

Zum Schluß lassen sich die vorgetragenen Überlegungen zu Szenarien alternativer Entwicklungsmöglichkeiten verdichten. Zunächst werden drei Wege gesehen:

a) Programmatisch ist die IG Metall eine Arbeitnehmergewerkschaft, praktisch hingegen ist sie immer noch eine Arbeitergewerkschaft, in der die Facharbeiter tonangebend sind. Die erste Möglichkeit besteht darin, daß sie eine Facharbeitergewerkschaft mit Verbündeten aus anderen Arbeitnehmergruppen bleibt.

b) Die entgegengesetzte Möglichkeit ergibt sich, wenn sie sich zu einer auch faktischen Arbeitnehmergewerkschaft entwickelt.

c) Und die dritte Möglichkeit, die für die wahrscheinlichste gehalten wird, besteht darin, daß sie zwischen diesen beiden Richtungen hin- und herpendelt.

Angenommen, die IG Metall bleibt eine Facharbeitergewerkschaft mit verbündeten Mitgliedern aus anderen Arbeitnehmergruppen. Was passiert dann? Sowohl vom Strukturwandel der Branchen, von der Veränderung der Betriebsgrößen, von der Umschichtung der Tätigkeiten in den Branchen, aber auch von der Veränderung individueller Wertvorstellungen her gesehen, ist dann vergleichsweise sicher vorherzusagen, daß die IG Metall eine deutlich schrumpfende, industrie- und gesellschaftspolitisch weniger bedeutsame Gewerkschaft werden wird. Sie wird Opfer des Strukturwandels. Allerdings hat dieser Weg nicht nur Nachteile: Die innere Geschlossenheit kann besser bewahrt werden. Auch ist unwahrscheinlich, daß die Entwicklung tatenlos hingenommen wird. Bei diesem Weg wird die Durchsetzung der 35-Stunden-Woche in den neunziger Jahren die letzte gesellschaftliche Großtat sein.

Entwickelt sich die IG Metall hingegen zu einer Arbeitnehmergewerkschaft, die alle Arbeitnehmergruppen entsprechend ihrer sozio-ökonomischen Bedeutung organisiert, wird sie ihre Mitgliedergröße vielleicht noch zwanzig Jahre halten, kurzfristig wohl sogar noch ausbauen können. Zwar steigt damit die Finanzkraft der Organisation – ein Erfolg aber im Sinne der Beibehaltung und Steigerung ihrer bisherigen industriepolitischen Bedeutung ist damit nicht gesichert.

Denn: Je erfolgreicher dieser Weg eingeschlagen wird, je mehr die IG Metall sich also von ihrer bisherigen faktischen Verfassung einer Arbeitergewerkschaft trennt, um so größer werden unvermeidlich auch die innergewerkschaftlichen Widersprüche – resultierend auch aus unterschiedlichen Orientierungen verschiedener Arbeitnehmergruppen. Die Frauenbewegung – auch die gewerkschaftliche – hat unmißverständlich klargemacht, daß weibliche Mitglieder nicht zum Nulltarif zu haben sind – ähnliche Erfahrungen wird man mit anderen Arbeitnehmergruppen machen.

Befürchtet wird der Pendelverkehr zwischen beiden Entwicklungsrichtungen, das heißt: Auf Tagungen wird über die andere Zukunft, die neue Beweglichkeit, über Antworten auf alte und neue Herausforderungen debattiert. Im Alltag bleibt alles beim alten, bzw. ändert sich viel zu langsam. In diesem Fall ist es vorstellbar, daß sowohl die bisherige als auch die zukünftige IG Metall Schaden nehmen, also Einbußen an *Glaubwürdigkeit* erleiden wird.

Dreh- und Angelpunkt ist die *solidarische Bewältigung der Übergangsprobleme* von der Gegenwart in die Zukunft. Aufgezeigt worden ist, daß die ökonomischen Entwicklungstendenzen nicht nur die Risiken erhöhen, sondern auch Chancen für neue Solidaritätspotentiale stiften. Diese müssen inhaltlich erarbeitet und vor allem organisationspolitisch nachgearbeitet, die Programmatik muß in leistbare Pragmatiken umgesetzt werden. Hierin besteht meines Erachtens der entscheidende Schwachpunkt der Diskussion. Allerdings kann dieses Urteil falsch sein, da diese Diskussion nicht unbedingt nur öffentlich geführt werden wird. Trotzdem sei die Sorge formuliert, daß Programmatik und Pragmatik zu sehr auseinanderfallen, daß die Papierproduktion der IG Metall-Vorstandsverwaltung mit den Aktivitäten der Verwaltungsstellen verwechselt wird, also die Unterstützung vor Ort zu kurz kommt.

Jedenfalls ist in dem so oft zitierten Bericht der historischen Gewerkschaftskommission ausführlich nachzulesen, daß die organisationspolitische Nacharbeit erkannter Zukunftsperspektiven der entscheidende

Engpaß einer zukunftsorientierten Entwicklung der IG Metall gewesen ist; manch unnötige Verwirrung sei hierdurch entstanden.

Wie nun auch immer die Diskussion um die Zukunft verläuft und ausgeht, so sollte doch eines klar sein: Den bisherigen Strukturwandel hat die IG Metall sowohl quantitativ als auch qualitativ erstaunlich gut bewältigt. Ihr heutiger Mitgliederstand wäre ihr 1970 wohl kaum vorhergesagt worden. Die Debatte kann also ziemlich selbstbewußt geführt werden.

Anmerkungen

1 Vgl. Beitr. AB, Bd. 92.1 und 92.2
2 Auszug aus Bericht der historischen Gewerkschaftskommission des Jahres 2050
3 ebd.
4 ebd.
5 Siegfried Bleicher: Situation und Perspektiven der Angestelltenarbeit und -politik, Frankfurt 1987, S. 95
6 Auszug aus Bericht der historischen Gewerkschaftskommission des Jahres 2050, aa.O.
7 ebd.
8 ebd.
9 ebd.
10 ebd.
11 ebd.
12 ebd.

Für eine Technologiepolitik der sozialen Zukunft –
Arbeit und Technik als Ziel politischer Gestaltung

Siegfried Bleicher*

Die Diskussion über das Verhältnis von Arbeit und Technik hat in der Arbeiterbewegung eine lange Tradition. Ich erinnere nur an die Maschinensturmdiskussion im frühen 19. Jahrhundert und die Debatte über die tayloristische Rationalisierung der Arbeit im ersten Drittel dieses Jahrhunderts.

Ich verweise auf die Symbole der Industriegesellschaft: So steht die Dampfmaschine für die Unterwerfung der Handwerks- und Manufakturarbeit unter die – wie Karl Marx es ausdrückte – »große Maschinerie«. Damit wurde die Idylle zünftiger Handwerksarbeit zerschlagen, und mit ihr entstand gleichzeitig das moderne Industrieproletariat. So steht als »Kathedrale« der Industriegesellschaft und System arbeitsteiliger stupider Massenproduktion das Fließband. Menschliche Arbeit verkümmerte zu einer biomechanischen Restfunktion.

Trotz dieser negativen Erfahrungen mit dem »technischen Fortschritt« hat die Arbeiterbewegung ihren gesellschaftlichen Fortschrittsbegriff auf das engste damit verknüpft. Massenarbeitslosigkeit und unmenschliche Formen entfremdeter Industriearbeit wurden nicht als Folge der Produktivkraftentwicklung, sondern als Folge der auf Eigentumstiteln beruhenden kapitalistischen Macht- und Herrschaftsverhältnisse verstanden.

Die soziale Gestaltung von Arbeit und Technik, wie wir sie etwa heute fordern, war damals nur denkbar vor dem Hintergrund einer sozialistischen Gesellschaft. Und dieser mit dem technischen Wandel eng verknüpfte Fortschrittsbegriff der Arbeiterbewegung ist auch in der Nachkriegszeit die Grundlage unseres Handelns geblieben. Der ursprünglich revolutionäre Gehalt des gesellschaftlichen Fortschrittsverständ-

---

* Geschäftsführendes Vorstandsmitglied der IG Metall

nisses wurde ersetzt durch eine evolutionäre, antikapitalistisch orientierte Reformstrategie.

Otto Brenner brachte dieses Verständnis bei der ersten Automationstagung der IG Metall 1963 auf die Formel: »Die Gewerkschaften waren niemals Maschinenstürmer. Sie waren immer für den technischen Fortschritt. Wir betrachten ihn als Instrument zur Hebung des Lebensstandards und zur Befreiung des Menschen von der Fron unwürdiger Arbeit.«

Diese Möglichkeiten sah Otto Brenner vor allem in der Sicherung des sozialen Besitzstandes und in einem höheren Anteil am Sozialprodukt. Um Otto Brenner mit seiner Aussage vor 25 Jahren zu verstehen, möchte ich nur kurz auf die wichtigsten gesellschaftlichen Bedingungen für seine Einschätzung hinweisen:

Es gab keine Arbeitslosigkeit. Wir hatten nahezu Vollbeschäftigung. Der Technik war ihre »Unschuld« – jedenfalls in ihrer zivilen Anwendung – noch nicht genommen. Es gab weder Seveso, Bophal noch Tschernobyl. Wir alle glaubten noch an die friedliche Nutzung der Kernenergie.

Ungebrochen war auch der Glaube an eine wohlfahrtsstaatliche Lösung durch Wachstum und Umverteilung zugunsten der Arbeitnehmer. In den Jahren danach begannen die Gewerkschaften allmählich zu begreifen, daß technischer Fortschritt nicht mit sozialem Fortschritt identisch ist. Die IG Metall formulierte das programmatisch auf ihrem 4. Automationskongreß mit »Qualität des Lebens«. Unsere eigene Lernphase in den siebziger Jahren veränderte die gesellschaftlichen Bedingungen radikal.

Umweltkrise, Massenarbeitslosigkeit, die revolutionäre Entwicklung der Mikroelektronik und das Sichtbarwerden der Risikogesellschaft seien dafür als Stichworte genannt.

Diese Entwicklungen, die heute von immer mehr Menschen begriffen werden, führten auf der neokonservativen Ebene jedoch zu einem reaktionären Festhalten am technischen Fortschrittsbegriff. Zugleich nahmen sie ihm den von der Arbeiterbewegung noch zugeschriebenen Sinngehalt sozialen Fortschritts. Neokonservative Technologiepolitik fördert Zukunftstechnologie, ohne die Gestaltung der Zukunft selbst zum Thema zu machen. Sie läßt sich nur noch aus dem Verwertungsinteresse der Industrie begründen. Nirgendwo sonst, wie bei der Gestaltung von Arbeit und Technik, wie in der Auseinandersetzung um eine andere Zukunft, kommt deshalb der Interessengegensatz zwischen Arbeit und Kapital deutlicher zum Ausdruck.

Wo die Unternehmer – getrieben vom internationalen Wettbewerb – dem Ziel immer höherer Produktivitätssteigerungen mit möglichst effizientem Einsatz immer neuer Technologien hinterherjagen, kämpfen die Gewerkschaften gegen die Folgen der Arbeitslosigkeit.

Wo die Unternehmer möglichst lange Maschinenlaufzeiten anstreben und immer weniger Arbeitsunterbrechungen zulassen wollen, kämpfen die Gewerkschaften gegen die Folgen von Gesundheitsverschleiß und Streß.

Wo die Unternehmer vorwiegend den Facharbeiter als wichtigen menschlichen Produktionsfaktor bevorzugen, kämpfen die Gewerkschaften für eine breite und vorausschauende Qualifizierung aller Arbeitnehmer, um Polarisierung und das Aussortieren von sogenannten Randgruppen zu verhindern.

Die Programmatik der Gewerkschaften, hier vor allem das Aktionsprogramm »Arbeit und Technik« der IG Metall, ist getragen von dem Gedanken, daß dieser Interessengegensatz wenn nicht zu überwinden, so doch einzugrenzen ist. Wir fordern dazu auf, den engen Blickwinkel einer ausschließlich technikorientierten Diskussion zu verlassen. Im Mittelpunkt jeder gesellschaftlichen und wirtschaftlichen Entwicklung muß und kann nach wie vor nur der Mensch stehen.

Soziale Zukunft und Massenarbeitslosigkeit sind unvereinbar

Die Schreckensvision technologischer Arbeitslosigkeit, die Pessimisten als Folge von Automation in den sechziger Jahren an die Wand malten, ist so nicht eingetreten. Noch 1977 prognostizierten die Gewerkschaften für Anfang der achtziger Jahre mehr als zwei Millionen arbeitslose Sekretärinnen als Folge der Bürorationalisierung. Auch hier waren die Auswirkungen bislang, und angesichts der unerträglich hohen Massenarbeitslosigkeit zum Glück, nicht so negativ, wie das auch von uns Gewerkschaften lange Jahre befürchtet wurde. Dennoch spielt die Arbeitslosigkeit oder vielmehr der Gedanke, möglichst vielen Menschen einen angemessenen und menschenwürdigen Arbeitsplatz zu geben und zu erhalten, in der Debatte um den Einsatz neuer Technologien nicht die Rolle, die notwendig wäre.

Nach wie vor werden Überlegungen angestellt über die menschenarme Fabrik als positives Wunderwerk, das ungestört von menschlichen Bedürfnissen, Launen, Ansprüchen und Macken produziert. Wir setzen dem Ziel der Vollautomatisierung das Ziel des arbeitsorientierten Produktionskonzeptes entgegen. Arbeitsorientierte Produktionskonzepte, die weniger kapitalintensiv sind, bedeuten auch immer mehr Arbeitsplätze. Die positive Entscheidung für mehr Arbeitsplätze ist damit keineswegs eine negative Entscheidung im Hinblick auf die Produktivität.

Im Gegenteil: Die weniger kapitalintensiven Lösungen sind in den meisten Fällen auch kostengünstiger, weil der sogenannte Break-even-point, also die Schwelle, von der an eine Anlage profitabel arbeitet, sehr viel niedriger liegt. VW hat mit seiner berühmten Halle 54 erhebliche Schwierigkeiten, diese Schwelle überhaupt zu erreichen. Die Auslastungsquote muß bei etwa neunzig Prozent liegen. Sie wurde bislang kaum je erreicht, weil jedes einzelne technische Versagen zum Stillstand der gesamten Produktion führen kann. Wählt man statt dessen ein Produktionskonzept mit Gruppenarbeit, Insellösungen und Pufferlagern, das auf die Qualifikation von Menschen setzt, können technische Störungen in einem solchen überschaubaren Bereich ohne große Probleme aufgefangen werden. Dieser betriebsorientierte, beschäftigungspolitische Ansatz ist damit eine konsequente Ergänzung zu unserer Politik der Verkürzung der Arbeitszeit auf 35 Stunden bei vollem Lohnausgleich.

Die Arbeitsbedingungen von morgen wurzeln in den Produktionsentscheidungen von heute

Noch ist es die Regel, daß Frauen in Japan höchstens bis zum Beginn ihrer Ehe arbeiten. Nichts spricht also in den Augen der japanischen Unternehmer dagegen, die Arbeitsbedingungen so zu gestalten, daß die Arbeitskraft der Frauen bis zu diesem Zeitpunkt so ausgiebig genutzt wird, daß sie danach kaum noch als Arbeitskraft zu gebrauchen sind. In der Bundesrepublik sollten die Arbeitsbedingungen so sein, daß sie dem Arbeitnehmer ein Berufsleben bis zum Eintritt des Rentenalters ermöglichen.

Wir alle wissen, daß das nicht mehr so ist. Herzinfarkte von Arbeitnehmern nehmen zu; Gesundheitsverschleiß führt zu immer mehr Frührentnern, Gesundheitsbeeinträchtigungen zwingen zur Suche nach »leichteren Arbeitsplätzen« – aber so viele gibt es davon nicht. Hinzu kommt, daß die sozialen Folgen solcher Arbeitsbedingungen der Allgemeinheit angelastet werden. Hier fallen die Kosten an, die sich in den Gewinnrechnungen der Unternehmer allenfalls durch steigende Zahlungen für die Sozialversicherung niederschlagen. Auch hier gibt es Beispiele, daß eine menschengerechte Gestaltung von Arbeitsbedingungen, die weniger Gesundheitsverschleiß zur Folge haben würde, nicht nur möglich, sondern ebenfalls kostengünstig ist. So wurde in einem Werk der Firma Saab die Überkopfarbeit abgeschafft. Nicht, weil die Unternehmer den Arbeitnehmern etwas besonders Gutes tun wollten, sondern weil sie für diese Arbeiten in einem Land mit niedriger Arbeitslosigkeit keine Arbeitskräfte fanden, die bereit waren, auf diese Weise ihre Gesundheit zu ruinieren.

Diese Einschränkungen gelten nicht für die Bundesrepublik. Deshalb finden wir auch viel zu wenig konsequente Bemühungen, solche belastenden Tätigkeiten zu vermeiden. Das Beispiel BMW-Regensburg ist dafür bezeichnend. In diesem vor eineinhalb Jahren auf der grünen Wiese neugebauten Werk gibt es nach wie vor Überkopfarbeit. Allerdings haben sich für die bis heute rund zweitausend Arbeitsplätze etwa dreißigtausend Menschen beworben. Die Region Regensburg hatte zu diesem Zeitpunkt eine Arbeitslosenquote von über zehn Prozent. Voraussetzung zum Abbau solcher belastenden Überkopfarbeiten sind Konstruktionsveränderungen am Auto. Der Motor dürfte erst eingebaut werden, wenn die Karosserie praktisch fertig montiert ist, damit sie bis zu diesem Zeitpunkt gekippt werden kann, um die notwendigen Unterbodenarbeiten ausführen zu können. Konstruktive Produktionsveränderungen am Auto bedürfen einer fünf- bis zehnjährigen Vorlaufplanung, um die dafür notwendigen Prozeßänderungen einleiten zu können. Doch solche Änderungen würden sich rechnen – nicht nur für den Unternehmer, auch für die Gesellschaft.

Auch die Lebensbedingungen von morgen wurzeln in Produktentscheidungen von heute

Die Verwendung von immer mehr Kunststoffteilen im Auto – also eine Produktentscheidung des einzelnen Unternehmens – wird uns in zehn bis zwanzig Jahren vor kaum lösbare Recyclingprobleme stellen. Stahl läßt sich aus gemischtem Müll magnetisch isolieren und durch Wiedereinschmelzen weiterverwenden. Bei Kunststoff geht das nicht. Die Gemeinschaft, der Staat oder sogar die Natur werden damit zum Entsorger von Folgen, die sie gar nicht verursacht haben.

1. Produktmitbestimmung

Die Entscheidung für ein bestimmtes Produkt oder für eine bestimmte technische Lösung ist üblicherweise nicht die Entscheidung in der Sache oder die Konsequenz aus besseren Argumenten. Sie ist vor allem eine Frage von Macht und Mitbestimmung. Wir fordern deshalb die Produktmitbestimmung, weil die Gestalt des Produktes entscheidende Bedingung für eine menschengerechte Arbeitswelt und lebenswerte Umwelt ist. Produktmitbestimmung lehnen die Arbeitgeber vom Grundsatz her ab, weil wir damit in den traditionellen Herrschaftsbereich von Unternehmerentscheidungen einbrechen. Betriebsräte und Gewerkschaften sind in ihren Augen allenfalls Regelungspartei für die sozialen Folgen der Technik oder Verteilung von Produktivitätserträgen.

2. Gesetzliche Auflagen

Neben diesem betriebsbezogenen Mitbestimmungsansatz nach menschengerechteren und umweltfreundlicheren Produkten stehen der gesellschaftliche Nutzen und die Vermeidung sozialer und ökologischer Folgen als Anspruch. Wenn unternehmenspolitische Produktentscheidungen zu Umweltrisiken und Recyclingproblemen führen, dann müssen sie mit gesetzlichen Auflagen versehen werden. Wichtigste Kernpunkte dafür wären, ein kostenwirksames Verursacherprinzip durchzusetzen und die Recyclingfähigkeit von Produkten zur Auflage zu machen.

3. Öffentliche Meinung verändern

Wir müssen jedoch auch das Instrument der öffentlichen Meinung »schärfen«. Technikeinsatz hat Konsequenzen: Gesundheitliche Belastungen, Umweltschäden oder auch Arbeitslosigkeit. Das sind Punkte, nach denen wir Produktentscheidungen von Unternehmen bewerten sollten. Wenn uns das auf einer genügend breiten öffentlichkeitswirksamen Ebene gelingt, dann wird der Rechtfertigungszwang für ein schlechtes Produkt zum Nachteil des produzierenden Unternehmens und zum Konkurrenzvorteil für ein anderes Unternehmen, wenn es bessere Produkte herstellt. In der ergonomischen Gestaltung von Bildschirmgeräten ist uns das ein Stück weit gelungen. Daß heute überhaupt über Alternativen zur Kernenergie nachgedacht wird, ist ein weiterer Beleg dafür, daß öffentliche Meinung Politik verändern kann.

4. Alternative Zukunftsentwürfe

Wir werden jedoch nicht umhinkommen, eigene Gestaltungsüberlegungen über alternative Produkte und damit unsere Zukunft anzustellen. Unser entschiedenes »Nein« zu bestimmten Produkten, Technik- und Arbeitsverfahren muß durch ein gewünschtes »Ja« mit möglichst vielen Beispielen von sozialen und umweltfreundlichen Alternativen ergänzt werden.

Es geht um konkrete Utopien, um die plastische Formulierung unserer Gegeninteressen. Die Diskussion mit den Fachleuten, also mit Planern, Ingenieuren und Technikern und nicht zuletzt mit den Arbeitnehmern selbst steht im Mittelpunkt. Der weitverbreiteten sozialen Ratlosigkeit von Planern und Ingenieuren müssen wir unsere soziale Phantasie entgegensetzen. Ich halte das nicht für eine Illusion. Wollen wir unsere Zukunft wirklich mitbeeinflussen, dann müssen wir heute Einfluß auf Produktentscheidungen nehmen und dafür die richtigen Instrumente erkämpfen.

Es gibt keinen technischen und ökonomischen Sachzwang

Nun wird uns oft entgegengehalten, daß unsere Forderungen nach humaneren und umweltverträglicheren Produktlösungen, Prozeßtechnologien und Arbeitsorganisationen sich entweder technisch nicht realisieren ließen oder zu unwirtschaftlich seien. Diesem Argument des technischen und ökonomischen Sachzwangs steht auf der Erscheinungsebene entgegen, daß inzwischen andere Beispiele das Gegenteil belegen. Deshalb ist es so wichtig, daß wir mit Phantasie und vielleicht zunächst nur punktueller Durchsetzungskraft Gegenbeispiele schaffen, um die althergebrachte Argumentation auszuhebeln.

Dem Sachzwangargument steht auch entgegen, daß kapitalistische Produktionsprozesse sich heute in der Realität sehr widersprüchlich darstellen. Sozialwissenschaftliche Untersuchungen sprechen bereits von einem Pluralismus kapitalistischer Rationalisierung. Nicht nur die Abschaffung des Fließbandes bei Volvo in Uddevalla, einem neuen Werk, das vor kurzem in Schweden in Betrieb genommen wurde, sondern vor allem auch die technischen und organisatorischen Flexibilisierungsanstrengungen der Unternehmer belegen das.

Gerade die sogenannte Schlüsseltechnologie Mikroelektronik hat den von vielen noch immer unterstellten technischen Determinismus widerlegt, denn die Mikroelektronik ist variabel und universell.

Nicht die Technik darf die Determinante sein, die uns vorschreibt, wie wir zu arbeiten und zu leben haben. Wir müssen die soziale Organisation vorgeben, also sagen, wie das Verhältnis von Produktion, Natur und Gesellschaft zu bestimmen ist. Wenn uns das gelingt, dann lassen sich mit dieser Vorgabe Produkt, Arbeitsprozeß und Arbeitsorganisation und damit die Arbeits- und Lebensbedingungen der Arbeitnehmer menschengerechter und umweltfreundlicher gestalten.

Technologiepolitik hat sich sozial zu verantworten

Die Bundesregierung und die Landesregierungen betreiben Technikförderung mit Milliardensummen. Damit gestalten sie unsere Zukunft mit. Wer sich so verhält, ohne die Bekämpfung der Massenarbeitslosigkeit ebenso zum Schwerpunkt seiner Technologiepolitik zu machen, handelt unglaubwürdig nicht nur gegenüber den Arbeitslosen, sondern auch gegen die Gesellschaft. Bundesregierung und Landesregierungen fördern sogenannte Zukunftstechnologien. Das sind zum Beispiel die Bio- und Gentechnologie oder die bemannte Raumfahrt. Sie sagen uns aber nicht, wie sie sich die Zukunft vorstellen, erheben statt dessen den Fortschrittsglauben zum Dogma. Technischer Fortschritt gleich Zukunft: Mit dieser Botschaft sollen unsere kritischen Einwände vom Tisch gefegt werden.

Bundesregierung und Landesregierungen betreiben Technikförderung, ohne die Risiken und sozialen Folgen für Mensch und Natur zu benennen. Verlangt wird Zustimmung ohne Wissen wozu. Das ist für uns verantwortungsloses Handeln. Bezeichnenderweise wurde gerade das für eine soziale Gestaltungspolitik zentrale staatliche Förderprogramm zur Humanisierung der Arbeitswelt von der Bonner Regierungskoalition finanziell so stark beschnitten, daß gegenwärtig keine neuen Projekte mehr vergeben werden können. Die sich darin abzeichnende schrittweise finanzielle Ausblutung des Programms macht deutlich, daß die Bundesregierung offensichtlich kein Interesse an arbeitnehmerorientierten Lösungen zur Gestaltung von Arbeit und Technik hat.

Es ist nicht der Mangel an Alternativen, sondern der einseitige Machtanspruch der Unternehmer, der den Arbeitnehmern bei unternehmenspolitischen Entscheidungen die Mitbestimmung verweigert.

Es ist der in sich widersprüchliche Fortschrittsbegriff der Neokonservativen, der einen nicht hinterfragten Glauben an Zukunftstechnologien zum Programm erhoben hat, ohne Benennung von Risiken und Folgen für Mensch, Natur und Gesellschaft.

Es ist vor allem jedoch die nicht thematisierte Frage, wie wir morgen arbeiten und leben wollen. Die Technik wird zum Zweck erhoben, ist nicht mehr länger nur Mittel. Keiner fragt nach unserer Zukunft, um von dieser Perspektive aus beschreiben zu können, welche Initiativen für soziale Innovationen wir heute anstoßen und fördern müssen, wie wir möglichst viele exemplarische Beispiele schaffen können, wie unsere industriell hochgerüstete Gesellschaft menschen- und umweltfreundlicher gestaltet werden kann, und vor allem, wie die Massenarbeitslosigkeit bei zunehmendem Technikeinsatz bekämpft werden kann.

Der Mensch muß bleiben!

Das ist die Botschaft unseres Aktionsprogramms »Arbeit und Technik«: »Das Aktionsprogramm Arbeit und Technik konzentriert sich auf den Betrieb – dort, wo Rationalisierung stattfindet, wo neue Techniken eingesetzt werden. (...) Dort sind die unternehmerischen Konzepte in Frage zu stellen. Dazu sind konkrete Alternativen zu den Rationalisierungskonzepten der Unternehmer zu formulieren. Sie müssen von Betriebsräten, gewerkschaftlichen Vertrauenskörpern und den betroffenen Arbeitnehmern aufgegriffen und getragen werden. (...) Das Vorantreiben dieses Prozesses (...) muß deshalb zur politischen Tagesaufgabe, zum Gegenstand gewerkschaftspolitischen Handelns werden. (...) Es soll gewerkschaftliche Funktionäre in die Lage versetzen (...), gemeinsam mit den Arbeitnehmern die notwendige Stärke für betriebsübergreifende politische Lösungen zu entwickeln. Das ist eine Langzeitaufgabe. Das Aktionsprogramm hat deshalb Prozeßcharakter.«

Die Aktualität dieser Aussagen ist sicher ungebrochen. In den praktischen betriebs- und organisationspolitischen Konsequenzen, also auf der unmittelbaren Handlungsebene, hakt es jedoch noch an vielen Ekken und Enden. Neben den von mir bereits skizzierten äußeren Bedingungen – wie die bestehenden Macht- und Herrschaftsstrukturen in Unternehmen und Gesellschaft oder darüber hinaus die Schwierigkeit, soziale Gestaltungspolitik bei Massenarbeitslosigkeit durchzusetzen – gibt es für mich einige organisationsinterne strukturelle Bedingungen, die wir erkennen und überwinden müssen. Nicht vergessen dürfen wir natürlich auch, daß sich viele unserer Kolleginnen und Kollegen in der Gestaltungsfrage noch überfordert fühlen.

1. Solidarität ist kein Selbstläufer

Wir werden die notwendige Gegenmacht nur dann entfalten können, wenn wir unsere Politikkonzepte nicht von uns aus für die Menschen anlegen, sondern mit ihnen gemeinsam entwickeln und durchsetzen. Gewerkschaftliche Gestaltungspolitik muß bloße »Stellvertreterpolitik« überwinden. Über unsere Funktionäre hinaus müssen wir die Mitglieder motivieren, ihre Angelegenheiten selbst mit in die Hand zu nehmen; sind sie doch die Fachleute ihrer Arbeits- und Lebensbedingungen.

Wir müssen unsere Forderung nach Mitbestimmung am Arbeitsplatz praktisch ausfüllen, heute geltend machen, ja einklagen. Wir müssen Gegenmeinungen erzeugen, weil sich nur dann Begründungszwänge gegen unternehmenspolitische Entscheidungen erzeugen lassen. Das kann Widerspruch selbst in den eigenen Reihen bewirken. Um solidarische Gestaltungslösungen muß in einer offenen Streitkultur gerungen werden. Dafür muß die IG Metall Plattform sein, auch wenn wir uns manchmal noch etwas schwer tun im Umgang mit kritischen Geistern oder weil für viele von uns das Thema der gewerkschaftlichen Technologiepolitik zu komplex erscheint.

2. Zukunftswerkstätten der sozialen Technikgestaltung aufbauen

Soziale Technikgestaltungspolitik funktioniert nur, wenn wir regionale Netzstrukturen aufbauen, mit betrieblichen und überbetrieblichen Technologie-Arbeitskreisen, mit haupt- und ehrenamtlichen Funktionären, vor allem jedoch mit unseren Mitgliedern. Ziel ist die »Hilfe zur Selbsthilfe«. Das erfordert auch das Gespräch über unsere Gewerkschaftsgrenzen hinaus mit außergewerkschaftlichen Einrichtungen und Personen wie Wissenschaftsläden, Universitäten, technischen Hochschulen oder mit den Vertretern von Kirchen und politischen Parteien.

Vor Ort – in den Betrieben, in unseren Verwaltungsstellen und in den Regionen – wird gestaltet. Dort müssen wir unsere positiven Zukunftsalternativen entwickeln; jede unserer Verwaltungsstellen muß zur Zukunftswerkstatt werden! Wenn es gelingt, soziale Technikgestaltungspolitik in jeder IG-Metall-Verwaltungsstelle zum Thema zu machen, dann wird das nicht ohne Folgen bleiben im Denken, Fühlen und Eintreten der Menschen für eine andere Zukunft.

Das wird nicht nur unsere Organisationsstrukturen verändern, sondern auch die Aufgaben unserer haupt- und ehrenamtlichen Funktionäre. Natürlich sollen unsere Gewerkschaftssekretäre oder die Gewerkschaftssekretärinnen nicht Experten für Technik- oder Zukunftsgestaltung werden. Sie sollen aber in der Lage sein, initiativ zu handeln, regionale Netzwerke zu organisieren und Impulse für gewerkschaftliche Zukunftswerkstätten zu geben. Dafür müssen wir sie befähigen und weiterqualifizieren. Darin sind sie durch den Vorstand der IG Metall zu unterstützen.

Beispiele sozialer Technikgestaltung in Branchen übertragen

Die Arbeit vor Ort, obwohl zentral, genügt nicht; sie ist zu ergänzen. Mit unserem Branchenansatz wollen wir die verschiedenen Gestaltungsebenen von der gewerkschaftlichen Betriebspolitik bis hin zur Industriepolitik miteinander verzahnen. Inhaltlich lassen sich mit dem Branchenkonzept Arbeitsgestaltungspolitik, Produkt- und Strukturpolitik verknüpfen.

So diskutieren wir gerade mit unseren Funktionären aus verschiedenen Gießereibetrieben konkrete Möglichkeiten zum Umwelt- und Gesundheitsschutz am Arbeitsplatz, aber auch zum Erhalt von Arbeitsplätzen in der Gießereiindustrie, wo viele Klein- und Mittelbetriebe von Schließungen bedroht sind. In der Automobilindustrie ist es uns gelungen, dem arbeitsorganisatorischen Gestaltungsprinzip »Gruppenarbeit« zum Durchbruch zu verhelfen, aber erst nach sechsjähriger harter Vorarbeit.

Für das Herzstück des deutschen Maschinenbaus, in der Werkzeugmaschinenindustrie, haben wir alternative Gestaltungsvorstellungen zu den gängigen Computersteuerungen entwickelt. Dies ist ein strategischer Produktansatz, entscheidet er doch über Qualifikationsanforderungen, bestimmt er doch weitgehend die Arbeitsorganisation und damit die Arbeitsverteilung im Betrieb mit ihren Konsequenzen für Arbeitsplätze oder Entlohnung.

Branchenkonzepte ermöglichen es uns, bei relativ homogenen Ausgangssituationen zunächst Pilotbeispiele zu schaffen, um sie dann zu übertragen. In den Betriebs- und Gesamtbetriebsräten, in den Wirtschaftsausschüssen aber auch in den Aufsichtsräten müssen wir bei anstehenden Investitionsentscheidungen immer wieder nach dem sozialen Nutzen von Produkt und Technik fragen. Wir müssen den Druck zur Rechtfertigung der gewählten Lösung verstärken.

Die breite Nachfrage von Belegschaften und ihren Interessenvertretern nach sozialeren Techniklösungen muß Hersteller und den eigenen Arbeitgeber zu arbeitsorientierten Gestaltungsalternativen zwingen. Dazu bedarf es natürlich sozialer Gegenentwürfe. Dazu müssen wir auf breiter Ebene unsere Gegeninteressen artikulieren. Wir nennen das Marktmacht der Betriebsräte, weil sie diesen Prozeß organisieren müssen.

Gestaltungsfeld Tarifpolitik – zwei Beispiele

Die Ende der siebziger Jahre erkämpften Absicherungsverträge für den Entlassungsschutz älterer Arbeitnehmer beginnen zum Teil erst heute ihre Wirkung als präventiver Gestaltungsansatz gegen Gesundheitsverschleiß zu entfalten. So ist bei Audi in Ingolstadt eine Reihe von Gestaltungsmaßnahmen nicht etwa einer fortschrittlich gewordenen Fraktion des Kapitals zuzuschreiben, wie uns einige Sozialwissenschaftler erzählen wollen. Bei Audi mußte man sich überlegen, wie Arbeit auszusehen hat, damit auch ältere Arbeitnehmer sie ausführen können. Der Zwang dazu entstand durch den tariflich durchgesetzten Entlassungsschutz.

Der jüngst abgeschlossene Tarifvertrag für Nordwürttemberg-Nordbaden verlangt eine jährliche Qualifikationsplanung. In der Umsetzung dieses Tarifvertrages sollten wir immer auch nach der Gestalt des zukünftigen Arbeitsprozesses fragen. Wofür sollen die Arbeitnehmer qualifiziert werden? Das erhöht den Rechtfertigungszwang für bestimmte technisch-organisatorische Lösungen, damit fragen wir nach Alternativen.

Natürlich ist Tarifpolitik kein magisches Wort, mit dem sich etwa alle unsere Probleme lösen lassen. Trotzdem sollten wir über die bisherigen Schranken unserer Tarifpolitik hinaus die Gestaltungsfrage in den Mittelpunkt stellen. So haben wir bisher in der Tarifpolitik zu wenig gefragt, wie durch die soziale Gestaltung von Arbeit und Technik die Lohn-Leistungs-Bedingungen für ein ganzes Berufsleben ausgelegt werden müßten. Tarifpolitik, die sich der Gestaltungsfrage von Arbeit und Technik annimmt, muß sich von der Verteilungs- über die Rationalisierungsschutzpolitik hin zu einer erweiterten Gestaltungspolitik öffnen. Sie muß verstärkt in die Gestaltungsmacht der Arbeitgeber einbrechen.

Ein neues Politikverständnis ist angezeigt

Indem wir nach dem Leben und der Arbeit unter künftigen Bedingungen fragen, wollen wir zu einem neuen Politikverständnis kommen, und wir wollen das Fortschrittstabu der Konservativen durchbrechen, das sie mit ihrer Verherrlichung der neuen Technologien aufgestellt haben. Deshalb benennen wir die Widersprüche dieser Entwicklung, um sie auszutragen. Nur im Konflikt, in der millionenfachen Frage der Menschen nach ihrer Zukunft, lassen sich solidarische Lösungen für Mensch, Natur und Gesellschaft finden.

Dazu müssen wir das Recht auf Technikkritik, auf Gegenmeinung erkämpfen; das ist demokratische Technikkultur, wie wir sie wollen. Sie verlangt die Rechtfertigung, will die Begründung für das, was mit Technik gemacht wird, denn Technik ist das Ergebnis von politischen Entscheidungen, ist in Stahl oder Mikrochips geronnene Politik.

Wir fordern eine Technologiepolitik, die deutlich macht, welche Zukunft sie anstrebt, die zugleich ernsthafte Technologiefolgen- und Risikoabschätzung betreibt, bevor die Weichen für bestimmte Techniken gestellt werden. Vor allem jedoch wollen wir wissen, welchen Beitrag Technologiepolitik zur Beseitigung der Massenarbeitslosigkeit leistet.

Aussprache

*Dr. Peter Brödner,
Kernforschungszentrum Karlsruhe*

Die Strategie der flexiblen Spezialisierung

Meine Kritik richtet sich nicht so sehr dagegen, daß ein soziotechnischer Ansatz nicht in einem bestimmten Stadium eines Planungsprozesses als ein nützliches Instrument angesehen werden kann, mit dem man ein konkretes Produktionssystem diskutieren kann. Meine Kritik richtet sich darauf, daß bei dieser Betrachtungsweise der wesentliche Punkt gar nicht in den Blick gerät, die Dialektik von Arbeit und Technik. Der Sachverhalt ist nämlich, daß Technik das Ergebnis sozialer Interessen und Beziehungen ist und daß umgekehrt Technik, die einmal in die Welt gesetzt ist, an ihren Gebrauch bestimmte Handlungsbedingungen knüpft, die die Benutzer zu erfüllen haben. Und so ist technische Systemgestaltung in allererster Linie eine soziale Beziehung und erst sekundär eine technische Aufgabe. Über diesen Sachverhalt waren sich die »Altväter« wie Smith, Babbage und auch Taylor durchaus sehr bewußt. Ich kann nur sinngemäß an einen Ausspruch von Babbage erinnern, in dem er über die wundersame Eigenschaft der Maschinen spricht, daß sie den Eigensinn der lebendigen Arbeit einschränken. Das bedeutet ferner, daß wir mit der noch ganz im tayloristischen, arbeitsteiligen Geist entwickelten Technik, die diese Arbeitsteilung auch in ihren Geräten und Programmen inkorporiert, nicht mehr viel anfangen können, wenn wir in Zukunft kompetenzorientierte Organisationsformen technisch unterstützen wollen. Wir müssen geradezu das Herzstück dieser Rechnersysteme, nämlich ihre teure Software, zum großen Teil »wegschmeißen«, alle die Teile, die Kompetenz aus dem Arbeitsprozeß in die Maschine verlagern. Wir müssen neue Software schaffen, die das wieder rückgängig macht und statt dessen menschengerechte Interaktionsformen anbietet.

Was wäre dieser Bericht der historischen Gewerkschaftskommission aus dem Jahre 2050 wert, wenn sie nicht ihre Kritiker auf den Plan riefe, die womöglich in der Kommission nicht mitgearbeitet haben? Ich möchte zwei Gesichtspunkte ansprechen: Der eine Punkt ist der, daß dieser Bericht der Kommission viel zu wenig eine in den achtziger Jahren real existierende Kapitalstrategie aufgegriffen oder betrachtet hat, die man am besten mit dem Stichwort »flexible Spezialisierung« umreißt. Sie ist dadurch gekennzeichnet, daß die Betriebe zwar, wie die Kommission richtig festgestellt hat, immer kleiner werden und zugleich die Unternehmen immer größer; aber keineswegs ist die Entwicklung darauf hinausgelaufen, daß sich diese Betriebe sozusagen »ins Nichts verloren« haben, nirgendwo mehr habhaft und greifbar wären. Im Gegenteil bildete sich ein immer dichter verflochtenes Netz von Produktionsbetrieben und Zulieferern.

Diese Betriebe haben ein sehr starkes Qualitätsbewußtsein und eine hohe Kompetenz für ihre strategisch wichtigen Teilefertigungs- und Montageprozesse entwickelt. Dies ist nur zu erreichen, wenn die wichtigsten Produktionsprozesse in einer Hand, in der Hand des Betriebes bleiben. Und dieser Prozeß ist kombiniert in der Kapitalstrategie der flexiblen Spezialisierung, die in Schweden in den achtziger Jahren bereits dominant war, kombiniert mit einer kompetenzorientierten Arbeitsstrukturierung und einer Technikentwicklung, die versucht, die wesentlichen Aspekte der lebendigen Arbeit nicht zu ersetzen, sondern lebendige Arbeit durch leistungsfähige Datenverarbeitung zu ergänzen.

Gerd Stenhorst, IG Metall, Krefeld

Appell an Ingenieure und Techniker

Ich möchte zu dem Argument sprechen, daß Investitionen in Qualifikationen zur Unternehmerstrategie geworden seien. Ich gehe davon aus, daß ich das richtig verstanden habe, daß hier die Qualifikationen der beschäftigten Menschen damit gemeint sind. Nun will ich ein praktisches Beispiel aus der Textilindustrie bringen, wie die Qualifikationen der dort beschäftigten Menschen aussehen. Heute hat ein Textilmaschinenführer, der mit dem Weber nichts mehr gemein hat, 76 Webmaschinen zu bedienen, auf denen Stoffe gewebt werden. An diesen Webmaschinen befinden sich Ketten, das sind bis zu 11 000 Fäden. Wenn einer dieser Fäden reißt, schaltet die entsprechende Webmaschine automatisch ab, und über den Computer wird dann sofort ermittelt, welcher dieser Fäden in der Breite und auf welcher Länge gerissen ist. Früher mußte der Weber noch einen Weberknoten können; das braucht der Maschinenführer heute nicht mehr. Heute macht die Maschine alles automatisch, vom Spulen bis zum Knoten. Als einzige Qualifikation des Maschinenführers ist geblieben, farbentauglich zu sein, er muß sehen können, an welcher Webmaschine die rote Lampe aufleuchtet, damit er prüfen kann, um welche Störung es sich handelt, die die Maschine nicht automatisch beheben kann.

Ich betrachte diese Ausführungen als einen Appell an die hier anwesenden Wissenschaftler und Ingenieure: Es stimmt, daß Sie Aufträge bekommen, die rein auf Kostenminimierung ausgerichtet sind, daß Ihr Handlungsspielraum für Humanisierung und soziale Gestaltung sehr gering ist, aber haben Sie doch endlich einmal den Mut, dafür zu sorgen, daß der Gestaltungsspielraum für soziale Angelegenheiten und für die Humanisierung der Arbeit etwas größer wird. Betrachten Sie uns als Verbündete.

Dr. Sabine Gensior,
Institut für Sozialforschung, Berlin

Ich kritisiere, daß in dem Bericht der Historikerkommission Formelkompromisse vorgelegt wurden. Diese Kritik bezieht sich auf die Wendung, die neuen Techniken ermöglichten gemeinsame Erfahrungen und daß es wichtig sei, die Wiederaneignung des Produktionsprozesses ins Auge zu fassen, analog zu dem »Konzept des betrieblichen Gesamtarbeiters«. Was eigentlich ist der »gesell-

»Formelkompromisse« vermeiden

schaftliche oder betriebliche Gesamtarbeiter« konkret?

Die soziale Kompetenz und Erfahrung, um die nötige Solidarität herzustellen, die sowohl eine soziale, als auch eine Arbeitserfahrung ist, wird gerade mit der Durchsetzung der neuen Techniken in den vielfältigen gesellschaftlichen Bereichen und nicht mehr nur im engeren Produktionsprozeß oder im direkten Lebensmilieu geprägt. Die Gefahr einer Technisierung des Inneren und einer Entleerung der Möglichkeiten, Erfahrungen überhaupt erst zu machen, entsteht, wenn der Bezug zur Außenwelt sich nicht mehr vorrangig sozial, sondern technisch bestimmt vollzieht. Eine Technisierung des Inneren ist teilweise schon bei Jugendlichen zu beobachten. Was heißt das denn eigentlich, wenn so etwas wie soziale Erfahrungen sehr schwierig zu machen ist und wenn beispielsweise Visionen, daß man Aufstieg durch Bildung erlangen könne, immer mehr an realer Bedeutung verlieren?

Ich will das auch noch einmal an einer anderen Gruppe, die in dem Szenario 2050 gar nicht auftaucht, versuchen zu verdeutlichen. Diese Thematik tauchte auch während des ganzen Forums relativ wenig auf: Ich gehe davon aus, daß im nächsten Jahrhundert sowohl Frauen als auch Männer lebenslang erwerbstätig sein sollen. Mir genügen die Ausführungen von Günter Seliger nicht, der sich da im Grunde genommen auf eine traditionelle »Hausväterpädagogik« beschränkt und die Eigenarbeit wieder in den Mittelpunkt rücken will. Dieser Gedanke ist ja nichts Neues, die informelle Arbeit ist bekanntlich in den modernen Industriegesellschaften immer von Frauen geleistet worden. In dem Szenario von Volker Volkholz tauchte allerdings weder die informelle noch die formelle Arbeit (Erwerbsarbeit) von Frauen auf. Dies ist vor allem eine Verteilungsfrage hinsichtlich der Menge der Arbeit und auch der Qualität der Arbeitsplätze und Beschäftigungsverhältnisse. Behält man diese Probleme im Blick, ist es fraglich, ob das vorgestellte Szenario seine Plausibilität behält. Zusätzlich tritt für die derzeitige Situation noch der Umstand hinzu, daß für die Masse der Frauenarbeitsplätze eigentlich die zivilisatorischen Mindestbedingungen, trotz vielfältiger Humanisierungsmaßnahmen, nach wie vor nicht gewährleistet sind.

Eckart Hildebrandt, Wissenschaftszentrum Berlin

Ich möchte mich auf eines dieser Gegengutachten zur Historikerkommission beziehen, von denen ein Vorredner gesprochen hat. Die Kommission war zu der Auffassung gekommen, daß der breite Einsatz von Mikroelektronik die Chancen der Solidarität zwischen den Beschäftigten im Betrieb erhöht, weil auf der Grundlage dieser Technologie gemeinsame Erfahrungen in sehr unterschiedlichen Arbeitsbereichen möglich sind. Das Gegengutachten hat sich nun damit beschäftigt, was der Inhalt dieser gemeinsamen Erfahrungen ist, und hat im wesentlichen drei gemeinsame Erfahrungen festgestellt: Erstens die Erfahrung der Individualisierung von Arbeitssituationen und Arbeitseinstellungen, insbesondere durch variable Arbeitsorganisation; zweitens eine zunehmende Kontrolle von Leistung und Verhalten einzelner und Gruppen sowie drittens die Entpersönlichung von Arbeit durch ihre funktionale Anbindung in Form von Maschinenbedienungstätigkeit. Das sind also die wesentlichen gemeinsamen Erfahrungen, die aber genau zum Gegenteil dessen geführt haben, was die Kommission gesehen hat, nämlich nicht zu einer steigenden Solidarität unter ähnlichen, vom Computer geprägten Arbeitsbedingungen, sondern zu einer abnehmenden Solidarität aufgrund von gleichen Arbeitsbedingungen durch EDV und Computertechnologie.

Schutzzonen im Betrieb

Aus diesem Befund heraus ist die Frage der betrieblichen Integration in zwei Alternativen zu diskutieren: Die Integration der betrieblichen Funktionen und Abteilungen, wofür der Begriff CIM steht, wäre einerseits eine Chance zu einer produktiveren, zu einer rationelleren, zu einer gleicheren, zu einer gerechteren Arbeits- und Produktionsorganisation, und das will auch die Gewerkschaft; diese Position wird weitgehend vertreten. Die Gegenposition besagt andererseits: Sozialverträgliche Arbeitsgestaltung bedeutet auch immer, Schutzzonen im Betrieb zu erhalten oder aufzubauen, in denen sich einzelne Beschäftigte überhaupt entfalten und tätig sein können. Sie besagt auch, daß eine große Gefahr darin liegt, daß durch diese systematischen und integrierenden Technologien historisch gewachsene Schutzzonen im Betrieb eingerissen werden und keine neuen Schutzzonen entstehen. Damit wird den Tendenzen der Individualisierung und Entpersönlichung Vorschub geleistet.

Ich möchte drei dieser Schutzzonen nennen, die mir entscheidend erscheinen: Das sind einmal persönliche Schutzzonen, die mit dem Begriff »informatielle Selbstbestimmung« charakterisiert werden können. Diese Schutzzonen sind durch neue Kontrollformen stark bedroht. Eine zweite Schutzzone ist zum Beispiel die Arbeitsgruppe, in der Leistungsschwankungen, unterschiedliche Fähigkeiten usw. ausgeglichen, aber auch entwickelt werden können. Und drittens: Es gibt sicher auch eine Schutzzone der Abteilung, in der viele Dinge geklärt und geregelt werden können, ohne sie »öffentlich« zu machen. All diese Schutzzonen sind durch systemische Rationalisierung bedroht. Es ist eine vordringliche gewerkschaftliche Aufgabe, den Wert dieser Schutzzonen für die Menschen in der Produktion zu erkennen und diese zu erhalten, ja sogar auszubauen.

*Prof. Dr. Dieter Läpple,
Technische Universität Hamburg*

Siegfried Bleicher hat gefordert, neben den Betrieben die Verwaltungsstellen zu den entscheidenden Kristallisationspunkten gewerkschaftlicher Technikgestaltungspolitik zu machen und dabei die Verwaltungsstellen zu Zukunftswerkstätten zu entwickeln.

Innovations- und Technologieberatungsstellen als Kern regionaler Netzstrukturen

Dies ist meiner Ansicht nach ein richtiger Ansatz, der allerdings noch weiter ausgebaut werden müßte. Für eine wirksame Politik der Arbeits- und Technikgestaltung sind auf regionaler Ebene neue Formen und Netzstrukturen für eine betriebsübergreifende Mitbestimmung sowie die Akkumulation und Weitergabe von betriebsbezogenem Handlungswissen erforderlich. Die Innovationsberatungsstellen, die vor Ort eine große Menge an Handlungs- und Gestaltungswissen angesammelt haben, könnten ein wichtiger Ansatzpunkt für den Aufbau derartiger regionaler Netzstrukturen sein. Es ist deshalb erschreckend zu sehen, daß die Innovationsberatungsstellen gegenwärtig am Absterben sind, weil ihre Existenz von staatlicher Finanzierung abhängig war, die jetzt nicht mehr gesichert ist. Mit den gegenwärtigen Schwierigkeiten der Innovationsberatungsstellen wird deutlich, wie wichtig stabile Organisationsformen und Netzstrukturen auf regionaler Ebene sind, damit sich gewerkschaftliches Gestaltungspotential über die Akkumulation von betriebsübergreifendem Experten- und Kampfwissen dauerhaft entfalten kann.

Gleichzeitig möchte ich betonen, daß die Politik der Technikgestaltung nicht auf den Einsatz neuer Technologien und die Entwicklung neuer Produkte eingeengt werden darf, sondern auch die Frage der Bestandssicherung vorhandener Arbeitsplätze aufnehmen muß. Die Erfahrungen von Rheinhausen machen nur zu deutlich, daß Formen gefunden werden müssen, mit denen die Auseinandersetzungen um den Einsatz neuer Technologien verknüpft werden können mit dem Kampf um den Erhalt von Arbeitsplätzen und die Entwicklung von Zukunftsperspektiven für Betriebe, die durch Schließung bedroht sind. Als ein sinnvoller Schritt zur Lösung dieses Problems erscheint mir die Verbindung des Konzepts der *Beschäftigungsgesellschaft* mit dem einer *Entwicklungsgesellschaft*. Damit könnte auf regionaler Ebene die Förderung von Produkt-, Prozeß- und Organisationsinnovationen verknüpft werden mit den regionsspezifischen Problemen des wirtschaftsstrukturellen Wandels und mit Fragen des regionalen Arbeitsmarktes und einer regionalen Qualifikationsplanung.

Bei dem notwendigen Versuch einer Verknüpfung der Politik der Technikgestaltung mit Fragen der Industrie- und Strukturpolitik ist allerdings entscheidend, daß die vielfältigen wirtschaftlichen Verflechtungen auf regionaler Ebene berücksichtigt und in diesen Ansatz einbezogen werden. Ein isolierter Branchenansatz würde sicherlich zu kurz greifen. Dies läßt sich sehr einsichtig am Beispiel der Schiffbaubranche veranschaulichen. Das Drama des Werftsterbens in Hamburg bestand nicht nur darin, daß in dieser Branche seit 1960 rund 25 000 Arbeitsplätze verlorengingen, sondern daß außerdem noch seit 1970 im Bereich der Maschinenbauindustrie 15 000 und im Bereich der Elektroindustrie 10 000 Arbeitsplätze verschwunden sind.

Mein Plädoyer läßt sich wie folgt zusammenfassen: Zwischen Betriebs- und Branchenansatz sollte durch den Aufbau von regionalen Netzstrukturen eine erweiterte Ebene gewerkschaftlicher Gestaltungs- und Mitbestimmungspolitik entwickelt werden. Die finanzielle Absicherung und der Ausbau der Innovationsberatungsstellen und deren Verbindung mit Zukunftswerkstätten der Verwaltungsstellen könnten ein entscheidender Schritt in diese Richtung sein.

Die Gestaltung neuer Technologien und die Entwicklung neuer Produkte müssen auf der Ebene der Region mit dem Problem des wirtschaftsstrukturellen Wandels und den Fragen der Arbeitsmarkt- und Qualifikationsentwicklung verknüpft werden. Ein möglicher Ansatz zur Thematisierung und Bearbeitung dieses Problems könnte die Verbindung des Konzepts der Beschäftigungsgesellschaft mit dem einer regionalen Entwicklungsgesellschaft sein.

Reiner Alexius, Hoesch-Rothe-Erde AG, Werdohl

Wir müssen uns als Mitglieder der IG Metall ernsthaft mit den aufgezeigten Diskussionspunkten auseinandersetzen. Ich will das an einem Beispiel deutlich machen: Ich komme aus der Gießereibranche. Vor zwölf Jahren sollte die Hütte, in der ich arbeite, dichtgemacht werden, weil sie total veraltet war und angeblich nichts mehr herausgeholt werden konnte. **Beratungskapazitäten schaffen**

Aber wir als Arbeitnehmervertreter haben erreichen können, daß ein neuer Weg in Richtung zukunftsweisender Produkte eingeschlagen wurde. 1976 sollte geschlossen werden – heute haben wir eine blühende Fabrik und schreiben schwarze Zahlen. Wir haben damals 220 Mitarbeiter gehabt, und heute arbeiten 380 Personen im Werk. Doch allein darauf zu vertrauen, daß die Betriebsräte den technologischen Wandel schon meistern werden, scheint mir recht trügerisch zu sein. Ein Kollege aus dem Stahlbereich hat hervorgehoben, Betriebsräte und Vertrauensleute müßten zur Bewältigung ihrer Aufgaben immer umfassender qualifiziert sein. Dies ist auch meine Meinung. Einerseits wäre das durch Bildungsangebote zu leisten, andererseits durch personalpolitische Konsequenzen. Tatsächlich erschwert personelle Unterbesetzung unsere Aufgabe ungemein, nämlich die arbeitnehmerorientierte Nutzung der technischen Entwicklungen auf Betriebsebene. Um unsere Position zu verbessern, müssen kurzfristig Entscheidungen fallen.

**Weltmarkt-
orientierung
und Kapital-
intensität**

Dr. Ulrich Briefs, MdB, Die Grünen

Ich meine, wir können eine Diskussion über Technikgestaltung nicht führen, wenn wir uns nicht der Bedingungen vergewissern, die notwendig, aber nicht hinreichend sind, um überhaupt auf betrieblicher Ebene gestalten zu können. Dazu zählt erstens die Frage der Weltmarktorientierung, also der ständig in den Betrieben praktizierte Erpressungsmechanismus; zweitens zählt dazu die Frage der organischen Zusammensetzung des Kapitals bzw. der wachsenden Kapitalintensität. Hier ist eine ganz entscheidende Entwicklung im Gang.

Wir befinden uns beim Thema Weltmarktabhängigkeit in einem grundlegenden Dilemma: Modernisieren wir, schaffen wir eine ganze Reihe von problematischen Auswirkungen neuer Technologien, also Arbeitsplatzprobleme, Kontrollen und Überwachungen. Modernisieren wir nicht, schaffen wir sie uns ebenfalls auf anderen Wegen, in anderer Form, zum Teil auch mit anderen Schwerpunkten. Die Konsequenz daraus wäre: Wie auch immer man unter den Bedingungen dieses Dilemmas handelt, ist es falsch. Welche Vorstellungen werden bei der IG Metall diskutiert, um diese ganz entscheidende Frage zumindest soweit zu lösen, daß von dieser Seite her notwendige, aber nicht hinreichende Bedingungen für die Gestaltung in Betrieben geschaffen werden? In diesem Zusammenhang sei angemerkt: Die bundesdeutsche und die japanische Ökonomie sind die großen »Parasiten« des internationalen Welthandels. Wir exportieren Jahr für Jahr Arbeitslosigkeit in der Größenordnung von fünf Prozent in andere Länder! Auch von diesem Gesichtspunkt her ergibt sich die Notwendigkeit der Entwicklung eines Konzeptes.

Zum Punkt Kapitalintensität ist folgendes zu sagen: Ich wundere mich ein bißchen darüber, daß diese ganze dramatische Entwicklung mit ihren Zwangsläufigkeiten praktisch nicht wahrgenommen wird. Ein klassisches Beispiel, bisher unter diesem Gesichtspunkt allerdings im gewerkschaftlichen Bereich nicht diskutiert, ist die Wiederaufarbeitungsanlage in Wackersdorf. Der Bau der WAA hieße praktisch, hier würden nach dem derzeitigen Stand der Planung acht Milliarden Mark investiert. Damit würden ganze 1 600 Arbeitsplätze geschaffen; jeder Arbeitsplatz kostet durchschnittlich fünf Millionen Mark. Die WAA ist aber keine einzelne Entwicklung, sondern steht für eine Gesetzmäßigkeit jeder High-Tech-Entwicklung. High-Tech heißt erstens High-Risk und heißt zweitens hohe und weiterwachsende Kapitalintensität. Das heißt aber in der Konsequenz, zum Beispiel an Spitzenarbeitsplätzen in der Automobilindustrie (an den »Bearbeitungszentren«), heute sind die Verhältnisse – jetzt kostenrechnerisch beziehungsweise wertmäßig gewendet – etwa folgendermaßen: Vier Minuten in der Stunde arbeitet der Arbeiter, um den Wert zu schaffen, der seinem Lohn und seinen Lohnnebenkosten entspricht, den Rest der Stunde arbeitet er, um Wert zu schaffen, der im wesentlichen dazu dient, das in diese Maschine investierte Kapital in Höhe von 1,1 bis 1,5 Millionen Mark inklusive Abschreibungen, Zinsen und Wagnissen zu bedienen.

Mit weiterer technischer Entwicklung wird diese Zwangsläufigkeit weitergehen: Kapitalintensität und damit der unerbittliche Druck der ökonomischen Verhältnisse auf die menschliche Arbeit wird weiter steigen, gerade im Zusammenhang mit noch komplexeren Systemen der Automation – z.B. durch verstärkte Ansprüche an die sogenannte Flexibilität. Wo sind die Ansätze im konzeptionellen Denken der IG Metall, diese Grundfrage zu bewältigen?

Chancen der Solidarität

Ernst-Dietrich Scholz, Innovationsberatungsstelle Berlin

Ich fand richtig, was Volker Volkholz gesagt hat, daß unter dem Gesichtspunkt der Ganzheitlichkeit, der Wiederentdeckung ganzer Arbeitsstrukturen, auch eine Chance zur Gewinnung neuer Solidarität zwischen den Kolleginnen und Kollegen bestehe. Das kann ich auf dem Hintergrund unserer Beratungserfahrung in Berlin – in einem sogenannten CIM-Beratungsprojekt, bei dem wir in acht Betrieben Interessenvertretungen beraten – nur unterstützen. Wir müssen dort zur Kenntnis nehmen, daß es eine Art Wiederentdeckung des Gesamtzusammenhangs betrieblicher Arbeit gibt. Auf diesem Erfahrungshintergrund möchte ich ein hier vorgetragenes Argument etwas relativieren: Es kann natürlich nicht darum gehen, daß ein Postulat zur Gesamtarbeit einem plumpen Kollektivismus das Wort redet. Wenn wir über Ganzheitlichkeit reden, heißt das natürlich auch, die Widersprüchlichkeit dieser Gesamtheit der Arbeitsprozesse in das Blickfeld zu rücken.

In der Regel werden in der gewerkschaftlichen Arbeit nur Teilinteressen vertreten, die sich aus ganz unterschiedlichen Gründen in den Betriebsräten konzentrieren. Oft werden dann Gesamtzusammenhänge der Arbeit nicht thematisiert, und damit wiederum wird die eine oder andere Gruppe aus der Interessenvertretungsarbeit herausfallen. Wir sollten die gebotene Chance zur Ganzheitlichkeit nutzen, doch ist dies nur möglich durch aktive Politik. Die Organisation sollte insgesamt den Erfahrungsaustausch zwischen den Kolleginnen und Kollegen, die den Gesamtzusammenhang der Arbeit wiederentdecken, stärker fördern. Der Erfahrungsaustausch ist in der Organisation – zumindest in dieser Frage – viel zu gering. Wir hätten viel mehr an Wissenstransfer zu leisten.

Heribert Fieber, Siemens AG, München

Kritikfähigkeit der Ingenieure

Wir sind nicht *für* oder *gegen* »die Technik«, müssen aber als Gewerkschafter Technik in drei Kategorien einteilen: Erstens Techniken, die wir nicht bejahen können, etwa die Kernkraft, »Totalvernetzung« und Gentechnik. Zweitens Techniken, von denen wir meinen, es wäre notwendig, andere Akzente zu setzen, beispielsweise in der Mikroelektronik. Ich nenne dieses Beispiel auch deswegen, weil sehr viele Arbeitnehmer bei Siemens recht begeistert darüber nachdenken. Und zum dritten geht es um Techniken und Arbeitspraktiken, die in Vergessenheit zu geraten drohen. Diese müssen wir fördern, müssen sie wieder bekanntmachen, zum Beispiel Produktionswissen, das abgebaut worden ist.

Könnten wir nicht Computer auch so konstruieren, daß sie nicht »alles wissen«, also ganz gezielt Informationen vorenthalten oder »vergessen« können? Computer sollen nicht nur ein Hilfsmittel für die Arbeit sein, sondern, wenn wir Computer schon bejahen, dann sollen sie auch ein Hilfsmittel zum Aufbau dieser Gesellschaft sein, müssen menschliches Verhalten respektieren und demokratische Spielregeln unterstützen können.

Unter den Beschäftigten des Forschungs- und Entwicklungsbereiches nimmt die Kritikfähigkeit zu. Ich kann das bestätigen: Hier wird das Kommunikationsnetz der Zukunft (ISDN) mit entwickelt; und 2000 Konstrukteure werden zunehmend ungeduldig, nicht nur wegen der Überstundensituation, sondern auch, weil man überhaupt nicht mehr weiß, welcher Sinn, welche Einflüsse damit verbunden sind. Von vielen Ingenieuren wird hinterfragt, ob die Produkte jemals gebraucht werden. Doch versucht der Arbeitgeber diese Kritikfähigkeit keineswegs allein zu kontrollieren. Es ist durch die Presse gegangen, wie stark beispielsweise die Siemens AG im Augenblick mit dem Verfassungsschutz zusammenarbeitet und alle Leute dieses

Entwicklungsbereiches überwachen läßt. Kritikfähigkeit in den Betrieben soll systematisch abgebaut werden. Wir sollten Kritikfähigkeit von außen und von innen stützen und zwar nicht nur, indem wir den Leuten Mut machen, sondern auch als Organisation eigene Kritikfähigkeit vorleben.

Dr. Klaus Lang, IG Metall Vorstandsverwaltung

Tarifpolitik und Arbeitsgestaltung

Aus dem, was hier diskutiert wird, kann man für das tarifpolitische Diskussionsforum Fragen ableiten und einige Schlußfolgerungen ziehen: Zuerst muß gefragt werden, ob heute vorhandene tarifliche Regelungen technische und arbeitsorganisatorische Gestaltungsmöglichkeiten mit sich bringen. Ich glaube, das ist nicht der Fall. Ich sehe zwar kaum tarifliche Bestimmungen, die betriebliche Gestaltungsmöglichkeiten in bezug auf Arbeit und Technik einengen. Das Problem scheint vielmehr zu sein, daß Gestaltungsansprüche per Tarifvertrag im Hinblick auf Arbeit und Technik teilweise oder sogar weitgehend fehlen. Ferner stehen wir immer noch vor dem Problem, daß auch heute vorhandene Gestaltungsansprüche in Tarifverträgen, ob sie nun unmittelbar oder nur indirekt auf die Entwicklung von Arbeit und Technik Einfluß nehmen, vielfach nicht genutzt werden.

Es sind beileibe nicht alle Betriebsvereinbarungen dort, wo tarifvertragliche Ansprüche konkretisiert werden könnten, abgeschlossen. Trotzdem muß man weiter darüber nachdenken und zu zusätzlichen Gestaltungsansprüchen in bezug auf Arbeit und Technik kommen. Bislang sind im Grunde die meisten Gestaltungsansprüche, die sich auch auf die Technik auswirken können, über das Verhältnis Lohn/Leistung und Eingruppierung gegeben. Das ist natürlich auch der Grund, warum die Tarifpolitiker, die Tarifpraktiker, sehr zäh, manchmal sehr konservativ scheinend, an diesem Gestaltungsanspruch über den Leistungsbezug und über die Eingruppierungen festhalten. Natürlich müssen wir uns für die Zukunft die Frage stellen: Gibt es einen autonomen Gestaltungsanspruch per Tarifvertrag? Gibt es Mitbestimmung über die Einführung neuer Technik, Mitbestimmung über Arbeitsinhalte, über Arbeitsorganisation oder über Technikauslegung?

Aus meiner Sicht ist es ganz wichtig zu sagen – und das bitte ich als zweiten Punkt zu bedenken –, daß das zunächst sehr banal und konventionell klingende Rechte sind, um die es hier geht, nämlich einen konkretisierten Katalog von Gestaltungsansprüchen per Tarifvertrag. Einmal sind dies die Ausweitung von Mitbestimmungsrechten und zum anderen die Ausweitung von Beteiligungszeiten während der Arbeit, sei es für Betriebsräte, sei es für Gesamtbelegschaften, sowie die Vereinbarung von Qualifikationszeit für Betriebsräte und Belegschaften. Arbeitsgestaltung ist für Betriebsräte ein äußerst arbeits- und zeitintensiver Prozeß, wenn man Technik wirklich beeinflussen will. Dabei wird es aber nach meinem Kenntnis- und Überlegungsstand nicht möglich sein, konkrete inhaltliche Gestaltungsnormen in flächendeckenden Tarifverträgen festzuschreiben; es wird aber möglich sein, Gestaltungsansprüche und Gestaltungszeiten in Tarifverträgen grundsätzlich einzubringen.

Dadurch bekommen wir allerdings ein »kleines« Problem, nämlich daß wir erreichte Einkommen, die heute nur über den Lohn-/Leistungsbezug erzielt werden, auch unabhängig von diesem Bezug tariflich für die Zukunft absichern müssen. Dies ist eine schwierige Aufgabe; das weiß jeder, der im Betrieb ist. Wenn da die Veränderung zum Zeitlohn beginnt, dann wird zwar für die, die vom Leistungslohn in den Zeitlohn gehen, zum Zeitpunkt des Übergangs noch der Verdienstgrad übertariflich abgesichert. Nur für den, der nachkommt, schaut es bei der Struktur von Zeitlöhnen und Akkord- oder Leistungsverdiensten dann völlig anders aus. Derjenige fällt dann nämlich in der Regel auf den

Tariflohn der Lohngruppen um den »Zeitlohn« zurück, oder es entsteht zumindest ein ständiges Erpressungs- und Drohpotential, die betreffende Kollegin bzw. den betreffenden Kollegen zurückfallen zu lassen.

Wenn wir Mitbestimmungs- und Beteiligungszeiten, Mitbestimmung über Arbeitsorganisation, über Arbeitsinhalte wollen und wenn das als konkrete Utopie mobilisationsfähig werden soll, bewegen wir uns in Richtung eines tarifvertraglich gewährleisteten Rechts auf weitergehende Betriebsdemokratisierung. Wir erleben, daß es in der Tat fortschrittliche und humane Gestaltungslösungen gibt, ganz in unserem Sinne. Nur, sobald der Anspruch dafür tarifvertraglich fixiert werden soll, rührt man an Tabus der Arbeitgeberverbände. Solange wir es nicht schaffen, von unserer Seite aus auf betrieblicher Ebene die Arbeitgeber mit Gestaltungsansprüchen der Belegschaften und Betriebsräte »massenhaft zuzudecken«, wird nicht der Druck entstehen, der nötig ist, um tarifpolitische Gestaltungsansprüche im Sinne eines solchen Konzeptes der Betriebsdemokratisierung durchzusetzen.

Herbert Zeretzke, Krupp MaK, Kiel

Produktgestaltung und Beschäftigung

Franz Steinkühler betonte, wie wichtig die Arbeitskreise »Alternative Produktion« sind. Es seien »Keimzellen demokratischer Technikgestaltung«. Ich weiß nicht, ob hier bekannt ist, daß es die Arbeitskreise 1986 geschafft haben, ein gemeinsames Projekt zu initiieren, nämlich für den Gewerkschaftstag in Hamburg eine Ausstellung zu entwickeln. Diese Ausstellung hatte eine Art Branchenkonzept für Norddeutschland zum Inhalt. Die Innovationsberatungsstelle stellte sich die Aufgabe, das Konzept weiter zu verfolgen, bestimmte Schlüsselprojekte auch mit Hilfe der Integration zwischen den Arbeitskreisen voranzutreiben.

Beschäftigungsgesellschaften bzw. Entwicklungsgesellschaften werden nur dann gut funktionieren, wenn sie aus den Betrieben heraus entstehen, die Konzepte dort auch getragen werden. Volker Volkholz hat mit Recht darüber gesprochen, daß es dazu gehört, wenn man inhaltliche Konzepte entwickelt, auch die Finanzierungsfragen zu erörtern. Wir haben versucht, ein Produkt, auch in der Ausstellung analysiert und projektiert, eigenständig zu produzieren, und konnten uns dann mit den Unternehmern nicht darauf verständigen, solch ein Produkt im Betrieb herzustellen. Wir haben eine Gesellschaft gegründet, die mit ABM-Kräften arbeiten sollte. Dies ist vom Konzept her die Vorstufe einer Entwicklungs- und Beschäftigungsgesellschaft, aber es warf natürlich viele Probleme auf: Ein Projekt mit einem finanziellen Rahmen von rund einer Million Mark und Beschäftigung für zwölf Leute, die zuvor arbeitslos waren, will erst einmal organisiert sein.

Das Management muß mittlerweile zugeben, daß es erfolgreiche Gemeinschaftsprojekte gibt. Also haben wir bestimmte Dinge im Betrieb umgesetzt, sehen aber auch Grenzen und Notwendigkeiten, darüber hinauszugehen. Aus unserer Sicht ist es notwendig, parallel vorzugehen, innerhalb des Betriebes sowie über betriebsorientierte Innovationsstellen und Versuchswerkstätten.

Wolfgang Klever, Volkswagen AG, Braunschweig

Ich komme aus einem großen Automobilwerk, in dem zur Zeit ein neuer Werkzeugbau entsteht. Dafür werden ca. 200 Millionen Mark investiert. Dort wird ein rein technikorientiertes Konzept durchgesetzt, wodurch sich aus unserer Sicht die Qualität von Facharbeit und die Qualifikation der Facharbeiter radikal negativ verändern. Dies können wir einfach nicht akzeptieren und versuchen vielmehr, die Arbeitsbedingungen, die daraus entstehen könnten, in eine andere Richtung zu lenken.

Der Betriebsrat hat mit Unterstützung des HdA-Gestaltungsprojekts und der Gesamthochschule

Soziale Pflichtenhefte als Mittel der Gestaltung

Kassel, Fachgebiet Arbeitswissenschaft, den Versuch unternommen, Arbeit und Technik demokratisch zu gestalten. Kern dieser Gestaltungsinitiative ist der Erhalt der Facharbeiterqualifikationen. Dafür haben wir Seminare durchgeführt, die etwa jeder zehnte Kollege der in diesem Bereich Beschäftigten besuchte. Dazu waren nicht nur Facharbeiter, sondern auch Techniker, Ingenieure, Konstrukteure, die in diesem Bereich ihre Arbeit leisten, eingeladen. Unser Ziel war es, zusammen mit den betroffenen Kolleginnen und Kollegen aller Bereiche mehrheitsfähige Gestaltungsvorschläge zu erarbeiten. Dies, weil wir der Meinung sind, nur in diesem demokratischen Ansatz gemeinsam mit den Kolleginnen und Kollegen die Problematik in den Griff bekommen zu können. Nur mit ihrer Unterstützung ist es überhaupt möglich, den Betrieb zu ganz bestimmten politischen Aussagen zu bewegen und dann auch zu entsprechenden Regelungen zu kommen.

Wir haben in Anlehnung und als Ergänzung zu den »technischen Pflichtenheften« der Unternehmer »soziale Pflichtenhefte« erarbeitet. Wir waren dabei bemüht, die Anforderungen so konkret zu formulieren, daß sie auch für die Abfassung von Betriebsvereinbarungen geeignet sind und daß die Erfüllung der Anforderungen überprüfbar wird. Für folgende Bereiche wurden soziale Pflichtenhefte erarbeitet: Arbeitsorganisation, Werkstattsteuerung, NC-Organisation, CNC-Steuerungen und Qualifikation. Soziale Pflichtenhefte zur Entlohnung, zur Arbeitszeit und zur Wirtschaftlichkeit sollen im Verlauf der weiteren Arbeit noch erstellt werden.

Die Bildung von dezentralen Arbeitsgruppen mit eigenem Handlungs- und Entscheidungsspielraum stand dabei im Vordergrund der Forderungen. In diesen Arbeitsgruppen soll auch eine Komplettbearbeitung in Fertigungsinseln erreicht werden. Dabei will die Kommission des Betriebsrates den einzelnen nicht zur Übernahme neuer Aufgaben zwingen und damit vielleicht überfordern. Hierfür wurden beispielhaft fünf arbeitsorganisatorische Modelle entwickelt. Die in den weiteren Pflichtenheften formulierten Anforderungen an die Technik sollen die Umsetzung dieser arbeitsorganisatorischen Vorschläge des Betriebsrates sichern. Dabei haben die Verringerung des Kontroll- und Überwachungspotentials durch den Einsatz der neuen Technik sowie die dauerhafte Absicherung eines hohen Anteils an Werkstattprogrammierung eine besondere Bedeutung. Das Konzept des Betriebsrates mit seinen arbeitsorganisatorischen Modellen der Arbeitsverteilung, der Werkstattsteuerung und der NC-Organisation macht umfangreiche Qualifizierungsmaßnahmen für die Beschäftigten im Maschinen- und Werkzeugbau erforderlich. Wir sind jetzt an einem Punkt, an dem die erarbeiteten Humanisierungsvorstellungen umgesetzt werden müssen. Hierfür planen wir, Pilotfälle zu schaffen und ihre Realisierung in Betriebsvereinbarungen festzuschreiben.

Als wir vor zweieinhalb Jahren mit der arbeitsorientierten Gestaltung des Werkzeugbaus begonnen haben, hat das Unternehmen CNC-Steuerungen kaufen wollen, die absolut nicht werkstattgerecht waren. Wir haben sehr viel Einfluß darauf genommen und erreicht, daß wir in der Zwischenzeit in allen Fachbereichen CNC-Steuerungen haben, die wirklich werkstattgerecht sind. Ein anderer Hersteller – von dem früher fast alle CNC-Steuerungen im Werk stammten – fragt jetzt bei der IG Metall an, ob er seine neuen Konzepte nicht einmal präsentieren könne, damit er auch in einen solchen Betrieb wieder liefern kann. Ich finde, das ist schon ein erster Erfolg. Darum lohnt es sich auch weiterhin, arbeitsorientierte Technikkonzepte zu entwickeln und im Interesse der betroffenen Facharbeiterinnen und Facharbeiter durchzusetzen.

Eigene Strategien entwickeln

Klaus Lewandowski, Hoesch Stahl AG, Dortmund

Ich weiß nicht, ob Franz Steinkühler dasselbe meinte wie ich, als er von »Gegenentwürfen« und Gegenstrategien gesprochen hat. Ich sehe jedenfalls einen Unterschied zwischen reagieren und agieren. Wir müssen keine »Gegenstrategien« entwickeln, sondern »eigene« Strategien. Betriebsräte können meines Erachtens sehr wohl an den beschriebenen neuen Arbeitssystemen und Arbeitsstrukturen arbeiten, sie müssen nur das notwendige Rüstzeug dazu haben, müssen teilweise stärker qualifiziert werden und die nötige fachliche Unterstützung bekommen. Bisher war es immer so, daß Strategien von Unternehmen entwickelt wurden, und der Betriebsrat mußte darauf reagieren. Wenn wir diese Gesellschaft schon nicht grundlegend verändern können – wenigstens nicht so schnell –, dann möchte ich dennoch eines erreichen: durch eigene Strategien den Unternehmer unter Zugzwang zu setzen.

Schlußbemerkungen

Siegfried Bleicher*

Das Stichwort Produktethik bedeutet für uns, daß wir mit ganz bestimmten politischen und gesellschaftspolitischen Vorstellungen an die Frage der Produktmitbestimmung herangehen, zum Beispiel mit einem Kriterium wie Umweltverträglichkeit. Und natürlich ist es wichtig, daß es da eine ethische Diskussion und eine politische Diskussion gibt. Das ist wichtig gerade vor dem Hintergrund, daß wir daran sind, uns eine soziale Utopie zu schaffen, wie wir in Zukunft arbeiten und leben wollen, um aus dieser Vision die Leitlinie für unser tägliches Handeln zu ziehen.

Ulrich Briefs hat von der hohen Kapitalintensität gesprochen und deutlich gemacht, daß wir uns im Hinblick auf unser Mitwirken und Entscheiden nur angepaßt haben. Ich muß hier auf mein Referat verweisen: Das mag alles sehr bescheiden wirken, wenn wir jetzt mit diesen arbeitsintensiven Problemen und Beispielen kommen, es sind aber Ansätze, deren Beispiele wir für einen Dialog auch mit der Führungsebene der Unternehmen brauchen, das heißt mit jenen, die Techniksysteme entwickeln, und – was genauso wichtig ist – mit jenen, die diese Techniksysteme durchsetzen. Die müssen unsere Alternativen kennen, müssen sich mit diesen Alternativen auseinandersetzen. Auch dabei spielen ethische und politische Diskussionen wieder eine entscheidende Rolle.

Mit einem Mißverständnis möchte ich aufräumen: Wer die anstehenden Aufgaben nur so begreift, daß er personelle Konsequenzen im Sinne der Ausweitung fordert, der hat nichts begriffen. Wenn ich aufforderte, Zukunftswerkstätten in den Verwaltungsstellen einzurichten, so ist dies bei den Autonomieverhältnissen in der IG Metall schon eine recht weitgehende Forderung. Dazu muß ich sagen, daß ich Vorschläge nicht anweisen kann, sondern überzeugend darbieten muß.

---

* Geschäftsführendes Vorstandsmitglied der IG Metall

Wir sind alle am Anfang unserer Diskussionen über die Arbeits- und Technikgestaltung davon ausgegangen, daß die Beratung die Priorität hat. Die IG Metall hat also zunächst ein großes Beratungsprojekt durchgeführt, dann ein Gestaltungsprojekt. Vom heutigen Standpunkt aus hätte das genau umgekehrt sein müssen, andererseits hätten wir den notwendigen Lernprozeß nicht durchgemacht, wenn es diese Reihenfolge nicht gegeben hätte. Vor dem Hintergrund, daß erst fünf bis sechs Prozent der Einsatzmöglichkeiten der Basiserfindung Mikroelektronik ausgeschöpft werden, kann man sich vorstellen, welche Beratungskapazitäten erforderlich werden. Das ist überhaupt nicht zu leisten. Ich bin sogar dankbar, daß wir da nicht ausweichen können, indem wir noch mehr Personal für Beratung anfordern, sondern wir müssen uns wirklich qualitativ mit dieser Frage in Form von Gestaltungspolitik auseinandersetzen. Das heißt, daß die IG Metall und ihre Arbeit sich verändern müssen, will sie den neuen Herausforderungen begegnen.

Viele Betriebsvereinbarungen werden von Betriebsräten nicht verstanden, weil »Stellvertreter« diese Betriebsvereinbarungen ausgehandelt haben. Das halte ich für falsch. Eine Betriebsvereinbarung muß ein kämpferischer Vorgang sein, in verschiedenen Schritten. Die Belegschaft muß sie verstehen, es muß darüber diskutiert werden können. Die Betriebsräte müssen sie realisieren, damit sie auch hinterher mit ihr arbeiten können. Ich kann nicht mehr Mitbestimmungsrechte in einem bestimmten Bereich fordern und dann dieses Recht an Experten delegieren; diese Mitbestimmung muß ich schon selbst ausfüllen. Nun bin ich allerdings bei dem Problem, daß wir nicht alle über so viel Ingenieurwissen verfügen, um in der Lage zu sein, eine solche Arbeit auch qualitativ von der technischen Seite her zu bewältigen. Doch sollten wir hier ein Stück selbstbewußter werden und auf unsere soziale Kompetenz hinweisen, die wir einbringen können. Es kommt darauf an, im Dialog mit anderen deren fachliche mit unserer sozialen Kompetenz zu verbinden. Nur so kann ich mir einen produktiven Prozeß vorstellen.

Natürlich wird es in einem bestimmten Maß nicht ohne Innovations- und Technologieberatungsstellen gehen, denn ganz ohne Beratung kommen wir nicht aus. Aber nur auf die Beratung zu setzen und sie allein als Ausweg zu sehen, das würde ich für einen gravierenden Fehler halten und für ein Mißverständnis der Herausforderung, vor der wir stehen.

Günter Seliger hat uns in seinem Beitrag auf den Mangel hingewiesen, daß wir uns bei der ganzen Diskussion um CIM zu stark auf

Klein- und Mittelbetriebe konzentrieren und dabei übersehen, daß unsere Schwerpunkte in den Großbetrieben liegen. Das stimmt zwar, doch sind wir dort nicht stark genug vertreten, wo die eigentlichen Entscheidungen fallen. In den Großbetrieben wird in bestimmten Zentralen über den Einsatz der EDV-Technik entschieden, und wir sind daran nicht beteiligt. So sind wir auf die Klein- und Mittelbetriebe gekommen, um unser Konzept einer menschenzentrierten Orientierung stärker zur Geltung zu bringen, weil in der Tat diese Betriebe auch in Zukunft auf den Facharbeiter angewiesen sind. Dieses menschliche Potential garantiert die Wettbewerbsfähigkeit dieser Betriebe und stellt ja ihre eigentliche Stärke dar. Diesen Sachverhalt können wir politisch nutzen. Zuzugeben, daß wir in den Großbetrieben bezüglich der Durchsetzung unserer Konzepte Defizite haben, setzt schonungslose Zurkenntnisnahme von Wirklichkeit und eigenen Schwächen voraus. Zu unserem zukünftigen Arbeitsstil muß es auch gehören, daß wir in Dialogen Schwächen zugeben, den Mut zur Wahrheit haben, auch den Mut zu Fehlern. Denn ich glaube, aus Fehlern wird man auf Dauer nachhaltig lernen.

Wir haben in unserer Organisation jetzt über ein Jahr lang im Bereich der Angestelltenpolitik sehr intensiv über die Erreichung neuer Arbeitnehmerschichten diskutiert, auch darüber, was die Bedürfnisse der jungen Generation angeht. In diesem Zusammenhang ist natürlich auch die Frage der Beteiligung zu diskutieren, und zwar besonders die der Mitgliederbeteiligung. Wir sind eine sehr starke, *repräsentative,* demokratische Organisation; dem entspricht dann auch in den Betrieben ein repräsentatives Mitbestimmungsmodell. Ob dieses Mitbestimmungsmodell tatsächlich den Erfordernissen der Zukunft entsprechen wird, daran habe ich meine Zweifel. Aber wir diskutieren ja eine stärkere Beteiligung. Es sollen eben nicht nur diejenigen bei uns etwas zu sagen haben, die die Ochsentour als Funktionäre durchlaufen haben, sondern wir wollen und müssen uns im Dialog öffnen. Das gilt für unsere Veranstaltungskultur, das gilt auch für Querdenker, die wir ausdrücklich auffordern, bei uns mitzuwirken.

Wir haben ein weiteres großes Problem mit der jungen Generation: Es ist nicht zu übersehen, daß junge Menschen sich in Umwelt- und Friedensbewegungen organisieren und nicht so stark bei uns. Ebenso ist es problematisch, die bis zu 25jährigen Arbeitnehmer richtig anzusprechen. Das hängt vielleicht damit zusammen, daß sich das Generationenproblem anders stellt als früher. Denn bisher ist es so gewesen, daß die ältere Generation Erfahrungswissen an die junge Generation weitergegeben hat; doch heute haben wir es mit einer jungen Generation zu tun, die in ihrer beruflichen Welt aufgrund der kurzen Innovationsschübe der Technik in der Lage ist, die ältere Generation zu belehren. Das ist eine Herausforderung, mit der wir fertig werden müssen.

Zwei Fragen standen im Hintergrund dieses Forums. Die erste war: Wie kommen wir aus dem Ghetto von wirtschaftlichen und technischen Sachzwängen heraus, in die uns die kapitalistische Industriegesellschaft scheinbar unentrinnbar einbezogen hat? Die zweite Frage lautete: Wie gelingt es uns, ein breites demokratisches menschenorientiertes Konflikt- und Widerspruchspotential gegen die Logik des internationalen Wettbewerbs und gegen die versteinerten Fortschrittsbegriffe der Natur- und Ingenieurwissenschaften zu entfalten?

Wir haben gesehen: Technik wird heute weitgehend unter dem Primat der Ökonomie eingesetzt. Wir haben eine Diskussion um alternative Technikpfade eingeleitet, aber diese Diskussion darf die ökonomischen Besitzverhältnisse nicht ausblenden. Wäre das der Fall, würden wir zur kreativen Innovationsagentur des Spätkapitalismus werden. Ich warne hier aber vor Illusionen, denn die weltwirtschaftlichen Verflechtungen sind wie ein Dornengestrüpp, aus dem wir so schnell nicht herauskommen. Wir können uns nur daraus lösen, wenn letztlich politische Mehrheiten zu entsprechenden politischen Entscheidungen führen. Und wir müssen auch sehen, daß es in der internationalen Gewerkschaftsarbeit, gerade in Europa, an mancher Stelle noch immer eine unkritische Anerkennung dieser internationalen Wettbewerbsideologie gibt und bundesdeutsche Betriebsräte ängstlich darauf reagieren. Eine Vereinbarungspolitik wird dann an der IG Metall vorbei betrieben – denken wir an das Beispiel Opel in Kaiserslautern.

Andererseits muß die Ideologie des Königswegs im öffentlichen Bewußtsein aufgebrochen werden, indem die Wechselwirkungen zwischen Technikentwicklung und -anwendung sowie sozialen, ökonomischen und ökologischen Folgen in den Köpfen der Menschen verdeutlicht werden. Aber nicht wir Gewerkschaften müssen andere Technikkonzepte entwickeln, sondern wir müssen den Prozeß des Nachdenkens darüber organisieren, müssen Plattform für notwendige Diskussionen bieten und dazu gesellschaftliche Bündnisse eingehen.

Hier spielt in der Tat der Begriff der »Neuen Kooperation« eine wesentliche Rolle, wie ihn Rainer Hoffmann in seinem Referat skizziert hat. Das kann der Anfang einer neuen ökonomischen Betrachtung sein, welche die einzelwirtschaftliche Profitlogik als gesamtökonomisches

Verlustgeschäft entlarvt, weil gerade tayloristische Technikkonzepte jene kulturellen Entwicklungsmöglichkeiten der Menschen massenhaft vernichten, deren Basis durch unser Bildungssystem unter volkswirtschaftlichen Kosten geschaffen worden ist. Anders ausgedrückt: Eine Technik, die den Menschen aus dem Produktionsprozeß als Risikofaktor ausschließen will, verteuert menschliche Qualifikation und Kompetenz um ein Vielfaches. Diese Betrachtungsweise muß dazu führen, den Technikeinsatz unter volkswirtschaftlichen, das heißt industriepolitischen und arbeitspolitischen Gesichtspunkten so zu steuern, daß die demokratische Teilhabe der Arbeitnehmer an den Entscheidungen über die Bedingungen von Produktion möglich wird. Das bedeutet letztlich, die Demokratiefähigkeit von ökonomischen und technischen Entwicklungen durch Ausweitung der demokratischen Kontrolle sicherzustellen. Das ist ein Gedanke, der an mein Eingangsstatement anknüpft, als ich von der Botschaft des 8. Mai 1945 sprach. Der Deutsche Gewerkschaftsbund hat bereits seit seiner Gründung im Jahre 1949 das Konzept der Wirtschafts- und Sozialräte vertreten.

Die Fortsetzung dieser Diskussionen auf allen Ebenen ist notwendig, angefangen auf der Betriebsebene bis hinein in die gesellschaftliche Sphäre. Die Diskussion ist nicht zu Ende, sie hat erst angefangen. Die IG Metall wird sich dabei bemerkbar machen und ihre eigenen Alternativen zu den unternehmerischen Konzepten mit allem Nachdruck vertreten. Die IG Metall wird Bündnisse schließen und schließen müssen mit jenen Beschäftigten der Natur- und Ingenieurwissenschaften, die sich unseren Wertvorstellungen im Hinblick auf die Emanzipation der Arbeitnehmer verbunden fühlen. Wir werden sehr unbequem werden, vor allen Dingen gegenüber denjenigen, die uns immer wieder mit Allgemeinplätzen abspeisen wollen.

Ich darf mich für die sehr anregende Diskussion und für die aktive Mitarbeit bei allen Teilnehmern dieser Konferenz bedanken. Es war ein guter Dialog. Wir wollen ihn im Interesse der Sache fortsetzen und seine Ergebnisse weitertragen.

Teilnehmerliste

Adelung, Walter, IG Metall, Minden
Adler, Helmut, IG Metall, Werdohl
Alexius, Reiner, Hoesch-Rothe-Erde AG, Werdohl
Ammon, Roland, MTU, Friedrichshafen
Andres, Franceso Sedeno, Gesellschaft für Informatik, Berlin
Angermeier, Max, Technologieberatungsstelle Oberhausen

Bacher, Hannelore, SPD, Stuttgart
Barby, Jan, Fraunhofer-Institut, Berlin
Barczynski, Jörg, IG Metall, Vorstandsverwaltung
Becker, Friedrich, Kaiserslautern
Becker, Philipp, IG Metall, Gummersbach
Becker-Töpfer, Elisabeth, Gewerkschaft Handel, Banken und Versicherungen
Benz-Overhage, Karin Dr., IG Metall, Vorstand
Bergmann, Jupp, IG Metall, Vorstandsverwaltung
Beuche, Edmund, Schenck AG, Darmstadt
Bierbaum, Heinz, IG Metall, Vorstandsverwaltung
Bierter, Willy Dr., Syntropie-Stiftung für Zukunftsgestaltung, Schweiz
Birkwald, Norbert, IG Metall, Vorstandsverwaltung
Bleicher, Siegfried, IG Metall, Vorstand
Blessing, Karlheinz Dr., IG Metall, Vorstandsverwaltung
Blum, Udo, IG Metall, Vorstandsverwaltung
Bockelmann, Rolf, IG Metall, Vorstand
Böhm, Hans R. Prof., Technische Hochschule, Darmstadt

Böhmer, Reinhold, Redaktion »Wirtschaftswoche«, Düsseldorf
Bohlken, Edda, Felten & Guilleaume, Nordenham
Borns, Hubert, RKW, Eschborn
Braczyk, Hans-Joachim Dr., AG für sozialwissenschaftliche Industrieforschung, Bielefeld
Brennecke, Lothar, Orenstein & Koppel, Hattingen
Bretz, Christiane, Technologieberatungsstelle, Berlin
Briefs, Ulrich Dr., MdB (Die Grünen)
Brödner, Peter Dr., Kernforschungszentrum Karlsruhe
Bürk, Ralph Dr., MdL (Die Grünen), Stuttgart
Bütikofer, Reinhard, MdL (Die Grünen), Stuttgart
Bulmahn, Edelgard, MdB (SPD)
Busse, Axel F., Redaktion »Alfelder Zeitung«

Catenhusen, Wolf-Michael, MdB (SPD)

Däunert, Ulrich Dr., Deutsche Forschungs- und Versuchsanstalt für Luft- und Raumfahrt, Köln
Dahm, Edar, Grosrosseln
Daniel, Manfred, Ing.- und Beratungsgesellschaft zur Org. u. Technik, Karlsruhe
Dank, Armin, IG Metall, Herborn
Dieckerhoff, Jörn, Technologieberatungsstelle, Frankfurt
Dilchert, Willi, VW, Kassel
Dirx, Axel, IG Metall, Wuppertal

Drinkuth, Andreas, IG Metall, Vorstandsverwaltung
Dubbels, Manfred, MBB, Nordenham
Düber, Rolf, IG Metall, Wetzlar
Dürk, Michael, Akademie der Arbeit, Frankfurt
Dunkhorst, Stefan, VW, Braunschweig
Dybowski-Johannson, Gisela Dr., IG Metall, Vorstandsverwaltung

Eisbach, Joachim Dr., Progress-Institut, Bielefeld
Eissel, Dieter Dr., Universität Gießen
Erb, Walter, IG Metall, Vorstandsverwaltung
Erbe, Heinz, Prof. Dr., TU Berlin

Falta, Reinhold, Telenorma, Stadecken
Fehrmann, Eberhard, IG Metall, Vorstandsverwaltung
Fergen, Manfred, Arnold Georg AG, Neuwied
Fieber, Heribert, Siemens, München
Fischer-Krippendorf, Ruth, IG Metall, Nürnberg
Föde, Manfred, IG Metall, Berlin
Fricke, Werner Dr., Friedrich-Ebert-Stiftung, Bonn
Friebe, Klaus P., VDI-Technologiezentrum, Berlin
Friedrich, Jürgen, Prof. Dr., Universität Bremen
Fröhner, Klaus-Dieter, Prof. Dr., Universität Hamburg

Gans, Walter, Fraunhofer-Institut für Arbeitswirtschaft und Organisation, Stuttgart
Gassmann, Peter, IG Metall, Vorstandsverwaltung
Geisler, Christine, Robert Bosch, Salzgitter
Gensior, Sabine Dr., Institut für Sozialforschung, Berlin
Getzinger, Günter, Fraunhofer-Institut für Systemtechnik, Karlsruhe
Goll, Heinz, IG Metall, Gaggenau
Gotthard, Reiner
Goulianas, Dimitris, IG Metall, Vorstandsverwaltung

Grieb, Barbara, IG Metall, Vorstandsverwaltung
Gröbel, Rainer, IG Metall, Vorstandsverwaltung
Grumbach, Jürgen, Technologieberatungsstelle, Oberhausen
Gülden, Klaus, IG Metall, Bad Orb

Haag, Detlef, IG Metall, Ulm
Hamacher, Gudrun, IG Metall, Vorstand
Hamacher, Jürgen, Universität Bremen
Hansen, Ingolf, IG Metall, Hagen
Hausberg, Bernhard Dr., VDI-Technologiezentrum, Düsseldorf
Hawos, Uwe, Linde GmbH, Ehingen
Heckenauer, Manfred, Bundesinstitut für Berufsbildung, Berlin
Heese, Alfred Dr., Hoesch AG, Dortmund
Heil, Gottfried, IG Metall, Friedrichshafen
Hennecke, Helmut, IG Metall, Vorstandsverwaltung
Heß, Hubert, Gesamtmetall, Köln
Hexel, Dietmar, IG Metall, Vorstandsverwaltung
Hildebrandt, Eckart, Wissenschaftszentrum Berlin
Hinse, Ludger, IG Metall, Bochum
Hirsch-Kreinsen, Hartmut, Institut für sozialwissenschaftliche Forschung, Darmstadt
Hölzer, Wilfried, Kooperationsstelle Wissenschaft-Arbeitswelt, Dortmund
Hörter, Klaus, Voss GmbH, Wipperfürth
Hoffmann, Rainer, Prof. Dr., Universität Göttingen
Horn, Johann, IG Metall, Nürnberg

Janssen, Bernhard, IG Metall, Hamburg
Jütten, Heinz, IG Metall, Köln
Jung, Helmut, Gießen

Kamp, Lothar, Hans-Böckler-Stiftung
Kassebaum, Bernd, IG Metall, Vorstandsverwaltung
Kersting, Gerhard, IG Metall, Vorstand
Kiehl, Detlev, IG Metall, Bocholt
Kiesau, Gisela, Prof. Dr., Bundesanstalt für Arbeitsschutz, Dortmund
Klever, Wolfgang, VW, Braunschweig

Klitzke, Udo, IG Metall, Vorstandsverwaltung
Klöcker, Willi, IG Metall, Essen
Knauer, Peter, Planring System, Friedrichshafen
Kneißel, Jutta Dr., IG Metall, Vorstandsverwaltung
Knopf, Manfred, IG Metall, Lohr
Köchling, Annegret, Gesellschaft für Arbeitsschutz, Dortmund
Köhler, Christoph Dr., Institut für sozialwissenschaftliche Forschung, München
König, Otto, IG Metall, Hattingen
Korytowski, Peter, IG Metall, Vorstand
Kremer, Uwe, Hannover
Krenke, Walter, IG Metall, Nordenham
Kronberger, Franz-Rudolph, Schule der Arbeiterkammer Saar, Kirkel
Krüger, Detlef, Prof. Dr., Hamburg
Kubicek, Herbert, Prof. Dr., Universität Trier
Kuda, Eva, IG Metall, Vorstandsverwaltung
Kuhn, Willi, IG Metall, Hamburg
Kuhn, Wolfgang, Neu-Isenburg

Lang, Klaus Dr., IG Metall, Vorstandsverwaltung
Lang, Roland, Arbeiterkammer Wien
Läpple, Dieter, Prof. Dr., TU Hamburg
Lay, Gunter, Fraunhofer-Institut für Systemtechnik, Karlsruhe
Lenk, Kurt, Prof. Dr., Institut für Politische Wissenschaft, Aachen
Lewandowski, Klaus, Hoesch Stahl AG, Dortmund
Lingemann, Hans-Friedrich, Siegen
Linger, Peter, Arbeitswissenschaftliches Institut, Berlin
Lübbert, Eckhard Dr., Bundesministerium für Forschung und Technologie

Mai, Manfred, VDI, Düsseldorf
Maier, Karl, IG Metall, Heidenheim
Malzkorn, Walter, IG Metall, Vorstand
Meemken, Wilhelm, EntwicklungsCentrum Osnabrück
Mehrens, Klaus Dr., IG Metall, Vorstandsverwaltung
Meissner, Erwin, VW, Kassel

Meissner, Werner, Krauss Maffei, München
Mense, Helmut, Kernforschungszentrum Karlsruhe
Mignon, Ulrich, IG Metall, Vorstandsverwaltung
Mitschke-Collande, P., Prof. Dr., TU Hannover
Möller, Hans, IG Metall, Vorstand
Moneta, Jakob, Frankfurt
Müller, Achim, Kaiserslautern
Müller, Wilfried, Prof. Dr., Universität Bremen
Münscher, Helmut, Redaktion »Alfelder Zeitung«
Muster, Manfred, IG Metall, Vorstandsverwaltung

Naschold, Frieder, Prof. Dr., Wissenschaftszentrum Berlin
Neidherr, Fritz, Frankfurt
Neumann, Bruno, IG Metall, Essen

Ohliger, Paul, IG Metall Solingen
Oppolzer, Alfred, Prof. Dr., Hochschule für Wissenschaft und Politik, Hamburg
Ostertag, Adi, IG Metall, Sprockhövel
Ott, Erich, Prof. Dr., Fachhochschule Fulda

Peter, Gerd Dr., Sozialforschungsstelle Dortmund
Pfeifer, Marieluise, Innovationsberatungsstelle der IG Metall, Hamburg
Pflug, Thomas K., NC-Gesellschaft, Ulm
Pingel, Ulla, IG Metall, Frankfurt
Pinkall, Lothar, IG Metall, Vorstandsverwaltung
Pleitgen, Hans, IG Metall, Frankfurt
Preiss, Hans, IG Metall, Vorstand

Ramsauer, Frank, Velbert
Rave, Dieter Dr., Bundesministerium für Forschung und Technologie
Reimann, Fritz, RKW, Eschborn
Richert, Jochen, DGB, Düsseldorf
Richter, Udo, Daimler-Benz, Bremen
Riebe, Jürgen, IG Metall, Vorstandsverwaltung

Rische-Braun, Doris Dr., IG Metall, Vorstandsverwaltung
Rohde, Gerhard, IG Metall, Vorstandsverwaltung
Rose, Helmut Dr., Innovationsberatungsstelle der IG Metall, Hamburg
Roth, Siegfried, IG Metall, Vorstandsverwaltung

Sadowsky, Robert, IG Metall, Essen
Salm, Rainer, Stuttgart
Schabedoth, Hans-Joachim Dr., IG Metall, Vorstandsverwaltung
Schäfer, Erwin, Evangelische Akademie Bad Boll
Scherb, Walter, IG Metall, Frankfurt
Schmidt, Gert, Prof. Dr., Universität Bielefeld
Schmidt, Herbert, IG Metall Vorstandsverwaltung
Schmidt, Klaus, MAN Roland, Offenbach
Schmidt, Rolf, IG Metall, Siegburg
Schmitthenner, Horst, IG Metall, Neuwied
Schmitz, Kurt Dr., IG Metall, Vorstandsverwaltung
Schneider, Roland, DGB, Düsseldorf
Schöde, Wolf, Ministerium für Wirtschaft, Düsseldorf
Scholz, Andreas, VDI-Informationstechnik, Berlin
Scholz, Ernst-Dietrich, Innovationsberatungsstelle, Berlin
Schreiner, Norbert, Gewerkschaft Öffentliche Dienste, Transport und Verkehr
Schrick, Gerd, Innovationsberatungsstelle, Berlin
Schröder, Jörg, IG Metall, Vorstandsverwaltung
Schröder, Theo Dr., Ministerium für Arbeit, Gesundheit und Soziales, Düsseldorf
Schütte, Helmuth, DGB, Hattingen
Schuh, Peter, RKW, Eschborn
Schulte, Dietrich, IG Metall, Bielefeld
Schweres, Manfred, Prof. Dr., Institut für Arbeitswissenschaft, Hannover
Seitz, Dieter, Gesellschaft für Arbeitsschutz- und Humanisierungsforschung, Dortmund

Seliger, Günter, Prof. Dr., Technische Universität Berlin
Skarpelis, Constantin, Projektträger Humanisierung des Arbeitslebens, Bonn
Soosten-Höllings von, A., IG Metall, Vorstandsverwaltung
Spöri, Dieter Dr., MdB (SPD)
Stärkel, Gabriele, Gewerkschaft Handel, Banken und Versicherungen
Stein, Peter, IG Metall, Vorstandsverwaltung
Steinkühler, Franz, IG Metall, Vorstand
Stenhorst, Gerd, IG Metall, Krefeld
Stöber, Joachim, IG Metall, Bad Orb
Straßer, Dieter, Siemens, München
Striebel, Dieter, Ing.- und Beratungsgesellschaft zur Org. und Technik, Karlsruhe
Sturm, Willi, IG Metall, Vorstand
Sturmfels, Anita, IG Metall, Vorstandsverwaltung

Tauss, Jörg, IG Metall, Bruchsal
Tieber, Herbert, Sozialistische Partei Österreich, Wien
Tralls, Karl-Heinz, IG Metall, Hannover

Ulatowski, Hubert, IG Metall, Gelsenkirchen
Ullrich, Otto, Dr., Deutscher Bundestag, Enquête-Kommission »Technikfolgen-Abschätzung und -Bewertung«

Volk, Karl-Heinz, IG Metall, Berlin
Volkholz, Volker, Dr., Gesellschaft für Arbeitsschutz- und Humanisierungsforschung, Dortmund

Wagner, Horst, IG Metall, Vorstand
Walter, Jürgen, IG Chemie, Papier, Keramik
Weiss, Hartmut, Sieman-Schlömag AG, Siegen
Weitz, Ulrich, Kooperationsstelle Tübingen
Welsch, Johann Dr., DGB, Düsseldorf
Werckmeister, Georg, IG Metall, Stuttgart
Wertebach, Erich Dr., Kooperation Ruhr-Universität Bochum/IG Metall
Weertz, Dr., Arbeitswissenschaftliches Forschungsinstitut, Berlin

Wick, Gerhard, IG Metall, Aschaffenburg
Wieth, Hans-Peter, Buderus, Herborn
Wittke, Viktor, Peine
Wittkowsky, Alexander, Prof. Dr., Universität Bremen
Wohland, Gerhard Dr., WISPI-Industrieberatung, Esslingen
Wolf, Harald, Soziologisches Forschungsinstitut, Göttingen
Wolf, Klaus-Peter, IG Metall, Vorstandsverwaltung

Zander, Fred, MdB (SPD)
Zeller, Inge Dr., Berufsgenossenschaftlicher Arbeitsmedizinischer Dienst, Dortmund
Zeretzke, Herbert, Krupp MaK, Kiel